中国农业标准经典收藏系列

中国农业行业标准汇编

（2023）

农机分册

标准质量出版分社　编

中国农业出版社

农村读物出版社

北　京

主　　编：刘　伟

副 主 编：冀　刚

编写人员（按姓氏笔画排序）：

冯英华　刘　伟　李　辉

杨桂华　胡烨芳　廖　宁

冀　刚

出 版 说 明

近年来，我们陆续出版了多版《中国农业标准经典收藏系列》标准汇编，已将 2004—2020 年由我社出版的 5 000 多项标准单行本汇编成册，得到了广大读者的一致好评。无论从阅读方式还是从参考使用上，都给读者带来了很大方便。

为了加大农业标准的宣贯力度，扩大标准汇编本的影响，满足和方便读者的需要，我们在总结以往出版经验的基础上策划了《中国农业行业标准汇编（2023）》。本次汇编对 2021 年出版的 415 项农业标准进行了专业细分与组合，根据专业不同分为种植业、畜牧兽医、植保、农机、综合和水产 6 个分册。

本书收录了农机修理质量、质量评价技术规范、农业机械分类、农机作业质量、全程机械化生产技术规范、温室能耗测试方法、机械装备配置规范等方面的农业标准 22 项，并在书后附有 2021 年发布的 6 个标准公告供参考。

特别声明：

1. 汇编本着尊重原著的原则，除明显差错外，对标准中所涉及的有关量、符号、单位和编写体例均未做统一改动。

2. 从印制工艺的角度考虑，原标准中的彩色部分在此只给出黑白图片。

3. 本辑所收录的个别标准，由于专业交叉特性，故同时归于不同分册当中。

本书可供农业生产人员、标准管理干部和科研人员使用，也可供有关农业院校师生参考。

标准质量出版分社

2022 年 9 月

目　　录

出版说明

ICS 65.060.50
CCS B 91

NY

中华人民共和国农业行业标准

NY/T 998—2021
代替 NY/T 998—2006

谷物联合收割机 修理质量

Repairing quality for grain combine harvester

2021-05-07 发布

2021-11-01 实施

中华人民共和国农业农村部 发布

前　言

本文件按照 GB/T 1.1—2020《标准化工作导则　第 1 部分:标准化文件的结构和起草规则》的规定起草。

本文件代替 NY/T 998—2006《谷物联合收割机修理技术条件》,与 NY/T 998—2006 相比,除结构调整和编辑性改动外,主要变化如下:

——修改了文件名称;

——修改了范围(见第 1 章,2006 年版第 1 章);

——修改了规范性引用文件(见第 2 章,2006 年版第 2 章);

——增加了术语和定义(见第 3 章);

——增加了一般要求(见 4.1);

——修改了修理技术要求中的发动机部分(见 4.2,2006 年版 3.1);

——修改了修理技术要求中传动系的内容(见 4.3,2006 年版 3.2);

——修改了修理技术要求中转向系的内容(见 4.4.2,2006 年版 3.3);

——增加了修理技术要求中割台与升运器半喂入收割机的内容(见 4.7.13,4.7.14,2006 年版 3.7);

——修改了修理技术要求中液压系统的内容(见 4.9.1,2006 年版 3.8.1);

——修改了修理技术要求中整机的内容(见 4.11,2006 年版 3.10);

——删除了检验规则(见 2006 年版第 4 章);

——删除了保用条件(见 2006 年版第 5 章);

——增加了检验方法(见第 5 章);

——增加了验收与交付(见第 6 章)。

请注意本文件的某些内容可能涉及专利。本文件的发布机构不承担识别专利的责任。

本文件由农业农村部农业机械化管理司提出。

本文件由全国农业机械标准化技术委员会农业机械化分技术委员会(SAC/TC 201/SC 2)归口。

本文件起草单位:黑龙江省农业机械工程科学研究院。

本文件主要起草人:于志刚、潘超然、宋楠楠、朱月和、李良刚、李清友、李建新、蔡庆松、杨金生。

本文件及其所代替文件的历次版本发布情况为:

——2006 年首次发布为 NY/T 998—2006;

——本次为第一次修订。

谷物联合收割机 修理质量

1 范围

本文件规定了谷物联合收割机(以下简称收割机)修理质量的修理技术要求、检验方法、验收与交付。
本文件适用于收割机的主要零部件、总成及整机的修理质量评定。

2 规范性引用文件

下列文件中的内容通过文中的规范性引用而构成本文件必不可少的条款。其中,注日期的引用文件,仅
该日期对应的版本适用于本文件;不注日期的引用文件,其最新版本(包括所有的修改单)适用于本文件。

GB/T 8097　收获机械　联合收割机　试验方法

GB 10395.7　农林拖拉机和机械　安全技术要求　第7部分:联合收割机、饲料和棉花收获机

GB 10396　农林拖拉机和机械、草坪和园艺动力机械　安全标志和危险图形　总则

GB/T 14248　收获机械　制动性能测定方法

GB 16151.12—2008　农业机械运行安全技术条件　第12部分:谷物联合收割机

GB/T 23821　机械安全　防止上下肢触及危险区的安全距离

JB/T 6268　自走式收获机械　噪声测定方法

JB/T 6287　谷物联合收割机　可靠性评定试验方法

JB/T 7316　谷物联合收割机　液压系统　试验方法

NY/T 1630—2008　农业机械修理质量标准编写规则

NY/T 2197　农用柴油发动机　修理质量

3 术语和定义

下列术语和定义适用于本文件。

3.1

农业机械修理质量　repairing quality for agricultural machinery

农业机械修理后满足其修理技术要求的程度。

[来源:NY/T 1630—2008,3.1]

3.2

标准值　normal value

产品设计图纸及图样规定应达到的技术指标数值。

[来源:NY/T 1630—2008,3.2]

3.3

极限值　limiting value

零、部件应进行修理或更换的技术指标数值。

[来源:NY/T 1630—2008,3.3]

3.4

修理验收值　repairing accept value

修理后应达到的技术指标数值。

[来源:NY/T 1630—2008,3.4]

4 修理技术要求

4.1 一般要求

4.1.1 收割机修理前,应对整机附着物进行清理,检查并记录故障,判断故障原因,制订具体维修方案,签订农业机械维修合同。

4.1.2 修理时,有产品使用说明书规定修理技术要求的按规定进行,没有规定的按本文件执行。

4.1.3 检查与维修收割机应在平坦场地上进行。维修割台或在割台下面工作时,应确保割台支撑牢固、可靠。

4.1.4 除动态调试、试运行外,维修过程中应停机熄火并切断电源开关。

4.1.5 拆装中对有特殊要求的零部件应使用专用工具拆装。对主要零件的基准面或精加工面,应避免碰撞、敲击或损伤。对不能互换、有装配规定或有平衡块的零部件,应做好标识按原位装回。

4.1.6 装配前,所有零件应清除表面的毛刺、切屑、油污、锈斑,箱体内部应清理干净。

4.1.7 对箱体、壳体等基础件的装配基准面、孔与主要零部件的配合部位,拆卸修理时应检查和记录其形位公差、配合尺寸。

4.1.8 各部位螺栓、螺母配用的垫圈、开口销、锁紧垫片及金属锁线等,应按原机装配齐全。开口销及金属锁线应符合原设计要求。对承受交变载荷的紧固件强度等级,关键部位(如发动机、滚筒、割台、轮毂等)的螺栓应不低于8.8级,螺母不低于8级。凡有规定紧固力矩和紧固顺序的螺栓及螺母,应按规定紧固。

4.1.9 修理选用或自行配制的各零部件均应符合原设计要求。

4.2 发动机

发动机修理质量应符合NY/T 2197的要求。

4.3 传动系

4.3.1 行走离合器

4.3.1.1 离合器压盘工作面的平面度极限值为0.12 mm,磨损的环形沟痕应不大于0.50 mm。磨削修理或更换后,应进行静平衡试验,不平衡量应符合原设计要求。

4.3.1.2 离合器压紧弹簧不应断裂或压力不足,修后技术参数应符合原设计要求。采用螺旋弹簧压紧时装配应选配同组压紧弹簧,每只弹簧在相同工作高度下相互压力差应不大于5%。离合器分离杠杆端面磨损量应不大于1.0 mm。更换分离杠杆时应成组更换,质量差应不大于3.0 g。

4.3.1.3 摩擦片铆钉沉入量应不小于0.20 mm,摩擦片不应开裂。更换摩擦片时,应铆接牢固、紧密配合;铆钉沉入摩擦片表面的沉入量为0.80 mm～1.50 mm;摩擦片总厚度差应不大于0.20 mm。

4.3.1.4 离合器踏板应防滑,离合器踏板自由行程应符合原设计要求。在行驶试验中,离合器应分离彻底、结合平稳,无打滑、抖动现象。

4.3.2 行走变速箱

4.3.2.1 变速箱换挡操纵应灵活,不跳挡、不乱挡、无异响。

4.3.2.2 变速拨叉应无裂纹、缺口和明显变形。变速拨叉端面磨损量极限值为0.40 mm,壳体不得有裂纹和破损;传动轴花键与滑动齿轮键槽的侧间隙不得大于标准值0.15 mm。

4.3.2.3 修后变速箱滑动齿轮副在工作挡位时,齿轮副沿齿长应良好啮合,不啮合长度应符合原设计要求。

4.3.2.4 变速箱壳体上滚动轴承内外圈表面应光洁,无损伤和锈蚀。滚道和滚动体不应有烧损和剥落。用手转动轴承时应灵活轻快、不发涩。

4.3.2.5 对配套压力润滑系统的变速箱要保证油路畅通无阻,各密封环节无渗、漏油。

4.3.2.6 修理后变速箱总成应进行磨合试运转。运转中不应有自动脱挡和乱挡,操纵换挡机构应轻便、灵活、可靠。运转和换挡时均不得有异常响声,变速杆不应有明显的抖动。变速箱所有的密封部位不应有渗、漏油。

4.3.3 皮带和链条传动

4.3.3.1 皮带不应开裂、脱层、扭曲变形;皮带轮及张紧轮轮缘不应有缺口、变形;更换传动皮带时,应成组更换。同一回路的多条皮带,其长度差应不大于 8.0 mm。

4.3.3.2 链轮与轴的配合应符合设计要求。

4.3.3.3 主动链轮与从动链轮的几何中心平面应重合,其偏移量应不大于原设计要求,若原设计要求未规定,一般应不大于两轮中心距的 0.20%。

4.3.3.4 链条与链轮啮合时,工作边应拉紧,并保证啮合平稳,非工作边的下垂度应符合原设计要求。

4.4 转向系

4.4.1 转向节臂及其纵横拉杆应无变形,球销不松旷,转向轮的前束值应符合原设计要求。

4.4.2 液压转向系统维修时,应按照原厂规定清洗滤网,保持液压油清洁,液压管路连接可靠,无渗、漏油。维修后转动方向盘,导向轮应有良好的随动性。当液压油泵不工作时,用手转动方向盘应能实现转向。

4.4.3 转向应可靠,不跑偏、不摇摆、不与其他机件发生干扰;方向盘最大转角和收割机的最小回转半径应符合原设计要求。方向盘操纵力:机械转向器应不大于 250 N,全液压转向器应不大于 15 N(当熄灭发动机,齿轮泵停转,手动转向泵起作用时,应不大于 600 N)。

4.5 制动器

4.5.1 盘式制动器的制动盘钢片、压力板、制动毂、半轴壳体与摩擦片接触的表面应无油污、龟裂和破损,制动盘钢片的平面度公差应不大于 0.10 mm。

4.5.2 摩擦片表面应无油污、裂纹、破损、翘曲和烧蚀,应与制动盘钢片铆接牢固。铆钉规格、铆钉在摩擦片中的沉入量及制动盘总成厚度应符合原设计要求。

4.5.3 制动盘总成应能在半轴及齿轮箱轴花键上滑动自如,制动状态时制动盘总成与制动毂及半轴壳体的贴合面积及非制动状态时的间隙应符合原设计要求。

4.5.4 蹄式制动器的制动鼓、制动蹄应无裂纹和变形;摩擦片与制动蹄应铆接牢固、弧度正确;制动状态制动蹄总成与制动鼓的接触面积应不小于 90%,非制动状态时与制动鼓的间隙应符合原设计要求。

4.5.5 制动踏板自由行程应符合原设计要求。制动踏板在产生最大制动作用后,应留有不小于 1/5 总行程量的储备行程。制动应平稳、灵敏、可靠。松开制动踏板时,制动器应分离彻底、复位有效。

4.6 机架与行走系统

4.6.1 机架应无变形和裂纹,各焊接处应无脱焊。焊接后机架的形位公差应符合原设计要求。

4.6.2 轮毂、轮辋、辐板、锁圈等应无裂纹和变形,螺母应齐全,并应按规定力矩紧固。

4.6.3 轮胎型号应符合出厂时的规定,不应装用胎冠花纹磨平的驱动轮和胎冠花纹深度低于 3.2 mm 的转向轮。轮面和轮壁上应无长度超过 25 mm 或深度足以暴露出轮胎帘布层的破裂和割伤。

4.6.4 驱动轮安装时胎冠花纹人字纹应指向收割机的前进方向,不应反装。同一轴上左右轮应装用相同型号胎冠花纹及磨损大致相等的轮胎。

4.6.5 履带式收割机左右履带板数量应相等,张紧装置应有效,张紧度应符合原设计要求;导向轮、托带轮及驱动轮应在同一传动平面内,驱动轮与履带板应无顶齿及脱轨。

4.7 割台与升运器

4.7.1 护刃器应无裂纹、弯曲和扭曲,安装应牢固,各护刃器的刃口平面应处于同一平面内,误差应不大于 0.5 mm。

4.7.2 护刃器与定刀片铆合应牢靠,铆合处应无间隙,定刀片刃口伸出护刃器两边应均匀。

4.7.3 刀杆应平直,其窄面的直线度公差:当长度小于或等于 3 m 时,为 1.0 mm;大于 3 m 时,为 1.5 mm;刀杆宽面的平面度公差的应不大于 0.5 mm。

4.7.4 动刀片应齐全,缺齿数多于 5 个的刀片应不超过 5 个,刃口应无缺口。动刀片与刀杆应紧密铆合,铆合处应无间隙,铆合后刀杆应平直,所有动刀片应在同一平面内,偏差应不大于 0.5 mm。

4.7.5 刀杆在护刃器中前后间隙应不大于 0.8 mm,压刃器与动刀片间隙应不大于 0.5 mm,动刀片底面与定刀片或护刃器刃口面的前端间隙应不大于0.5 mm、后端间隙应不大于1.0 mm。

4.7.6 拨禾轮管轴及弹齿轴在全长上的直线度公差应不大于10.0 mm。

4.7.7 拨禾轮弹齿应牢固地固定在弹齿轴上,长度一致并应在同一平面内,应无缺少和变形,其倾角应能按规定灵活调节。损坏的拨禾轮压板更换后,其长度和厚度应与原板一致。

4.7.8 分禾器及扶倒器应无变形,固定应牢靠。

4.7.9 螺旋输送器叶片应无裂纹、开焊和变形,叶片与割台底面间隙及与后挡板间隙应符合原设计要求;拨齿应完整、无变形,角度调整应灵活可靠,与导套的间隙应符合原设计要求;螺旋输送器外壳端面与割台左右侧壁间隙应不大于5.0 mm。检验螺旋输送器静平衡,应能在任意位置停转。

4.7.10 割台底的仿形滑撑应齐全,高度和倾斜度应符合原设计要求。

4.7.11 倾斜输送器链耙应无变形、断裂,耙齿无缺损、高度应一致,链耙被动轴正下方耙齿距倾斜室底板的间隙应符合原设计要求。

4.7.12 带式输送带应无偏斜和破损,铆钉、搭扣应牢固,接头处遮盖应严实。输送带前后挡草护板应完整,运转无阻碍。

4.7.13 割台升降应灵活、平稳、无卡滞。拨禾轮应能自如地调节其前后、高低位置,且左右应一致。当其在最前、最低位置时,拨禾轮弹齿与护刃器间距在割幅全长上应一致,其值应不小于20.0 mm。

4.7.14 用手扳动拨齿、螺旋输送器应能灵活转动,拨齿与割台底面的距离应符合原设计要求,最小距离应不小于5.0 mm;拨齿与拨禾轮压板间距应不小于15.0 mm。

4.7.15 立式割台扶禾指在轨道中运行顺畅,应无卡滞现象。

4.7.16 立式割台上被动拨禾星轮与输送链条应啮合,不得有卡阻、脱离等现象。

4.8 脱粒清选机构

4.8.1 滚筒纹杆应无裂纹,直线度公差应不大于1.0 mm,纹杆凸纹分左、右的应交互安装。

4.8.2 滚筒辐盘应无裂纹和变形,与纹杆固定应牢靠。纹杆与滚筒轴及凹板横格板的平行度公差应不大于1.0 mm。

4.8.3 钉齿滚筒的钉齿应无变形,安装方向应正确;齿隙应相等,最小齿隙应符合原设计要求。

4.8.4 滚筒上的配重件不应任意更换或移动部位,应在对称部位以同等质量成对更换。滚筒旋转应灵活,轴向无窜动,与两侧壁最小间隙为7.0 mm。检验滚筒静平衡时,应能在任意位置停转。

4.8.5 轴流滚筒应进行静平衡或动平衡试验,不平衡量应符合原设计要求。

4.8.6 栅格式凹板的格板应无变形;编织筛式凹板的筛条应无断裂或翘起。凹板包角应符合原设计要求;凹板调节装置应有效。

4.8.7 逐稿轮与轴的联接应可靠,转动应灵活,叶板安装正确。逐稿轮两侧面与机壁的间隙应一致,偏差应不大于3.0 mm。

4.8.8 键式逐稿器应平整无变形,与前后支架铆接应牢靠,与支架底平面垂直度公差应不大于1.0 mm,轴向游隙应不大于0.5 mm;两侧阶梯片应无歪斜,筛面应完好,鱼鳞片或贝壳孔开度应一致;键式逐稿器侧壁间的距离应均匀,应无摩擦和碰撞;两侧键式逐稿器侧壁与机体侧壁的间隙应不小于5.0 mm。

4.8.9 籽粒抖动板(阶梯板)应无裂纹和破损,工作表面清洁无锈蚀。抖动板运转应平稳,与两侧机壁间隙偏差应不大于5.0 mm。

4.8.10 筛箱应无破损,相对应的悬挂机件长度应一致,摆动平稳无阻碍。

4.8.11 鱼鳞筛筛片完整,开度应一致,调节机构有效;编织筛钢丝不断不翘;筛孔尺寸应一致,冲孔筛及贝壳筛筛面应平整,与筛框固定牢靠;梳齿筛钢丝应无缺损,间距一致,筛面平整,尾筛开度、倾斜度及挡板上下位置调节灵活。

4.8.12 茎秆切碎器转动应灵活,轴向无窜动;检验静平衡时,应能在任意位置停转。

4.8.13 风扇外壳及叶片应无破损、变形,叶轮旋转灵活无碰擦,风量及风向调节装置应有效。

4.9 液压系统

4.9.1 液压系统各元件(液压泵、操纵阀、油缸、液压马达等)及连接管路应密封完好,工作正常,应无振动、异常声响和温升。转向、操纵系统的油压应符合原设计要求。在 1.5 倍的工作油压下保压 2 min,元件与管路连接处、机件和管路结合处均应无渗漏。

4.9.2 割台提升时间应为 2.5 s~3.5 s,下降时间应为 3 s~4.5 s。割台提升至最高位置,30 min 静沉降量应不大于 15.0 mm。

4.9.3 拨禾轮提升时间应不超过 2.5 s;30 min 静沉降量应不大于 15.0 mm。

4.9.4 无级变速各部位应平稳、灵活、有效。限压阀(安全阀)开启压力符合规定。

4.10 电气系统

4.10.1 蓄电池壳体应无裂纹或渗漏,极板与电桩、电桩与联接板应焊接牢固,螺塞及螺孔的螺纹应完好,通气孔畅通,各部位密封良好。蓄电池的电液密度应符合原设计要求。

4.10.2 硅整流交流发电机应负极搭铁,与调节器应匹配。搭铁总开关应可靠有效。

4.10.3 各部位配置的传感器应齐全,安装牢固,工作可靠。

4.10.4 电气装置及线路应完整,安装牢靠。电系导线应捆扎成束,布置整齐,固定卡紧,接头牢靠并应有绝缘封套;穿越孔洞的导线,外部应设置绝缘导管。

4.11 整机

4.11.1 漆膜表面应均匀光滑,不应有皱纹、气泡、漆膜脱落。

4.11.2 收割机修复后,应进行空载试运行,各机构应运转平稳、无异响,各机构温升正常。

4.11.3 仪表应工作正常,数值准确;指示器的指示位置应与各相应部位的实际情况相符。

4.11.4 各管路接头、阀门、螺塞、油封、水封及结合面垫片应齐全完好,安装紧固,结合严密,无渗漏。

4.11.5 各调节机构应调节灵活、可靠,各部件调节范围应能达到原设计要求。各操纵机构应轻便灵活、松紧适度。所有要求自动回位的操纵件,在操纵力去除后,应能自动返回原位。

4.11.6 传动带、链条、缆索、转轮、转轴等外露传动部件、清选风扇进风口、割刀端部、茎秆切碎器端部、发动机排气管、万向节及传动轴等处设置的防护装置应齐全完好,安装牢固,并应符合 GB 10395.7 及 GB/T 23821 的规定。

4.11.7 各部密封应良好,割台、喂入室、清选室、升运器、螺旋输送器、检视窗、粮箱等外壳及连接处应不出现大于 2.0 mm 的缝隙或孔洞;用胶板密封的,胶板不应丢失、变形和残损。

4.11.8 油门调整正确可靠,在两个极限位置处应能保证最大供油量和完全停止供油。

4.11.9 传动轴、前(后)桥运转应平顺,不振抖、无异响、不发热。

4.11.10 灯光照明、声响信号等装置应符合 GB 16151.12—2008 中第 14 章的规定。

4.11.11 收割机制动系应符合 GB 16151.12—2008 中第 7 章的规定。

4.11.12 收割机噪声应符合 GB 16151.12—2008 中 3.9 的规定。

4.11.13 各部位的安全标志应保持完整。更换带有安全标志的零部件应同时更换新的标志,标志型式、颜色等应符合 GB 10396 的规定。

5 检验方法

5.1 整机性能检验按 GB/T 8097 的规定执行。

5.2 可靠性检验按 JB/T 6287 的规定执行。

5.3 制动性能检验按 GB/T 14248 的规定执行。

5.4 噪声检验按 JB/T 6268 的规定执行。

5.5 发动机检验按 NY/T 2197 的规定执行。

5.6 液压系统检验按 JB/T 7316 的规定执行。

5.7 其他性能指标的检验按常规的检验方法进行。

6 验收与交付

6.1 整机或零部件修理后,其性能和技术参数应达到本文件的规定为修理合格。

6.2 整机或零部件修理后,应经过检验,对不合格的修理项目应返修处理。

6.3 整机或零部件修理合格后,应经维修双方签字确认。承修方应向送修方提交有修理项目和规定保修期的农业机械维修合同及相关验收资料。

6.4 对交付用户的收割机,应按农业机械维修合同规定的保修期执行保修。

ICS 65.060
B 91

NY

中华人民共和国农业行业标准

NY/T 1142—2021

代替 NY/T 1142—2006

种子加工成套设备　质量评价技术规范

Technical specification of quality evaluation for
seed processing complete equipment

2021-05-07 发布

2021-11-01 实施

中华人民共和国农业农村部 发布

前　言

本文件按照 GB/T 1.1—2020《标准化工作导则　第 1 部分:标准化文件的结构和起草规则》的规定起草。

本文件代替 NY/T 1142—2006《种子加工成套设备　质量评价技术规范》,与 NY/T 1142—2006 相比,除结构调整和编辑性改动外,主要技术变化如下:

——修改了适用范围(见第 1 章,2006 年版第 1 章);

——增加了基本要求(见第 4 章);

——修改了术语和定义(见第 3 章,2006 年版第 3 章);

——增加了棉花种子裂纹粒清除率,修改了净度等性能指标(见 5.1,2006 年版 4.2);

——提高了安全和环保要求(见 5.2,2006 年版 4.4、4.5);

——删除了粮食作物的大豆种子加工,增加了经济作物的甜菜种子加工(见 5.1,2006 年版 4.2);

——删除了质量要求中的获选率、称量允许误差、称量偏载误差和包装速度 4 项指标(见 2006 年版 4.2);

——修改了评定规则(见 7.3,2006 年版 6.4)。

请注意本文件的某些内容可能涉及专利。本文件的发布机构不承担识别专利的责任。

本文件由农业农村部农业机械化管理司提出。

本文件由全国农业机械标准化技术委员会农业机械化分技术委员会(SAC/TC 201/SC 2)归口。

本文件起草单位:黑龙江省华宇烘干清洗设备制造有限公司、酒泉奥凯种子机械股份有限公司、黑龙江省农业机械工程科学研究院佳木斯农业机械化研究所。

本文件主要起草人:王亦南、田新庆、贾峻、孙鹏、于占海。

本文件及其所代替文件的历次版本发布情况为:

——NY/T 1142—2006。

种子加工成套设备　质量评价技术规范

1　范围

本文件规定了种子加工成套设备(以下简称成套设备)的术语和定义、基本要求、质量要求、检测方法和检验规则。

本文件适用于加工以下农作物种子成套设备的质量评定：

——粮食作物的小麦、水稻和玉米；

——蔬菜作物的白菜、甘蓝、茄子、辣椒、番茄、芹菜和菠菜；

——经济作物的棉花、油菜和甜菜。

2　规范性引用文件

下列文件中的内容通过文中的规范性引用而构成本文件必不可少的条款。其中,注日期的引用文件,仅该日期对应的版本适用于本文件;不注日期的引用文件,其最新版本(包括所有的修改单)适用于本文件。

GB/T 2828.11—2008　计数抽样检验程序　第11部分:小总体声称质量水平的评定程序

GB/T 3543.2　农作物种子检验规程　扦样

GB/T 3543.3　农作物种子检验规程　净度分析

GB/T 3768　声学　声压法测定噪声源声功率级和声能量级　采用反射面上方包络测量面的简易法

GB 4404.1　粮食作物种子　第1部分:禾谷类

GB/T 5226.1　机械电气安全　机械电气设备　第1部分:通用技术条件

GB/T 5667　农业机械　生产试验方法

GB/T 5983—2013　种子清选机试验方法

GB/T 9480　农林拖拉机和机械、草坪和园艺动力机械　使用说明书编写规则

GB 10395.1　农林机械　安全　第1部分:总则

GB 10396　农林拖拉机和机械、草坪和园艺动力机械安全标志和危险图形　总则

GB/T 12994—2008　种子加工机械　术语

GB/T 13306　标牌

GB 16715.2　瓜菜作物种子　第2部分:白菜类

GB 16715.3　瓜菜作物种子　第3部分:茄果类

GB 16715.4　瓜菜作物种子　第4部分:甘蓝类

GB 16715.5　瓜菜作物种子　第5部分:绿叶菜类

GB 19176　糖用甜菜种子

GB/T 21158　种子加工成套设备

GBZ 2.1—2019　工作场所有害因素职业接触限值　第1部分:化学有害因素

GBZ 159　工作场所空气中有害物质监测的采样规范

GBZ/T 192.1　工作场所空气中粉尘测定　第1部分:总粉尘浓度

JB/T 5673　农林拖拉机及机具涂漆　通用技术条件

NY/T 366　种子分级机　质量评价技术规范

NY/T 371—2017　种子用计量包装机　质量评价技术规范

NY/T 374　种子加工成套设备安装验收规程

NY/T 375　种子包衣机　质量评价技术规范

3 术语和定义

GB/T 12994—2008 和 GB/T 5983—2013 界定的以及下列术语和定义适用于本文件。

3.1

种子加工成套设备 seed processing complete equipment

能够完成种子预加工后全部加工要求的加工设备及其配套、附属装置的总称。

[来源：GB/T 12994—2008,3.59,有修改]

3.2

长杂 long impurity

形状与被加工作物种子相似、最大尺寸大于被加工作物种子长度的杂质,如小麦种子中的燕麦。

[来源：GB/T 5983—2013,3.7,有修改]

3.3

短杂 short impurity

形状与被加工作物种子相似、最大尺寸小于被加工作物种子长度的杂质,如水稻种子中的糙米。

[来源：GB/T 5983—2013,3.8,有修改]

4 基本要求

4.1 质量评价所需文件资料

成套设备质量评价应提供以下文件资料:

a) 成套设备清单及规格确认表;

b) 执行标准或制造验收技术条件;

c) 使用说明书;

d) 三包凭证;

e) 照片4张(正前方、正后方、左前方45°和右前方45°各1张);

f) 成套设备竣工图。

4.2 主要技术参数核对和测量

对按4.1提供的文件资料进行核对或测量(见表1)。

表 1　核对与测量方法

序号	项目名称	单位	方法
1	企业名称	/	核对
2	成套设备清单及规格	/	核对
3	执行标准	/	核对
4	使用说明书	/	核对
5	三包凭证	/	核对
6	极限外形尺寸(长×宽×高)	mm×mm×mm	测量
7	配套总动力	kW	核对
8	随机文件和备件	/	核对

4.3 试验条件

4.3.1 试验物料

4.3.1.1 以成套设备使用说明书明示的农作物种子为试验物料。试验种子应经过预处理,如水稻种子经过除芒、蔬菜种子经过刷清、棉花种子经过脱绒、甜菜种子经过磨光。粮食作物种子的小麦、水稻和玉米净度为95%～96%,水分符合 GB 4401.1 的要求。蔬菜种子的白菜、甘蓝、茄子、辣椒和番茄净度为94%～96%,芹菜和菠菜种子为91%～93%,水分分别符合 GB 16715.2、GB 16715.3、GB 16715.4 和 GB 16715.5 的规定。经济作物的棉花种子光籽净度93%～95%,水分≤12%;油菜、甜菜种子净度为93%～95%,油菜种子水分≤9%,甜菜种子水分符合 GB 19176 的规定。种子数量满足性能试验和可靠性试验的要求。

4.3.1.2 种衣剂应符合使用要求,能在规定时间内成膜,为合格产品。

4.3.1.3 包装材料(袋或容器)应符合使用要求,为合格产品。

4.3.2 试验环境条件

成套设备的控制室、包衣车间和计量包装车间的环境温度、湿度应符合使用说明书要求。

4.3.3 试验成套设备状态

4.3.3.1 成套设备经企业的出厂检验和安装竣工检验确认合格。

4.3.3.2 成套设备应空载试运转并确认状态良好。

4.4 试验主要仪器设备

主要仪器仪表测量范围及准确度应不低于表 2 的要求,应校验校准合格且在有效期内。

表 2　主要仪器仪表的名称、测量范围和准确度要求

序 号	仪器仪表名称	测量范围	准确度要求
1	温度计	(−50～100) ℃	1 ℃
2	湿度计	(0 ～100%)RH	3% RH
3	秒表	—	0.5 s/d
4	快速水分测定仪	—	0.5%
5	天平	(0～0.5)kg	0.01 g
6	度盘秤(2 kg)	(0～2)kg	1 g
7	台秤(500 kg)	(0～500)kg	50 g
8	噪声计	(30 ～130)dB(A)	1 dB(A)
9	粉尘测定仪	—	1%
10	功率表	(0 ～500)kW · h	1%

5　质量要求

5.1　性能要求

5.1.1　粮食作物种子成套设备的基本配置和性能指标

成套设备的基本配置包括风筛式清选机、重力式分选机、包衣机和计量包装机。专用配置包括玉米种子分级机、小麦种子窝眼筒(盘)分选机、水稻种子窝眼筒(盘)分选机或谷糙分离机。性能指标应符合表 3 的规定。

表 3　粮食作物种子成套设备性能指标

序号	项　目	质量指标			对应的检测方法条款号
		小麦	水稻	玉米	
1	纯工作小时生产率,t/h	≥企业明示值			6.1.5.1
2	净度	≥99%	≥98%	≥99%	6.1.4.1
3	除长杂率	≥95%	—	—	6.1.5.3
4	除短杂率	—	≥90%	—	A.1
5	分级合格率	—	—	≥90%	A.2
6	包衣合格率	≥95%			6.1.5.4
7	计量包装件合格率	≥98%			6.1.5.6
8	提升机(单台)破损率	≤0.10%			6.1.5.5
9	千瓦小时生产率,t/(kW · h)	≥企业明示值			6.1.5.2

5.1.2　蔬菜种子成套设备的基本配置和性能指标

成套设备的基本配置包括风筛式清选机、重力式分选机、去石机、包衣(或制丸)机和计量包装机。性能指标应符合表 4 的规定。

表 4　蔬菜种子成套设备性能指标

序号	项　目	质量指标							对应的检测方法条款号
		白菜	茄子	辣椒	番茄	甘蓝	芹菜	菠菜	
1	纯工作小时生产率,t/h	≥企业明示值							6.1.5.1
2	净度	≥98%				≥99%	≥95%	≥97%	6.1.4.1
3	去石率	≥95%							A.3
4	包衣合格率	≥95%							6.1.5.4
5	计量包装件合格率	≥98%							6.1.5.6
6	提升机(单台)破损率	≤0.10%							6.1.5.5
7	千瓦小时生产率,t/(kW·h)	≥企业明示值							6.1.5.2

5.1.3　经济作物种子成套设备基本配置和性能指标

成套设备的基本配置包括风筛式清选机、重力式分选机、包衣(制丸)机和计量包装机,加工棉花种子配置光电分选机或色选机。性能指标应符合表 5 的规定。

表 5　经济作物种子成套设备性能指标

序号	项　目	质量指标			对应的检测方法条款号
		棉花	油菜	甜菜	
1	纯工作小时生产率,t/h	≥企业明示值			6.1.5.1
2	净度	≥99%	≥98%	≥98%	6.1.4.1
3	包衣合格率	≥93%	≥95%	≥93%	6.1.5.4
4	裂纹粒清除率	≥85%	—	—	A.4
5	计量包装件合格率	≥98%			6.1.5.6
6	提升机(单台)破损率	≤0.12%	≤0.10%	≤0.12%	6.1.5.5
7	千瓦小时生产率,t/(kW·h)	≥企业明示值			6.1.5.2

5.2　安全、环保和卫生要求

5.2.1　安全要求

5.2.1.1　外露的传动部件、高温部件、平台、爬梯和风机进风口应安装防护装置。防护装置的结构、安全距离(高度)应符合 GB 10395.1 的规定。

5.2.1.2　对加装防护装置仍不能完全消除或充分限制的危险部位,应装有指示危险的安全标志。安全标志应符合 GB 10396 的规定。

5.2.1.3　电气控制设备的安全装置应符合 GB/T 5226.1 的规定。

5.2.1.4　除尘装置的集尘室应保持常压,无电源、火源。

5.2.1.5　集尘室宜放置室外,需要放置室内时,应装有直接通往室外的泄爆管道。

5.2.2　环保和卫生要求

5.2.2.1　空气中含粉尘浓度:加工车间不大于 8 mg/m³,计量包装车间和控制室不大于 4 mg/m³。

5.2.2.2　噪声:加工车间人员工作地点不大于 85 dB(A),计量包装车间和控制室不大于 75 dB(A)。

5.2.2.3　包衣车间空气中含有害物质容许浓度应符合 GBZ 2.1—2019 中表 1 的规定。

5.3　安装、外观和涂漆质量

5.3.1　安装质量

成套设备安装质量应符合 NY/T 374 的规定。

5.3.2　外观质量

成套设备工艺合理,布局整齐、流畅。管道和交接口密封良好无泄漏。

5.3.3　涂漆质量

成套设备的加工设备和附属设备的涂漆(包括安装工艺允许的现场焊接处补涂油漆)质量均应符合
JB/T 5673 的规定。

5.4 操作方便性

5.4.1 控制方便性

电控装置应方便操控,功能符合 GB/T 21158 的规定。

5.4.2 操作空间

调整、保养和更换零部件位置应留有充足的空间且方便操作。

5.4.3 清理方便性

在加工过程中种子流经的线路应能完全清理,不应有无法清除残留种子的死角。

5.4.4 操作标识

操作标识应直观、清楚,方便操作者辨识。

5.5 可靠性要求

成套设备使用有效度应不低于 95%。

5.6 使用信息要求

5.6.1 使用说明书

成套设备的使用说明书应符合 GB/T 9480 的规定。

5.6.2 三包凭证

三包凭证应包含以下内容:

a) 产品品牌(如有)、型号、竣工日期、产品编号;

b) 生产者信息;

c) 销售者和维修者信息;

d) 三包项目;

e) 三包有效期(包括成套设备的加工设备整机三包有效期、主要零部件质量保证期和易损件及其他
零部件质量保证期);

f) 销售记录(包括销售者、销售地、销售日期、销售发票号码);

g) 维修记录(包括送修时间、交货时间、送修故障、维修情况、退换证明);

h) 不承担三包责任的说明。

5.6.3 铭牌

5.6.3.1 成套设备的加工设备均应有产品铭牌。铭牌材质和制造应符合 GB/T 13306 的规定。

5.6.3.2 铭牌至少应标示以下内容:

a) 产品名称及型号;

b) 配套动力;

c) 外形尺寸;

d) 整机质量;

e) 产品执行标准;

f) 出厂编号、日期;

g) 制造企业名称、地址。

6 检测方法

6.1 性能试验

6.1.1 试验要求

6.1.1.1 成套设备性能试验一般不少于 3 次,每次试验时间不少于 30 min。测定结果取平均值。

6.1.1.2 每次试验均应按 6.1.2 规定的试验程序完成全部测试,除种子包衣外不得单机或单项试验。

6.1.1.3 以下按成套设备加工小麦种子为例规定性能试验方法。加工小麦以外的其他农作物种子的性能试验按 6.1 及附录 A 的规定执行。

6.1.2 试验程序

a) 顺序启动成套设备,调整设备状态:达到生产率明示值,检查各排杂口,其夹带的好种子比例不超出正常范围,稳定运行 20 min;

b) 开始测试并记录开始时间;

c) 记录开始至结束的耗电量;

d) 记录开始至结束计量包装成品件数,并折算出加工前的种子喂入质量;

e) 按 6.1.3 的规定取样;

f) 按 GBZ/T 192.1 的规定采样并测定加工车间、计量包装车间和控制室的空气中粉尘浓度;

g) 按 GB/T 3768 的规定测定加工车间、计量包装车间和控制室的噪声;

h) 按 GBZ 159 的规定采样并测定包衣车间气体中有害物质浓度;

i) 测定并记录环境温度、湿度;

j) 试验结束,准备下一次试验。

6.1.3 取样

6.1.3.1 净度和除长杂率加工前取样:在成套设备的喂入口接取,一次试验取样 3 次,在试验期间等间隔进行,每次取样质量不少于 1 kg。

6.1.3.2 净度和除长杂率加工后取样:在成套设备的最后一台分选机主排出口或定量包装机入口接取。一次试验取样 3 次,在试验期间等间隔进行,每次取样质量不少于 1 kg。

6.1.3.3 包衣合格率取样:在包衣后成膜仓或包衣干燥机出口接取,一次试验取样 3 次,在试验期间等间隔进行,每次取样质量不少于 1 kg。

6.1.3.4 同类提升机破损率取样:可任选一台提升机,分别在提升机的进、出料口接取,一次试验取样 3 次,在试验期间等间隔进行,每次取样质量不少于 0.5 kg。

6.1.3.5 计量包装件合格率取样:按 NY/T 371—2017 的规定抽取计量包装件样品。

6.1.4 样品处理

6.1.4.1 将 6.1.3.1、6.1.3.2 中各 3 次接取的样品,按 GB/T 3543.2 的规定分别配制成混合样品和送检样品。再按 GB/T 3543.3 的规定分别计算出加工前、加工后小麦种子的净度和千克种子含长杂的粒数。在做净度分析分离样品时,应将未成熟的、瘦小的、皱缩的、破损的、带病的及发过芽的净种子全按杂质处理。

6.1.4.2 将 6.1.3.3 中 3 次接取的样品,按 GB/T 3543.2 的规定配制成混合样品,从中分出送检样品,称量出其质量。再按 NY/T 375 的规定分拣出包衣合格种子,称量其质量。

6.1.4.3 将 6.1.3.4 中 3 次在提升机进、出料口接取的样品,按 GB/T 3543.2 的规定配制成混合样品,从中分拣出 100 g 送检样品,从送检样品中分选出破损粒,称量其质量。

6.1.4.4 将 6.1.3.5 中抽取的计量包装件样品逐件检查,按 NY/T 371—2017 表 3 中净含量偏差、封口外观质量和封缄质量 3 项规定分拣出合格件与不合格件。NY/T 371—2017 中未规定的金属罐包装和其他包装形式参照执行。

6.1.5 测定结果计算

6.1.5.1 纯工作小时生产率

纯工作小时生产率按公式(1)计算。

$$E_c = \frac{W_q}{T} \quad\cdots\cdots\cdots\cdots\cdots\cdots\cdots\cdots\cdots\cdots\cdots\cdots\cdots\cdots (1)$$

式中:

E_c——纯工作小时生产率,单位为吨每小时(t/h);

W_q——测定时间内,加工前喂入的种子质量,单位为吨(t);

T ——测定时间,单位为小时(h)。

6.1.5.2 千瓦小时生产率

千瓦小时生产率按公式(2)计算。

$$E_q = \frac{E_c \times T}{Q} \quad \dotfill \quad (2)$$

式中:

E_q——千瓦小时生产率,单位为吨每千瓦小时[t/(kW·h)];

Q ——测定时间内成套设备耗电量,单位为千瓦小时(kW·h)。

6.1.5.3 除长杂率

除长杂率按公式(3)计算。

$$\beta = \frac{H_q - H}{H_q} \times 100 \quad \dotfill \quad (3)$$

式中:

β ——除长杂率,单位为百分号(%);

H_q——清选前每千克种子含长杂的粒数,单位为粒;

H ——清选后每千克种子含长杂的粒数,单位为粒。

6.1.5.4 包衣合格率

包衣合格率按公式(4)计算。

$$\gamma = \frac{Z_h}{Z} \times 100 \quad \dotfill \quad (4)$$

式中:

γ ——包衣合格率,单位为百分号(%);

Z_h ——送检样品中包衣合格种子质量,单位为克(g);

Z ——送检样品质量,单位为克(g)。

6.1.5.5 提升机(单台)破损率

提升机(单台)破损率按公式(5)计算。

$$\varepsilon = \left(\frac{S}{G} - \frac{S_q}{G_q} \right) \times 100 \quad \dotfill \quad (5)$$

式中:

ε ——提升机(单台)破损率,单位为百分号(%);

S ——提升机出料口送检样品中破损粒质量,单位为克(g);

S_q ——提升机进料口送检样品中破损粒质量,单位为克(g);

G ——提升机出料口送检样品质量,单位为克(g);

G_q ——提升机进料口送检样品质量,单位为克(g)。

6.1.5.6 计量包装件合格率

计量包装件合格率按公式(6)计算。

$$\delta = \frac{B_h}{B} \times 100 \quad \dotfill \quad (6)$$

式中:

δ ——计量包装件合格率,单位为百分号(%);

B_h ——抽检样品中合格的包装件件数;

B ——抽检样品总件数。

6.2 安全、环保和卫生要求检测

6.2.1 安全要求检查

按 5.2.1 的规定逐项检查。

6.2.2 环保和卫生要求检测

按 5.2.2 的规定逐项检查。按 GBZ/T 192.1 的规定分别测量加工车间、计量包装车间和控制室的粉尘浓度,按 GB/T 3768 的规定分别测量加工车间、计量包装车间和控制室的噪声,按 GBZ 159 的规定测量包衣车间有害物质浓度。

6.3 安装、外观涂漆质量检测

6.3.1 安装质量检查

按 NY/T 374 的规定检查成套设备安装质量。

6.3.2 外观质量检查

按 5.3.2 的规定检查外观质量。

6.3.3 涂漆质量检查

按 JB/T 5673 的规定检测成套设备涂漆质量。

6.4 操作方便性检查

按 5.4 的规定逐项检查。

6.5 可靠性评价

6.5.1 按照 GB/T 5667 的规定进行可靠性考核,考核时间应不少于 120 h。准确记录每班纯工作时间、故障停机时间。

6.5.2 使用有效度按式(7)计算。

$$K = \frac{\sum T_z}{\sum T_z + \sum T_g} \times 100 \quad \cdots\cdots\cdots\cdots\cdots\cdots\cdots\cdots\cdots\cdots\cdots\cdots\cdots\cdots\cdots\cdots\cdots\cdots \quad (7)$$

式中:

K ——使用有效度,单位为百分号(%);

T_z ——测定时间内每班纯工作时间,单位为小时(h);

T_g ——测定时间内每班故障停机时间,单位为小时(h)。

6.6 使用信息审查

6.6.1 使用说明书

按 GB/T 9480 的规定检查成套设备使用说明书。

6.6.2 三包凭证

按 5.6.2 的规定检查三包凭证。

6.6.3 铭牌

按 5.6.3 的规定检查铭牌。

7 检验规则

7.1 抽样方案

7.1.1 抽样方案按照 GB/T 2828.11—2008 附录 B 中表 B.1 的规定执行,见表 6。

表 6 抽样方案

检 验 水 平	O
声称质量水平(DQL)	1
核查总体(N)	10
样本量(n)	1
不合格品限定数(L)	0

7.1.2 采用随机抽样,在制造单位 1 年内生产的合格成套设备中随机抽取 2 套。其中 1 套用于检测,另 1 套备用。由于非质量原因造成检测无法继续时,启用备用成套设备。抽样基数应不少于 10 台,市场或使用现场抽样不受此限。

7.2 不合格项目分类

根据各项指标对成套设备质量(加工小麦为例)的影响程度,将不合格项目分为 A、B、C 三类,见表 7。

表 7 检验项目及不合格项目分类表

不合格分类		检验项目	对应的质量要求的条款号
类别	序号		
A	1	净度	5.1.1、5.1.2、5.1.3
	2	安全、环保和卫生要求	5.2
	3	可靠性要求(使用有效度)	5.5
B	1	纯工作小时生产率	5.1.1、5.1.2、5.1.3
	2	除长杂率(小麦)	5.1.1
	3	包衣合格率	5.1.1、5.1.2、5.1.3
	4	提升机(单台)破碎率	5.1.1、5.1.2、5.1.3
	5	计量包装件合格率	5.1.1、5.1.2、5.1.3
C	1	千瓦小时生产率	5.1.1、5.1.2、5.1.3
	2	安装质量	5.3.1
	3	外观质量	5.3.2
	4	涂漆质量	5.3.3
	5	操作方便性	5.4
	6	使用说明书	5.6.1
	7	三包凭证	5.6.2
	8	铭牌	5.6.3

注 1:成套设备加工玉米、水稻、蔬菜和棉花种子时,项目不合格分类分别用分级合格率、除短杂率、去石率和裂纹粒清除率代替表 7 中的除长杂率(小麦)。

注 2:加工油菜、甜菜种子时,B 类不合格项目只有纯工作小时生产率、包衣合格率、提升机(单台)破损率和计量包装件合格率 4 项。

7.3 评定规则

按样本中 A、B、C 各类检验项目逐一进行检验和判定。当 A、B、C 各类不合格项目数均不大于不合格判定数,判定为合格,否则判定为不合格。评定规则见表 8。

表 8 评定规则表

不合格项目分类	A	B	C
不合格项目数	3	5	8
不合格判定数	0	1	2

注:加工油菜、甜菜种子时,B 类不合格项目数为 4,不合格判定数不变。

检测过程中,成套设备发生严重故障致性能试验和可靠性考核无法进行的直接判定为不合格。

附 录 A

（规范性）

成套设备加工其他农作物种子性能试验方法

A.1 加工水稻种子性能试验方法

A.1.1 用除短杂率代替加工小麦种子的除长杂率，其他检测项目相同。

A.1.2 除短杂率取样和样品处理：参照按 6.1.3.1 和 6.1.3.2 的规定取样，参照 6.1.4.1 的规定进行样品处理。

A.1.3 参照 6.1.5.3 计算除短杂率。

A.2 加工玉米种子性能试验方法

A.2.1 用分级合格率代替加工小麦种子的除长杂率，其他检测项目相同。

A.2.2 取样、样品处理和分级合格率计算按 NY/T 366 的规定执行。

A.3 加工蔬菜种子性能试验方法

A.3.1 用去石率代替加工小麦种子的除长杂率，其他检测项目相同。

A.3.2 去石率取样和样品处理：参照 6.1.3.1 和 6.1.3.2 的规定取样，参照 6.1.4.1 的规定进行样品处理；从加工前和加工后的每千克送检样品中挑选出碎石并称量其质量。

A.3.3 参照 6.1.5.3 计算去石率。

A.4 加工棉花种子性能试验方法

A.4.1 用裂纹粒清除率代替加工小麦种子的除长杂率，其他检测项目相同。

A.4.2 裂纹粒清除率取样和样品处理：参照 6.1.3.1 和 6.1.3.2 的规定取样，参照 6.1.4.1 的规定进行样品处理；然后分别挑出每千克种子中裂纹粒并称量其质量。

A.4.3 参照 6.1.5.3 计算裂纹粒清除率。

A.5 加工油菜和甜菜种子性能试验方法

除加工小麦种子的除长杂率条款外，其他检测项目与检测小麦种子相同。

ICS 65.060.30
CCS B 91

NY

中华人民共和国农业行业标准

NY/T 1415—2021
代替 NY/T 1415—2007

马铃薯种植机 质量评价技术规范

Technical specification of quality evaluation for potato planter

2021-05-07 发布

2021-11-01 实施

中华人民共和国农业农村部 发布

前　言

本文件按照 GB/T 1.1—2020《标准化工作导则　第 1 部分：标准化文件的结构和起草规则》的规定起草。

本文件代替 NY/T 1415—2007《马铃薯种植机　质量评价技术规范》，与 NY/T 1415—2007 相比，除结构调整和编辑性改动外，主要技术变化如下：

a) 修改了范围（见第 1 章，2007 年版第 1 章）；

b) 修改了规范性引用文件（见第 2 章，2007 年版第 2 章）；

c) 修改了术语和定义（见第 3 章，2007 年版第 3 章）；

d) 增加了基本要求（见第 4 章）；

e) 修改了性能指标（见 5.1，2007 年版 4.1）；

f) 修改了安全要求（见 5.2，2007 年版 4.3）；

g) 增加了整机装配要求（见 5.3）；

h) 增加了涂漆和外观质量（见 5.4）；

i) 增加了操作方便性（见 5.5）；

j) 修改了使用可靠性（见 5.7，2007 年版 4.2）；

k) 修改了使用信息（见 5.8，2007 年版 4.5）；

l) 删除了检测准备（见 2007 年版 5.1）；

m) 修改了性能试验（见 6.1，2007 年版 5.2）；

n) 修改了安全性检查等（见 6.2、6.3、6.4、6.5、6.6、6.7、6.8、6.9，2007 年版 5.3、5.4、5.5、5.6）；

o) 修改了检验项目及不合格分类表（见 7.1，2007 年版 6.1）；

p) 修改了抽样方案（见 7.2，2007 年版 6.2）；

q) 增加了产品规格表（见附录 A）。

请注意本文件的某些内容可能涉及专利。本文件的发布机构不承担识别专利的责任。

本文件由农业农村部农业机械化管理司提出。

本文件由全国农业机械标准化技术委员会农业机械化分技术委员会（SAC/TC 201/SC 2）归口。

本文件主要起草单位：内蒙古工业大学、内蒙古自治区农牧业机械技术推广站、呼和浩特职业学院、农业农村部农业机械试验鉴定总站、赤峰市农牧业机械化研究推广服务中心、包头市农业机械技术培训推广服务站、内蒙古自治区农牧业机械质量监督管理站、宁夏固原市原州区农业机械化推广服务中心、安徽省农业机械试验鉴定站。

本文件主要起草人：班义成、杨涛、杨淑英、于波、周璇、白相萍、申学智、杨茜、张继安、李延军、郭晓晴、杨利军、李仿舟、刘江、彭建东、吴利华、王志强、朝鲁、王海军、贾玉斌、崔昭霞。

本文件及其所代替文件的历次版本情况为：

——2007 年首次发布为 NY/T 1415—2007；

——本次为第一次修订。

马铃薯种植机　质量评价技术规范

1　范围

本文件规定了马铃薯种植机的术语和定义、基本要求、质量要求、检测方法和检验规则。

本文件适用于牵引式、悬挂式马铃薯种植机的质量评定。

2　规范性引用文件

下列文件中的内容通过文中的规范性引用而构成本文件必不可少的条款。其中，注日期的引用文件，仅该日期对应的版本适用于本文件；不注日期的引用文件，其最新版本（包括所有的修改单）适用于本文件。

GB/T 2828.11—2008　计数抽样检验程序　第 11 部分：小总体声称质量水平的评定程序

GB/T 5262　农业机械试验条件　测定方法的一般规定

GB/T 5667　农业机械　生产试验方法

GB/T 6242—2006　种植机械　马铃薯种植机　试验方法

GB/T 9478—2005　谷物条播机　试验方法

GB/T 9480　农林拖拉机和机械、草坪和园艺动力机械　使用说明书编写规则

GB 10395.9—2014　农林机械　安全　第 9 部分：播种机械

GB 10396　农林拖拉机和机械、草坪和园艺动力机械　安全标志和危险图形　总则

GB/T 13306　标牌

GB/T 23821—2009　机械安全　防止上下肢触及危险区的安全距离标准

JB/T 9832.2—1999　农林拖拉机及机具　漆膜　附着性能测定方法　压切法

NY/T 990—2018　马铃薯种植机械　作业质量

NY/T 1559—2007　滴灌铺管铺膜精密播种机　质量评价技术规范

3　术语和定义

NY/T 990—2018 界定的以及下列术语和定义适用于本文件。

3.1

马铃薯种植机　potato planter

具有开沟（起垄）、播种覆土功能或兼有铺膜、铺管、施肥等一种及以上功能的播种马铃薯的机械。

4　基本要求

4.1　质量评价所需的文件资料

对马铃薯种植机进行质量评价所需文件资料至少应包括：

a)　产品规格确认表（见附录 A）；

b)　企业产品执行标准或产品制造验收技术条件；

c)　产品使用说明书；

d)　产品三包凭证；

e)　样机照片 4 张（正前方、正后方、正前方两侧 45°各 1 张），产品铭牌照片 1 张。

4.2　主要技术参数核对与测量

依据产品使用说明书、铭牌和企业提供的其他技术文件，对试验样机的主要技术参数按照表 1 的规定进行核对或测量。技术文件应详细描述试验样机的不同配置情况。

表 1 检测项目与方法

序号	项目	单位	方法
1	规格型号	/	核对
2	结构型式	/	核对
3	外形尺寸(长×宽×高)	mm×mm×mm	测量
4	工作行数	行	核对
5	行距	mm	测量
6	作业幅宽	mm	测量
7	结构质量	kg	核对
8	铺膜行数	行	核对
9	地膜宽度	mm	核对
10	滴灌带数量	条	核对
11	滴灌方式	/	核对
12	起垄装置型式	/	核对
13	起垄装置数量	个	核对
14	排种器型式	/	核对
15	排种器数量	个	核对
16	排肥器型式	/	核对
17	排肥器数量	个	核对
18	开沟器型式	/	核对
19	开沟器数量	个	核对
20	覆土器型式	/	核对
21	覆土器数量	个	核对
22	地轮直径	mm	测量

4.3 试验条件

4.3.1 试验地块

试验地应选择有代表性的地块,面积应满足检测的要求,地势应平坦,无障碍物,土块细碎,土壤含水率为12%～20%。

4.3.2 试验样机

试验样机应按照使用说明书的要求安装并调整到正常工作状态。

4.3.3 配套动力

在使用说明书给出的配套动力范围内,选择功率不大于上限值80%的配套动力,若最小功率大于上限值80%时,选择最小功率为配套动力。

4.3.4 试验种薯

试验种薯的形状指数和分级应符合GB/T 6242—2006中3.1的要求。

4.3.5 操作人员

试验时应按使用说明书的规定配备操作人员,操作人员应熟悉马铃薯种植农艺要求和马铃薯种植机的原理、构造并能熟练操作。

4.3.6 主要仪器设备

试验用仪器设备应通过检定合格或校准,并在有效期内。仪器设备的测量范围和准确度要求应符合表2的要求。

表 2 主要仪器设备测量范围和准确度要求

序号	测量参数	测量范围	准确度要求
1	长度	0 m～50 m	1 mm
		0 m～5 m	1 mm
		0 mm～300 mm	0.5 mm

表 2（续）

序号	测量参数	测量范围	准确度要求
2	质量	0 g～500 g	0.1 g
		0 g～6 000 g	1 g
3	温度	0 ℃～50 ℃	1 ℃
4	湿度	20% RH～90% RH	5% RH
5	时间	0 h～24 h	1 s/d
6	土壤坚实度	0 MPa～5 MPa	1 kPa
7	硬度	20 HRC～70 HRC	0.5 HRC

5 质量要求

5.1 性能要求

马铃薯种植机主要性能指标应符合表 3 的要求。

表 3 主要性能指标要求

序号	项目	质量指标	对应的检测方法条款号
1	种薯间距合格指数	≥80%	6.1.2.3
2	重种指数	≤13%	6.1.2.3
3	漏种指数	≤10%	6.1.2.3
4	种薯幼芽损伤率	≤2%	6.1.2.1
5	覆土深度合格率	≥80%	6.1.2.4
6	种肥距离合格率	≥85%	6.1.2.4
7	行距合格率	≥90%	6.1.2.5
8	采光面机械破损程度[a]	≤55 mm/m²	6.1.2.6
9	膜边覆土厚度合格率[a]	≥95%	6.1.2.6
10	膜边覆土宽度合格率[a]	≥95%	6.1.2.6
11	地膜纵向拉伸率[a]	≥3%	6.1.2.6
12	滴灌带纵向拉伸率[b]	≤1%	6.1.2.6
13	滴灌带铺设质量[b]	无破损、打折或打结扭曲	6.1.2.6
14	垄高合格率[c]	≥75%	6.1.2.7
15	垄顶宽合格率[c]	≥70%	6.1.2.7
16	垄间距合格率[c]	≥75%	6.1.2.7
17	纯工作小时生产率	达到使用说明书明示值	6.1.2.8
18	各行排肥量一致性变异系数[d]	≤13.0%	6.1.2.2
19	总排肥量稳定性变异系数[d]	≤7.8%	6.1.2.2

注1：以当地农业要求覆土深度为 h 为标准，(h±2.5) cm 为合格覆土深度；以当地农业要求的种肥距离 L 为标准，大于 L 为合格；以当地农艺要求的行距值 S 为标准，(S±0.1 S) 为合格；以当地农艺要求的垄高 D₁ 为标准，(D₁±3) cm 为合格；以当地农艺要求的垄顶宽 D₂ 为标准，(D₂±3) cm 为合格；以当地农艺要求的垄间距 D₃ 为标准，(D₃±3) cm 为合格。

注2：种薯幼芽长度≤5 mm 时，不测种薯幼芽损伤率。

[a] 具有铺膜功能的马铃薯种植机加测。

[b] 具有铺管功能的马铃薯种植机加测。

[c] 具有起垄功能的马铃薯种植机加测。

[d] 具有施肥功能的马铃薯种植机加测。

5.2 安全要求

5.2.1 马铃薯种植机使用说明书中的安全使用信息应符合 GB 10395.9—2014 中 6.1 的规定。

5.2.2 外露齿轮、链轮传动等对操作人员有危险的部位应有安全防护装置，安全防护装置的颜色区别于整机颜色。安全防护装置应有足够强度、刚度，保证在正常使用中不产生裂缝或变形。安全防护装置的安全距离应符合 GB/T 23821—2009 的规定。

5.2.3 工作时需要人工装载的马铃薯种植机应有装卸台,装卸台的台面应防滑。装卸台尺寸应符合 GB 10395.9—2014 中 4.5.1.3 的规定。

5.2.4 配有施肥装置的马铃薯种植机,肥箱盖开启和关闭状态时应有固定装置,作业时不应因震动、颠簸和风吹而自行打开或关闭。

5.2.5 安装有划行器的马铃薯种植机,在运输过程中其划行器应折起并锁定。

5.2.6 马铃薯种植机单独停放时,应有支撑装置。支撑装置应能保持马铃薯种植机停放稳定。

5.2.7 马铃薯种植机对人员有危险的工作部位、转动件有旋向要求的工作部位,应在其部件醒目位置上标注相应安全标志。至少应设置下列安全标志:

    a) 与机器运动时悬挂或登上机器产生的危险;

    b) 与零部件运动有关联的危险;

    c) 由料箱中旋转喂入螺旋和搅拌器引起的危险;

    d) 机器超过 4 m 高,在任何操作方式下,高压线缠绕的风险。

5.2.8 马铃薯种植机在驾驶员可视的明显位置应贴有"作业时不可倒退"的标志。

5.2.9 安全标志应符合 GB 10396 的规定。

5.3 整机装配

5.3.1 整机装配后各润滑部位应加注润滑油(脂)。空运转 30 min 后,各转动部件、传动部件应运转灵活、传动平稳,无卡滞现象,无异常声响,紧固件无松动。

5.3.2 各调节机构应操作方便,调节灵活,复位可靠。

5.3.3 各密封部位应密封良好。在额定转速下空运转 1 h,停机 30 min 后,各动、静结合面应无漏油、渗油。

5.3.4 焊接件焊合牢固,焊缝均匀、平整,不应有漏焊、焊穿、焊渣、夹渣等影响强度的缺陷。

5.4 涂漆和外观质量

外露结构件应修边去毛刺,机具表面应平整光滑,不应有磕碰、锈蚀等缺陷。涂漆外观质量应色泽均匀,平整光滑不露底。漆膜附着性能不低于 JB/T 9832.2—1999 表 1 中规定的 Ⅱ 级要求。

5.5 操作方便性

5.5.1 各操作机构应操作灵活、有效、可靠。

5.5.2 调整、保养、更换零部件应方便。

5.5.3 保养点应设计合理,便于操作。

5.6 运输间隙

牵引式马铃薯种植机运输间隙不小于 150 mm;悬挂式马铃薯种植机运输间隙不小于 300 mm。

5.7 使用有效度

马铃薯种植机使用有效度应不小于 90%。

5.8 使用信息

5.8.1 使用说明书

5.8.1.1 使用说明书的编写应符合 GB/T 9480 的规定。

5.8.1.2 使用说明书至少应包括以下内容:

    a) 产品特点及主要用途;

    b) 再现安全警示标志、标识并明确其粘贴位置;

    c) 安全注意事项;

    d) 产品执行标准及主要技术参数;

    e) 结构特征及工作原理;

    f) 安装、调整和使用方法;

g) 维护和保养说明；

h) 常见故障及排除方法；

i) 易损件清单。

5.8.2 三包凭证

三包凭证至少应包括以下内容：

a) 产品名称、型号规格、购买日期、出厂编号；

b) 制造商名称、联系地址、电话；

c) 销售者和修理者的名称、联系地址、电话；

d) 三包项目；

e) 三包有效期（包括整机三包有效期，主要部件质量保证期及易损件和其他零部件质量保证期，其中整机三包有效期和主要部件质量保证期不得少于 12 个月）；

f) 主要部件名称；

g) 销售记录（包括销售者、销售地点、销售日期、购机发票号码）；

h) 修理记录（包括送修时间、交货时间、送修故障、修理情况、换退货证明）；

i) 不承担三包责任的情况说明。

5.8.3 铭牌

5.8.3.1 在醒目位置固定产品标牌，其规格应符合 GB/T 13306 的规定。

5.8.3.2 铭牌至少应包括以下内容：

a) 产品名称及型号；

b) 产品主要技术参数；

c) 产品出厂编号；

d) 产品生产日期；

e) 制造厂名称、地址；

f) 执行标准。

5.9 关键零部件质量

开沟铲表面淬火区硬度为 40 HRC～50 HRC；非淬火区硬度不大于 32 HRC。

6 检测方法

6.1 性能试验

6.1.1 试验要求

6.1.1.1 性能试验测区长度不小于 100 m，两端稳定区长度分别不小于 10 m，宽度不小于作业幅宽的 6 倍。试验时，测定往返 2 个行程，每个行程随机选 3 个小区。每个小区的长度应不小于 20 个种薯间距，宽度为试验样机的作业幅宽。

6.1.1.2 土壤绝对含水率的测定按 GB/T 5262 的规定执行。

6.1.1.3 种薯形状指数测定按 GB/T 6242—2006 中 3.1 的规定执行。

6.1.2 性能指标测定

6.1.2.1 种薯幼芽损伤率

架起样机，种箱加满种薯，以与实际作业速度相同的速度匀速转动排种机构，从每行排种器排出的种薯中随机取出 50 个种薯样本，记录样本中种薯幼芽总数和幼芽损伤数，计算幼芽损伤数占样本中幼芽总数的百分比，再减去试验前测定的种薯原始幼芽损伤率。重复 3 次，取平均值。

6.1.2.2 各行排肥量一致性变异系数及总排肥量稳定性变异系数

按 GB/T 9478—2005 中 5.4.7.1 和 5.4.7.2 的规定进行测定。

6.1.2.3 种薯间距合格指数、重种指数、漏种指数

在每个小区内,每行连续测定20个种薯间距,按照GB/T 6242—2006中附录A的方法计算种薯间距合格率、重种指数、漏种指数。

6.1.2.4 覆土深度合格率、种肥距离合格率

在每个小区内,选取种薯播种的位置,垂直切开土层,测定种薯覆土深度和种薯外端与肥料之间的最小距离,共测10点。按公式(1)计算种薯覆土深度合格率,按公式(2)计算种肥距离合格率。结果取所有测试小区的平均值。

$$H = \frac{h_1}{h_0} \times 100 \quad\cdots\cdots\cdots\cdots\cdots\cdots\cdots\cdots\cdots\cdots\cdots\cdots\cdots\cdots\cdots\cdots\cdots (1)$$

式中:

H ——覆土深度合格率,单位为百分号(%);

h_1 ——覆土深度合格点数;

h_0 ——测定总点数。

$$Z_F = \frac{h_2}{h_0} \times 100 \quad\cdots\cdots\cdots\cdots\cdots\cdots\cdots\cdots\cdots\cdots\cdots\cdots\cdots\cdots\cdots\cdots (2)$$

式中:

Z_F ——种肥距离合格率,单位为百分号(%);

h_2 ——种肥距离合格点数。

6.1.2.5 行距合格率

在测区内,选取3个测试段,每测试段沿播种作业方向测定行距值。在一个作业幅内任选一个垄的垄顶中心线为基准,测定基准与相邻行垄顶中心线的距离,每隔1 m测一点,测5次。按公式(3)计算行距合格率,结果取所有测试小区的平均值。

$$L_j = \frac{L_1}{L_0} \times 100 \quad\cdots\cdots\cdots\cdots\cdots\cdots\cdots\cdots\cdots\cdots\cdots\cdots\cdots\cdots\cdots\cdots (3)$$

式中:

L_j ——行距合格率,单位为百分号(%);

L_1 ——行距合格点数;

L_0 ——行距总点数。

6.1.2.6 采光面机械破损程度、膜边覆土厚度合格率、膜边覆土宽度合格率、地膜纵向拉伸率、滴灌带纵向拉伸率、滴灌带铺设质量

按NY/T 1559—2007中5.3.8、5.3.9、5.3.10、5.3.11、5.3.12的规定执行。

6.1.2.7 垄高合格率、垄顶宽合格率、垄间距合格率

每个小区等距选3个点,每点测定一个垄高、垄顶宽和垄间距。按公式(4)计算小区垄高合格率,按公式(5)计算垄顶宽合格率,按公式(6)计算垄间距合格率,结果取所有测试小区的平均值。

$$F_g = \frac{G_1}{G_0} \times 100 \quad\cdots\cdots\cdots\cdots\cdots\cdots\cdots\cdots\cdots\cdots\cdots\cdots\cdots\cdots\cdots\cdots (4)$$

式中:

F_g ——垄高合格率,单位为百分号(%);

G_1 ——合格垄高点数;

G_0 ——测定垄高总点数。

$$F_k = \frac{K_1}{K_0} \times 100 \quad\cdots\cdots\cdots\cdots\cdots\cdots\cdots\cdots\cdots\cdots\cdots\cdots\cdots\cdots\cdots\cdots (5)$$

式中:

F_k ——垄顶宽合格率,单位为百分号(%);

K_1 ——合格垄顶宽点数;

K_0 ——测定垄顶宽总点数。

$$F_{\mathrm{j}} = \frac{J_1}{J_0} \times 100 \quad \cdots\cdots\cdots\cdots\cdots\cdots\cdots\cdots\cdots\cdots\cdots\cdots \quad (6)$$

式中：

F_{j}——垄间距合格率，单位为百分号（%）；

J_1——合格垄间距点数；

J_0——测定垄间距总点数。

6.1.2.8 纯工作小时生产率

在测定马铃薯种植机使用有效度时，同时测定纯工作小时生产率，按公式（7）计算。

$$E = \frac{\sum Q_{\mathrm{cb}}}{\sum T_{\mathrm{c}}} \quad \cdots\cdots\cdots\cdots\cdots\cdots\cdots\cdots\cdots\cdots\cdots\cdots \quad (7)$$

式中：

E ——纯工作小时生产率的数值，单位为公顷每小时（hm²/h）；

Q_{cb} ——纯工作时间作业量的数值，单位为公顷（hm²）；

T_{c} ——纯工作时间的数值，单位为小时（h）。

6.2 安全性检查

按 5.2 的规定逐项检查，所有子项合格，则该项合格。

6.3 整机装配检查

机器空运转 30 min 后，按 5.3 的规定逐项检查，所有子项合格，则该项合格。

6.4 涂漆和外观质量检查

按 5.4 的规定逐项检查，漆膜附着力按 JB/T 9832.2—1999 中第 5 章的要求进行。

6.5 操纵方便性检查

按 5.5 的规定逐项检查，所有子项合格，则该项合格。

6.6 运输间隙检查

在水平地面上，将试验样机调整到运输状态，测量其最低点距地面的距离。

6.7 使用有效度

试验按照 GB/T 5667 的规定进行。作业面积为每米作业幅宽不少于 40 hm²。

6.8 使用信息检查

6.8.1 使用说明书检查按 5.8.1 的规定逐项检查。

6.8.2 三包凭证检查按 5.8.2 的规定逐项检查。

6.8.3 铭牌检查按 5.8.3 的规定逐项检查。

6.9 关键零部件质量

开沟铲表面硬度检查：在淬火区和非淬火区内分别检测三点。两点不合格，为不合格；仅一点不合格，则在距离该测点 5 mm 范围内补测两点，两点中只要有一点不合格，即为不合格。

7 检验规则

7.1 检验项目及不合格分类

检验项目按其对产品质量影响的程度，分为 A、B、C 三类。不合格项目分类见表 4。

表 4 检验项目及不合格分类表

不合格分类		检验项目	对应质量要求的条款号
分类	项		
A	1	种薯间距合格指数	5.1
	2	安全性	5.2
	3	使用有效度	5.7

表 4（续）

不合格分类		检验项目	对应质量要求的条款号
分类	项		
B	1	重种指数	5.1
	2	漏种指数	5.1
	3	种薯幼芽损伤率	5.1
	4	纯工作小时生产率	5.1
	5	覆土深度合格率	5.1
	6	种肥距离合格率	5.1
	7	行距合格率	5.1
	8	采光面机械破损程度	5.1
	9	膜边覆土厚度合格率	5.1
	10	膜边覆土宽度合格率	5.1
	11	地膜纵向拉伸率	5.1
	12	滴灌带纵向拉伸率	5.1
	13	滴灌带铺设质量	5.1
	14	垄高合格率	5.1
	15	垄顶宽合格率	5.1
	16	垄间距合格率	5.1
	17	各行排肥量一致性变异系数	5.1
	18	总排肥量稳定性变异系数	5.1
C	1	整机装配	5.3
	2	涂漆和外观质量	5.4
	3	操作方便性	5.5
	4	运输间隙	5.6
	5	使用说明书	5.8.1
	6	三包凭证	5.8.2
	7	铭牌	5.8.3
	8	关键零部件质量	5.9

注：没有铺膜机构的马铃薯种植机，不考核 B8、B9、B10、B11；没有铺管机构的马铃薯种植机，不考核 B12、B13；没有起垄机构的马铃薯种植机，不考核 B14、B15、B16；没有施肥机构的马铃薯种植机，不考核 B17、B18。

7.2 抽样方案

7.2.1 抽样方案按 GB/T 2828.11—2008 中表 B.1 的要求制订，见表 5。

表 5 抽样方案

检验水平	O
声称质量水平（DQL）	1
检查总体（N）	10
样本量（n）	1
不合格品限定数（L）	0

7.2.2 采用随机抽样，在生产企业近一年内生产且自检合格的产品中随机抽取 2 台样机，其中 1 台用于检验，另 1 台备用。由于非质量原因造成试验无法继续进行时，启用备用样机。抽样基数为 10 台，在销售部门和用户中抽样不受抽样基数限制。

7.3 评定规则

7.3.1 样机合格判定

对样机的 A、B、C 类检验项目逐项进行考核和判定。当 A 类不合格项目数为 0（即 A＝0）、B 类不合格项目数不超过 1（即 B≤1）、C 类不合格项目数不超过 2（即 C≤2），判定样机为合格品；否则判定样机为不合格品。

7.3.2 综合判定

若样机为合格品(即样本的不合格品数不大于不合格品限定数),则判定通过;若样机为不合格品(即样本的不合格品数大于不合格品限定数),则判定不通过。

附　录　A

（规范性）

产品规格确认表

产品规格确认表见表 A.1。

表 A.1　产品规格确认表

序号	项目	单位	设计值
1	规格型号	/	
2	结构型式	/	
3	外形尺寸(长×宽×高)	mm×mm×mm	
4	工作行数	行	
5	行距	mm	
6	作业幅宽	mm	
7	结构质量	kg	
8	铺膜行数	行	
9	地膜宽度	mm	
10	滴灌带数量	条	
11	滴灌方式	/	
12	起垄装置型式	/	
13	起垄装置数量	个	
14	排种器型式	/	
15	排种器数量	个	
16	排肥器型式	/	
17	排肥器数量	个	
18	开沟器型式	/	
19	开沟器数量	个	
20	覆土器型式	/	
21	覆土器数量	个	
22	地轮直径	mm	

ICS 65.060.20

B 91

NY

中华人民共和国农业行业标准

NY/T 1418—2021

代替 NY/T 1418—2007

深松机械 质量评价技术规范

Technical specification of quality evaluation for subsoiling machinery

2021-05-07 发布

2021-11-01 实施

中华人民共和国农业农村部 发布

前　言

本文件按照 GB/T 1.1—2020《标准化工作导则　第1部分:标准化文件的结构和起草规则》的规定起草。

本文件代替 NY/T 1418—2007《深松机　质量评价技术规范》,与 NY/T 1418—2007 相比,除结构调整和编辑性改动外,主要变化如下:

a) 修改了文件名称及其英文译名(见封面,2007年版封面);

b) 修改了适用范围(见第1章,2007年版第1章);

c) 修改了规范性引用文件(见第2章);

d) 修改了术语和定义(见第3章);

e) 增加了基本要求(见第4章);

f) 修改了质量要求(见第5章,2007年版4.1);

g) 增加了整地深度、土壤膨松度与土壤扰动系数、垄高合格率、垄顶宽合格率、根茬粉碎率和各行排肥量一致性变异系数等指标(见5.1);

h) 删除了土壤容重变化率和通过性指标(见2007年版5.2);

i) 修改了检测方法(见第6章,2007年版第5章);

j) 修改了安全要求(见5.2,2007年版4.3);

k) 修改了抽样方法(见7.2,2007年版6.2);

l) 修改了判定规则(见7.3,2007年版6.3);

m) 增加了附录A产品规格表(见附录A)。

请注意本文件的某些内容可能涉及专利。本文件的发布机构不承担识别专利的责任。

本文件由农业农村部农业机械化管理司提出。

本文件由全国农业机械标准化技术委员会农业机械化分技术委员会(SAC/TC 201/SC 2)归口。

本文件起草单位:甘肃省农业机械化技术推广总站、酒泉市铸陇机械制造有限责任公司、庆阳布谷鸟机械制造有限公司。

本文件主要起草人:刘述岩、张恩贵、李涛、闫发旭、李兴凯、成旭东、胡小宁、张明辉、辛兵帮、张争虎。

本文件及其所代替文件的历次版本发布情况为:

——NY/T 1418—2007。

深松机械　质量评价技术规范

1　范围

本文件规定了深松机械的术语和定义、基本要求、质量要求、检测方法和检验规则。

本文件适用于与拖拉机配套的深松机、深松整地联合作业机的质量评定。

2　规范性引用文件

下列文件中的内容通过文中的规范性引用而构成本文件必不可少的条款。其中,注日期的引用文件,仅该日期对应的版本适用于本文件;不注日期的引用文件,其最新版本(包括所有的修改单)适用于本文件。

GB/T 2828.11—2008　计数抽样检验程序　第11部分:小总体声称质量水平的评定程序

GB/T 5262　农业机械试验条件　测试方法的一般规定

GB/T 5668—2017　旋耕机

GB/T 5669　旋耕机械　刀和刀座

GB/T 9480　农林拖拉机和机械、草坪和园艺动力机械　使用说明书编写规则

GB 10395.1　农林机械 安全　第1部分:总则

GB 10395.5　农林机械 安全　第5部分:驱动式耕作机械

GB 10396　农林拖拉机和机械、草坪和园艺动力机械　安全标志和危险图形 总则

GB/T 13306　标牌

GB/T 24675.2—2009　保护性耕作机械　深松机

JB/T 5673—2015　农林拖拉机及机具涂漆　通用技术条件

JB/T 9788—1999　深松铲和深松铲柄

JB/T 9832.2—1999　农林拖拉机及机具　漆膜　附着性能测定方法　压切法

JB/T 11349—2013　保护性耕作机械　全方位深松机

3　术语和定义

下列术语和定义适用于本文件。

3.1

深松机　subsoiler

深松深度超过犁底层的土壤耕作机械。

3.2

土壤膨松度　loosening of soil

土壤工作部件对土层的切割、振动、撕裂、挤压、推移造成的土壤膨胀部分(耕后地表线与耕前地表线所包围的横断面积)占耕前地表线至深松铲尖形成沟底线间整个工作幅宽横断面积的百分比。

3.3

土壤扰动系数　soil disturbance coefficient

土壤工作部件对地表以下土层的扰动部分(实际作业横断面积)占耕前地表线至深松铲尖形成沟底线间整个工作幅宽横断面积的百分比。

3.4

全方位深松机　omnidirectional subsoiler

能够在机具深松幅宽内对土壤进行疏松而不翻转土壤,能较完整地保持地表植被覆盖、打破犁底层的

机具。

[来源:JB/T 11349—2013,3.1]

3.5

深松整地联合作业机 subsoiling and land preparation

具有深松功能,可兼有旋耕、灭茬、施肥、起垄等一项或以上功能的联合作业机。

4 基本要求

4.1 质量评价所需的文件资料

对深松机械进行质量评价所需提供的文件资料应包括:

a) 产品规格确认表(见附录 A);

b) 企业产品执行标准或产品制造验收技术条件;

c) 产品使用说明书;

d) 三包凭证;

e) 样机彩色照片(左前方 45°、右前方 45°、正后方、产品铭牌各 1 张)。

4.2 主要技术参数核对与测量

依据产品使用说明书、铭牌和其他技术文件,对样机的主要技术参数按表 1 进行核对或测量。

表 1 核测项目与方法

序 号	项目	单位	方法
1	规格型号	/	核对
2	结构型式	/	核对(悬挂式/牵引式)
3	振动方式	/	核对(振动/非振动式)
4	工作状态外形尺寸(长×宽×高)[a]	mm×mm×mm	测量
5	工作幅宽[a]	cm	测量
6	铲间距[b]	cm	测量
7	深松铲结构型式	/	核对
8	深松铲排列方式	/	核对(指单行排列或多行交错,多行交错时要注明行数,如两行交错、三行交错等)
9	深松铲数量	把	核对
10	旋耕刀型号	/	核对
11	旋耕刀总安装刀数	把	核对
12	旋耕刀轴传动方式	/	核对
13	灭茬刀型号	/	核对
14	灭茬刀总安装刀数	把	核对
15	灭茬刀轴传动方式	/	核对
16	起垄器型式	/	核对
17	排肥器型式	/	核对
18	排肥器数量	个	核对
19	起垄行数	行	核对
20	整地机构型式	/	核对
注:工作状态是指样机在硬化检测场地上的实际作业状态。			
[a] 深松机工作幅宽是指铲间距平均值×深松铲铲数;整地联合作业机工作幅宽是指旋耕工作部件工作幅宽,即测量旋耕刀轴两侧回转端面之间的距离。			
[b] 对于非等间距深松铲的深松机,铲间距按机具前进方向从左向右依次测量。			

4.3 试验条件

4.3.1 试验样机

试验用样机应技术状态良好,并按使用说明书的规定调整到正常工作状态。

4.3.2 配套拖拉机

根据使用说明书的配套动力范围,选择功率不大于上限值 80% 的拖拉机为配套动力。若最小功率大于上限值 80% 时,选择最小功率为配套动力。拖拉机的技术状态符合使用说明书要求,驾驶员的驾驶技术应熟练。

4.3.3 试验地

试验地应平坦、无障碍物,地表植被及覆盖物不大于 2 kg/m² (需要灭茬的除外)。土壤绝对含水率在 15%~25% 范围内、土壤坚实度不大于 1.2 MPa。

4.3.4 进行性能试验前,应将样机的基本参数调整至符合表 2 的要求。

表 2 基本参数要求

参数名称	参数值
排肥量,kg/hm²	150~180
垄高,cm	B±3(B:当地农艺要求的垄高)
垄顶宽,cm	C±3(C:当地农艺要求的垄顶宽)
垄间距,cm	D±3(D:当地农艺要求的垄间距)

4.4 主要仪器设备

试验用仪器设备应经过校准或检定合格,且在有效期内。仪器设备的测量范围和测量准确度应满足表 3 的要求。

表 3 主要仪器设备测量范围和准确度要求

序号	测量参数名称	测量范围	准确度要求
1	长度	≥5 m	10 mm
		0 m~5 m	1 mm
		0 cm~30 cm	1 mm
2	质量	0 g~200 g	0.1 g
		0 g~6 000 g	1 g
3	时间	0 h~24 h	0.5 s/d
4	硬度	20 HRC~70 HRC	0.5 HRC
5	温度	−20 ℃~60 ℃	1 ℃
6	湿度	20%RH~90%RH	5%RH

5 质量要求

5.1 性能要求

在企业明示的条件且符合 4.3 的规定下,深松机械主要性能指标应符合表 4 的规定。

表 4 性能指标要求

序号	项目	性能指标		对应的检测方法条款号
		深松机	深松整地联合作业机	
1	深松耕深,cm	≥30	≥25	6.1.4
2	深松耕深稳定性	≥85%	≥80%	6.1.5
3	整地深度,cm	/	≥12(垄作);≥8(平作)	6.1.6
4	土壤扰动系数	≥25%	≥50%	6.1.7
5	土壤膨松度	10%~40%	10%~40%	6.1.7
6	垄高合格率*	/	≥75%	6.1.8
7	垄顶宽合格率*	/	≥70%	6.1.9
8	各行排肥量一致性变异系数*	/	≤13%	6.1.11
9	根茬粉碎率*	/	≥70%	6.1.10
10	入土行程,m	≤4	/	6.1.12
11	纯工作小时生产率,hm²/h	达到使用说明书明示值	达到使用说明书明示值	6.1.13
注:"*"适用于选配旋耕、灭茬、施肥、起垄等一种或多种功能的联合作业机。				

5.2 安全要求

5.2.1 所有外露危险运动件均应安装可靠的防护装置,防护装置应符合 GB 10395.1 和 GB 10395.5 的规定。

5.2.2 动力输入轴、万向节传动轴的安全防护装置应符合 GB 10395.1 的规定。

5.2.3 驱动式深松机械工作部件的防护装置应符合 GB 10395.5 的规定。

5.2.4 非作业状态应能可靠切断拖拉机的动力传动。

5.2.5 机具单独停放时应有保持稳定的措施,确保安全。

5.2.6 有潜在危险的位置应有明显的安全标志,其标志应符合 GB 10396 的规定,使用警告标志描述下列危险:

    a) 机具前部万向节传动轴可能缠绕身体,作业或万向节传动轴转动时,保持安全距离;

    b) 机具部件工作时可能有飞出物冲击人的身体,作业时人与机具保持安全距离;

    c) 机具运转时不得打开或拆卸安全防护罩。

5.2.7 使用说明书应有操作者安全注意事项说明。

5.3 焊接质量

焊合件焊缝应平整、光洁,不应有脱焊、漏焊、烧穿、夹渣及气孔等缺陷。

5.4 装配质量

整机装配后应符合下列要求:

    a) 转动件应转动灵活,不应有卡滞现象;

    b) 各联接件应紧固可靠,紧固件无松动现象;

    c) 悬挂销、外露回转件应涂注防锈油脂,各润滑点应注满润滑油脂。

5.5 涂漆和外观质量

整机外观涂层应色泽均匀、平整光滑、无露底。漆膜厚度不小于 35 μm,漆膜附着力应不低于 JB/T 9832.2—1999 中Ⅱ级的规定。

5.6 关键零部件质量要求

5.6.1 全方位深松机左右刀板及底板应符合 JB/T 11349—2013 中 5.3 的规定。其他类型深松铲刃部热处理应符合 JB/T 9788—1999 中 5.3 的规定。

5.6.2 深松整地联合作业机旋耕刀应符合 GB/T 5668—2017 中 6.2.1 的规定。

5.7 运输间隙

牵引式不小于 110 mm,悬挂式不小于 300 mm。

5.8 操作方便性

5.8.1 各润滑油注入点应设计合理,保证保养时,不受其他部件和设备的阻碍。

5.8.2 深松机与拖拉机挂接应便于操作,不受阻碍。

5.8.3 借助普通扳手、钳子等工具应能顺利更换深松刀、铲或旋耕刀。

5.9 使用可靠性

使用可靠性应符合表 5 的规定。

表 5 使用可靠性

序号	项目	质量评定指标
1	有效度(K)	≥90%
2	平均故障间隔时间(MTBF),h	≥65

5.10 使用说明书

使用说明书的编制应符合 GB/T 9480 的规定,内容应至少包括:

    a) 产品特点及主要用途;

b) 安全警示标志并明确其在机器上的粘贴位置；

c) 安全注意事项；

d) 产品执行标准及主要技术参数；

e) 结构特征及工作原理；

f) 安装、调整和使用方法；

g) 维护和保养说明；

h) 常见故障分析及排除方法；

i) 产品三包内容，也可单独成册；

j) 易损件清单。

5.11 三包凭证

三包凭证至少应包括以下内容：

a) 产品名称、型号规格、购买日期、出厂编号；

b) 生产者名称、地址、电话、邮编；

c) 销售者和修理者的名称、地址、电话、邮编；

d) 三包项目；

e) 三包有效期（包括整机三包有效期，主要部件质量保证期及易损件和其他零部件质量保证期，其中整机三包有效期和主要部件质量保证期不得少于12月）；

f) 主要零部件清单；

g) 销售记录（包括销售者、销售地点、销售日期、购机发票号）；

h) 修理记录（包括送修时间、交货时间、送修故障、修理情况、换退货证明）；

i) 不承担三包责任的情况说明。

5.12 铭牌

5.12.1 应在机具明显位置固定产品铭牌，其规格、材质应符合 GB/T 13306 的规定，要求内容齐全、字迹清晰、固定牢靠。

5.12.2 铭牌至少应明示产品型号与名称、执行标准代号、配套动力范围、工作幅宽、出厂编号、制造日期、制造商名称和地址。

6 检测方法

6.1 性能试验

6.1.1 试验条件

测区长度不小于 20 m，两端分别留有不少于 10 m 的稳定区，测区宽度至少满足 4 个作业幅宽要求。

6.1.2 试验地调查

6.1.2.1 试验前对试验地状况及环境条件进行调查，记录环境温湿度、前茬作物、耕作方式、种植方式和土壤质地。

6.1.2.2 按 GB/T 5262 的规定分别选取 5 个点测定耕前植被覆盖量（取出 1 m² 内的植被）、土壤绝对含水率和土壤坚实度，取平均值。土壤绝对含水率和土壤坚实度测量时，每点在土壤表层以下分层测量，层间隔分别为 0 cm～10 cm、10 cm～20 cm 和 20 cm～30 cm，检测结果的平均值为点平均值。

6.1.2.3 前茬作物根茬为玉米、高粱等硬质根茬时测定根茬密度，随机选取 3 点，每点测定 1 m² 面积上根茬的株数，取平均值。耕前垄作地时，分别随机测定 5 个垄高和垄顶宽，取平均值。

6.1.2.4 在整个试验过程中，测定环境温度和湿度各 3 次并取范围值。

6.1.3 试验项目

样机在使用说明书规定的作业速度下，在测区内往返作业 2 个行程，测定深松深度、土壤膨松度和土壤扰动系数；当深松机械兼有旋耕、灭茬、施肥、起垄等一项或以上功能时，根据作业功能相应增加整地深度、根茬粉碎率、各行排肥量一致性变异系数（静态）、垄高合格率和垄顶宽合格率等性能试验。

6.1.4 深松耕深

在测区内,每行程沿机组前进方向每隔 2 m 左、右两侧各测 1 个点,各测 11 次,按公式(1)计算耕深平均值。测定平作地时,测出耕后深松沟底到地表面的垂直距离,即为深松耕深;垄作地,则是耕后深松沟底取一点至某一水平基准线垂直距离,减去该点对应的地表至水平基准线垂直距离,即为深松耕深。

$$a = \frac{\sum_{i=1}^{n} a_i}{n} \quad \cdots\cdots\cdots\cdots\cdots\cdots\cdots\cdots\cdots\cdots\cdots\cdots\cdots\cdots\cdots\cdots\cdots\cdots\cdots\cdots\cdots\cdots (1)$$

式中:

a ——深松耕深平均值,单位为厘米(cm);

a_i ——第 i 个点的深松耕深值,单位为厘米(cm);

n ——测定点数。

6.1.5 深松耕深稳定性

按公式(2)~公式(4)计算耕深标准差、耕深变异系数和耕深稳定性系数。

$$s = \sqrt{\frac{\sum_{i=1}^{n} (a_i - a)^2}{n-1}} \quad \cdots\cdots\cdots\cdots\cdots\cdots\cdots\cdots\cdots\cdots\cdots\cdots\cdots\cdots\cdots\cdots\cdots (2)$$

$$v = \frac{s}{a} \times 100 \quad \cdots\cdots\cdots\cdots\cdots\cdots\cdots\cdots\cdots\cdots\cdots\cdots\cdots\cdots\cdots\cdots\cdots (3)$$

$$u = 1 - v \quad \cdots\cdots\cdots\cdots\cdots\cdots\cdots\cdots\cdots\cdots\cdots\cdots\cdots\cdots\cdots\cdots\cdots\cdots\cdots\cdots (4)$$

式中:

s——耕深标准差,单位为厘米(cm);

v——耕深变异系数,单位为百分号(%);

u——耕深稳定性系数。

6.1.6 整地深度

在测区内,每行程沿机组前进方向每隔 2 m 左、右两侧各测 1 个点,各测 11 次,按公式(5)计算整地深度。平作地时,以耕前地表面为原地表;垄作地时,以耕前垄顶线作原地表。测定耕作沟底到原地表的距离,即为整地深度。

$$b = \frac{\sum_{i=1}^{n} b_i}{n} \quad \cdots\cdots\cdots\cdots\cdots\cdots\cdots\cdots\cdots\cdots\cdots\cdots\cdots\cdots\cdots\cdots\cdots\cdots\cdots\cdots\cdots (5)$$

式中:

b ——整地深度平均值,单位为厘米(cm);

b_i ——第 i 个点的整地深度值,单位为厘米(cm);

n ——测定点数。

6.1.7 土壤膨松度与土壤扰动系数

采用耕层断面测绘仪,按 GB/T 24675.2—2009 中 6.2.4、6.2.5 的规定进行。

采用水平基准线法,深松作业前,垂直机具作业方向横跨工作幅宽距地表适当高度建立水平尺(水平基准线)并调水平(见图1),沿水平尺在整个工作幅宽范围以间隔 30 mm 连续等分标记测点,在作业前、后,以各等分测点测定耕前地表至水平基准线的距离 H_1、耕后地表至水平基准线的距离 H_2、实际深松沟底线至水平基准线的距离 H_3,H_1、H_2、H_3 为测量采集的 3 组基础数据,并基此建立 3 组导出数据,分别为 $a_{(h-q)i} = H_1 - H_2$、$a_{qi} = H_L - H_1$、$a_{si} = H_3 - H_1$,记入记录表。按公式(6)~公式(11)计算出土壤膨松度和土壤扰动系数。每个行程测定 1 次,测定 2 个行程,取平均值。

$$A_{h+q} = \frac{b}{2}\left(a_{(h-q)1} + 2\sum_{i=2}^{n-1} a_{(h-q)i} + a_{(h-q)n}\right) \cdots\cdots\cdots\cdots (6)$$

$$A_q = \frac{b}{2}\left(a_{q1} + 2\sum_{i=2}^{n-1} A_{qi} + a_{qn}\right) \cdots\cdots\cdots\cdots\cdots\cdots\cdots (7)$$

$$A_s = \frac{b}{2}\left(a_{s1} + 2\sum_{i=2}^{n-1} + a_{si} + a_{sn}\right) \quad\cdots\cdots\cdots\cdots\cdots\cdots\cdots\cdots\cdots\cdots\cdots\cdots (8)$$

$$i = 3, 4, 5, \cdots, n$$

$$i = 2 \text{ 时}, A_s = \frac{b}{2}(a_1 + a_2)$$

$$p = \frac{A_{h-q}}{A_q} \times 100 \quad A_{h-p} = A_h - A_q \quad\cdots\cdots\cdots\cdots\cdots\cdots\cdots\cdots\cdots\cdots\cdots (9)$$

$$\gamma = \frac{A_s}{A_q} \times 100 \quad\cdots\cdots\cdots\cdots\cdots\cdots\cdots\cdots\cdots\cdots\cdots\cdots\cdots\cdots\cdots (10)$$

$$H_L = \frac{\sum_{j=1}^{m} H_{3j\max}}{m} \quad\cdots\cdots\cdots\cdots\cdots\cdots\cdots\cdots\cdots\cdots\cdots\cdots (11)$$

式中：

A_{h-q} ——耕后地表与耕前地表横断面积差，单位为平方毫米（mm²）；

b ——水平基准线等分点间距，单位为毫米（mm）；

A_q ——耕前地表线至深松铲尖形成沟底线的横断面积，单位为平方毫米（mm²）；

A_s ——以耕前地表为基线的实际深松横断面积，单位为平方毫米（mm²）；

p ——土壤膨松度；

γ ——土壤扰动系数；

H_L ——深松铲尖形成沟底线至水平基准线的距离，单位为毫米（mm）；

$H_{3j\max}$ ——第 j 个深松铲最深沟底线至水平基准线的距离，单位为毫米（mm）；

m ——试验的深松铲个数。

注：$a_{si} \geq 0$。当 $a_{si} < 0$ 时，应将该值修正为 0，用修正后的 a_{si} 值代入公式（8）计算。

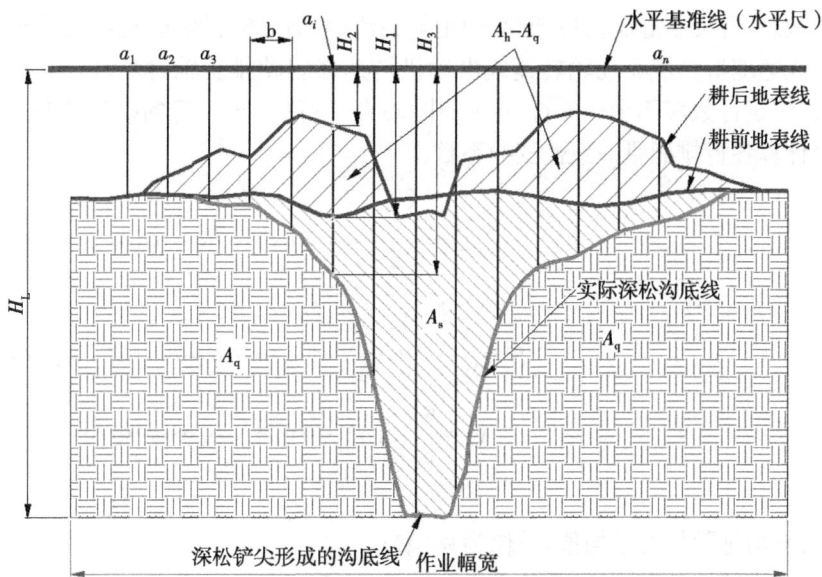

图 1 深松作业横断面示意图

6.1.8 垄高合格率

在测区内等间隔选 5 个点，每点测定工作幅宽内的各垄高，以当地农艺要求的垄高 B±3 cm 为合格，按公式（12）计算垄高合格率。

$$F_{lg} = \frac{Q_h}{Q_z} \times 100 \quad\cdots\cdots\cdots\cdots\cdots\cdots\cdots\cdots\cdots\cdots\cdots\cdots (12)$$

式中：

F_{lg}——垄高合格率，单位为百分号（%）；

Q_h——合格垄高数；

Q_z——总的垄高数。

6.1.9 垄顶宽合格率

在测区内等间隔选 5 个点，每点测定工作幅宽内的各垄顶宽，以当地农艺要求的垄顶宽 C±3 cm 为合格，按公式(13)计算垄顶宽合格率。

$$F_{ld} = \frac{L_h}{L_z} \times 100 \quad \cdots\cdots\cdots\cdots\cdots\cdots\cdots\cdots\cdots\cdots\cdots\cdots\cdots\cdots\cdots\cdots (13)$$

式中：

F_{ld}——垄顶宽合格率，单位为百分号(%)；

L_h——合格垄顶数；

L_z——总的垄顶数。

6.1.10 根茬粉碎率

在测区内，每行程选取 1 点，取一个工作幅宽乘 1 m 的面积，测定试验前地表范围内所有根茬质量，及作业后地表和旋耕深度范围内合格根茬质量(长度≤5 cm 为合格，>5 cm 为不合格)，按公式(14)计算根茬粉碎率。

$$F_g = \frac{M_h}{M_z} \times 100 \quad \cdots\cdots\cdots\cdots\cdots\cdots\cdots\cdots\cdots\cdots\cdots\cdots\cdots\cdots\cdots\cdots (14)$$

式中：

F_g——根茬粉碎率，单位为百分号(%)；

M_h——测点合格根茬的质量，单位为克(g)；

M_z——测点根茬质量，单位为克(g)。

6.1.11 各行排肥量一致性变异系数(静态)

机具处于静止状态，将旋耕施肥部位架起，使地轮轮缘(如有)离开地面，机架应处于水平状态，以不计行走打滑的理论作业速度折算成驱动轮转速或电动机转速来驱动排肥轴，按行进 50 m 折算的驱动轮圈数或时间收集肥料，测定行数应不少于 6 行，选左、中、右各 2 行(少于 6 行的机型全测)，重复 5 次。按公式(15)~公式(17)计算各行排肥量一致性变异系数。

$$\overline{x} = \frac{\sum_{i=1}^{n} x_i}{n} \quad \cdots\cdots\cdots\cdots\cdots\cdots\cdots\cdots\cdots\cdots\cdots\cdots\cdots\cdots (15)$$

$$S = \sqrt{\frac{\sum_{i=1}^{n}(x_i - \overline{x})^2}{n-1}} \quad \cdots\cdots\cdots\cdots\cdots\cdots\cdots\cdots\cdots\cdots\cdots (16)$$

$$V = \frac{S}{\overline{x}} \times 100 \quad \cdots\cdots\cdots\cdots\cdots\cdots\cdots\cdots\cdots\cdots\cdots\cdots\cdots\cdots (17)$$

式中：

$\overline{x}$ ——行各次平均排肥量的平均值，单位为克(g)；

x_i ——每行各次排肥量的平均值，单位为克(g)；

n ——测定行数，单位为行；

S ——各行排量一致性的标准差，单位为克(g)；

V ——各行排肥量一致性的变异系数，单位为百分号(%)。

6.1.12 入土行程

取 2 个往返行程，每行程测定一次。测定深松部件从入土到稳定松土深度时的水平前进距离。取 2 个往返行程的平均值。

6.1.13 纯工作小时生产率

连续查定 3 个班次作业，每个班次作业时间不少于 6 h，时间精确到"min"，按公式(18)计算。

$$E_c = \frac{\sum Q_{cb}}{\sum T_c} \quad \cdots\cdots\cdots\cdots\cdots\cdots\cdots\cdots\cdots\cdots\cdots\cdots\cdots\cdots \quad (18)$$

式中：

E_c ——纯工作小时生产率，单位为公顷每小时(hm²/h)；

Q_{cb} ——生产查定班次作业面积，单位为公顷(hm²)；

T_c ——生产查定班次纯作业时间，单位为小时(h)。

6.2 安全要求

按5.2的规定逐项检查。

6.3 焊接质量

按5.3的规定检查。

6.4 装配质量

按5.4的规定逐项检查。

6.5 涂漆和外观质量

漆膜厚度按JB/T 5673—2015测定，漆膜附着力按JB/T 9832.2—1999测定。

6.6 关键零部件质量

6.6.1 抽取深松机深松铲3片测硬度，箭形及翼形深松铲测点为左右两刃部淬火区各均布3点，其他类型深松铲铲刃部淬火区在长度方向均布3点，若一点遇软，则在周围(半径20 mm)补测2点，测点都合格则硬度合格。

6.6.2 抽取深松整地联合作业机旋耕刀及灭茬刀2把，按GB/T 5669的规定，分别测量刀身处和刀柄处硬度，每处测3点。

6.7 运输间隙

在坚实平坦水平的地面上，测量运输状态时样机最低点至地面的距离。

6.8 操作方便性

按5.8的规定逐项检查。

6.9 使用可靠性

采用定时截尾试验方法，生产考核样机为1台，每台试验样机的总工作时间为120 h(以额定生产率进行作业)。试验期间记录每台样机的工作情况、故障情况、修复情况等，考核计算样机有效度、平均故障间隔时间(MTBF)。

6.9.1 有效度按公式(19)计算。

$$K = \frac{\sum T_z}{\sum T_g + \sum T_z} \times 100 \quad \cdots\cdots\cdots\cdots\cdots\cdots\cdots\cdots\cdots\cdots\cdots \quad (19)$$

式中：

K ——使用有效度，单位为百分号(%)；

T_z ——生产考核期间每班次作业时间，单位为小时(h)；

T_g ——生产考核期间每班次故障时间，单位为小时(h)。

6.9.2 平均故障间隔时间按公式(20)计算。

$$\text{MTBF} = \sum T_z / R_c \quad \cdots\cdots\cdots\cdots\cdots\cdots\cdots\cdots\cdots \quad (20)$$

式中：

MTBF ——平均故障间隔时间，单位为小时(h)；

R_c ——生产考核期间样机发生的一般故障和严重故障总数，轻微故障不计。

6.9.3 可靠性评价期间，发生重大故障(因质量原因造成机具不能正常工作、经济损失重大的故障)或致命故障(发生人身伤亡事故)，生产试验不再继续进行，可靠性考核结果不合格。

6.10 使用说明书

按5.10的规定逐项检查。

6.11 三包凭证

按 5.11 的规定逐项检查。

6.12 铭牌

按 5.12 的规定逐项检查。

7 检验规则

7.1 检验项目及不合格分类

检验项目按其对产品质量影响的程度分为 A、B、C 三类，不合格项目分类见表 6。

表 6 检验项目及不合格分类表

不合格分类		检验项目	深松机	深松整地联合作业机	对应的质量要求的条款号
类别	序号				
A	1	安全要求	√	√	5.2
	2	使用可靠性	√	√	5.9
	3	深松耕深稳定性	√	√	5.1
	4	深松耕深	√	√	5.1
B	1	土壤扰动系数	√	√	5.1
	2	土壤膨松度	√	√	5.1
	3	整地深度	—	√	5.1
	4	垄高合格率	—	√	5.1
	5	垄顶宽合格率	—	√	5.1
	6	各行排肥量一致性变异系数	—	√	5.1
	7	根茬粉碎率	—	√	5.1
	8	入土行程	√	—	5.1
	9	纯工作小时生产率	√	√	5.1
	10	关键零部件质量要求	√	√	5.6
C	1	焊接质量	√	√	5.3
	2	装配质量	√	√	5.4
	3	涂漆和外观质量	√	√	5.5
	4	运输间隙	√	√	5.7
	5	操作方便性	√	√	5.8
	6	使用说明书	√	√	5.10
	7	三包凭证	√	√	5.11
	8	铭牌	√	√	5.12

7.2 抽样方案

抽样方案按 GB/T 2828.11—2008 中表 B.1 制定，见表 7。

表 7 抽样方案

检验水平	O
声称质量水平（DQL）	1
核查总体（N）	10
样本量（n）	1
不合格品限定数（L）	0

7.3 抽样方法

根据抽样方案确定，抽样基数为 10 台，抽样数量为 1 台，样机应在生产企业近 12 个月内生产的合格产品中随机抽取（其中，在用户和销售部门抽样时不受抽样基数限制）。

7.4 判定规则

7.4.1 样机合格判定

对样机的 A、B、C 类检验项目逐项进行考核和判定。当 A 类不合格项目数为 0（即 A＝0）、B 类不合格项目数不超过 1（即 B≤1）、C 类不合格项目数不超过 2（即 C≤2），判定样机为合格品；否则，判定样机为不合格品。

7.4.2　综合判定

若样机为合格品（即样本的不合格数不大于不合格品数限定数），则判通过；若样机为不合格品（即样本的不合格数大于不合格品数限定数），则判不通过。

附 录 A
（规范性）
产品规格确认表

产品规格确认见表 A.1。

表 A.1 产品规格确认

序号	项目	单位	设计值
1	型号名称	/	
2	结构型式	/	
3	振动方式	/	
4	配套动力范围	kW	
5	工作状态外形尺寸(长×宽×高)	mm×mm×mm	
6	作业速度	km/h	
7	作业小时生产率	hm²/h	
8	工作幅宽	cm	
9	铲间距	cm	
10	深松铲结构型式	/	
11	深松铲排列方式	/	
12	深松铲数量	个	
13	深松耕深	cm	
14	整地深度	cm	
15	旋耕刀型号	/	
16	旋耕刀辊设计转速	r/min	
17	旋耕刀总安装刀数	把	
18	旋耕刀轴传动方式	/	
19	旋耕刀辊最大回转半径	mm	
20	灭茬刀型号	/	
21	灭茬刀辊设计转速	r/min	
22	灭茬刀总安装刀数	把	
23	灭茬刀轴传动方式	/	
24	灭茬刀辊最大回转半径	mm	
25	起垄器型式	/	
26	排肥器型式	/	
27	排肥器数量	个	
28	灭茬行数	行	
29	起垄行数	行	
30	整地机构型式	/	

ICS 65.060.01
B 90

NY

中华人民共和国农业行业标准

NY/T 1640—2021
代替 NY/T 1640—2015

农业机械分类

Agricultural machinery classification

2021-05-07 发布

2021-11-01 实施

中华人民共和国农业农村部 发布

前　言

本文件按照 GB/T 1.1—2020《标准化工作导则　第 1 部分：标准化文件的结构和起草规则》的规定起草。

本文件代替 NY/T 1640—2015《农业机械分类》，与 NY/T 1640—2015 相比，除结构调整和编辑性改动外，主要技术变化如下：

——增加了"术语和定义"（见第 3 章）；

——在大类、小类和品目中，分别增设了"其他"项，并增加了"其他"代码编码方法（见第 5 章）；

——按种植业、畜牧业、渔业、农产品初加工业、农用动力等通用机械、其他农业机械 6 个产业和领域分别列出分类表（见第 6 章）；

——删除了"收获后处理机械""农产品初加工机械""排灌机械""畜牧机械""水产机械"等 9 个大类（见 2015 版的表 1）；

——增加了"灌溉机械""设施种植机械""田间监测及作业监控设备""饲料（草）收获加工运输设备""畜禽养殖机械""畜禽养殖废弃物及病死畜禽处理设备""水产养殖机械""捕捞机械设备""粮油糖初加工机械""果菜茶初加工机械""设施环境控制设备"等 26 个大类，大类增加至 32 个（见第 6 章）；

——删除了"育苗机械设备""谷物收获机械""饲料作物收获机械""碾米机械""磨粉（浆）机械""果蔬加工机械"等 40 个小类（见 2015 版的表 1）；

——增加了"耕整地联合作业机械（可含施肥功能）""种子播前处理和育苗机械设备""粮食作物收获机械""设施栽培设备""饲料（草）收获机械""畜禽养殖消杀防疫机械""畜禽粪污资源化利用设备""水产养殖收获机械""粮食初加工机械""果蔬初加工机械"等 63 个小类，小类增加至 72 个（不含"其他"）（见第 6 章）；

——删除了"秧田播种机""电动喷雾器""稻麦脱粒机""自走轮式谷物联合收割机""割草机""废弃物料烘干机""有机废弃物好氧发酵翻堆机""贝藻类养殖机械""风筛清选机"等 163 个品目（见 2015 版的表 1）；

——增加了"喷雾器""果实套袋机""脱粒机""农用升降作业平台""温室骨架""耕整地作业监控设备""割草（压扁）机""饲草捆收集机""全混合日粮制备机""分群设备""畜禽行为（体征）监测设备""集蛋机""畜禽粪便干燥设备""畜禽粪便发酵处理设备""跑道养殖设备""网箱养殖装置""茶叶色选机""茶叶压扁机"等 311 个品目，品目增加至 404 个（不含"其他"）（见第 6 章）；

——规范了品目名称命名和归类排序原则，调整部分品目所在的小类、部分小类所在的大类（见第 6 章）。

请注意本文件的某些内容可能涉及专利。本文件的发布机构不承担识别专利的责任。

本文件由农业农村部农业机械化管理司提出。

本文件由全国农业机械标准化技术委员会农业机械化分技术委员会（SAC/TC 201/SC 2）归口。

本文件起草单位：农业农村部农业机械试验鉴定总站、农业农村部农业机械化技术开发推广总站、中国水产科学研究院渔业机械仪器研究所、内蒙古自治区农牧业机械质量监督管理站、中国农业机械化科学研究院、北京市农业机械试验鉴定推广站、中国农业科学院农产品加工研究所、广西壮族自治区农业机械化服务中心、湖北工业大学、甘肃省农业机械化技术推广总站。

本文件主要起草人：刘旭、宋英、王心颖、金红伟、顾海涛、王国占、郝文录、曲桂宝、范学民、宋仁龙、韩雪、王强、陈俊宝、张京开、张健、白蒙亮、范蓓、宁新康、黎波、文昌俊、苏策。

本文件及其所代替文件的历次版本发布情况为：

——NY/T 1640—2008、NY/T 1640—2015。

引　言

本文件规定了农业机械分类原则和具体品目,是农业机械化管理的基础性技术支撑文件。2008 年制定发布 NY/T 1640—2008《农业机械分类》,2015 年进行了第一次修订。农业机械分类标准自发布以来,在农业机械的试验鉴定、技术推广、安全监理、购置补贴政策实施和统计等方面得到广泛应用,在我国农业机械化管理工作中发挥了重要作用。随着我国农业机械化的快速发展,新机具新产品不断涌现,农业机械种类不断丰富,农业机械化加快向全程全面高质高效转型升级。NY/T 1640—2015 实施应用的过程中,收到了不少农业机械化各领域标准使用者提出的修改意见和建议,特别是农业机械化管理部门对标准的科学性、合理性、包容性提出了更高要求。为了适应我国农业机械化全程全面发展,满足农业机械化管理和农机新产品发展需要,有必要对 NY/T 1640 进行修订。

本次修订更加突出农业机械化全程全面发展需要,覆盖种植业、畜牧业、渔业、农产品初加工业、农用动力等农业产业和领域,在沿用原来的大类小类品目编码方式的基础上,按产业和领域分别列出分类表,明确了农业机械的类别和品目划分方式,尽可能避免了交叉重复,并根据需要进行了调整。本次修订后农业机械共分为 32 个大类、72 个小类(不含"其他")、404 个品目(不含"其他"),分类边界更加清晰,包含产品更加广泛,覆盖领域更加全面,信息化内容更加丰富。

农业机械分类

1 范围

本文件规定了农业机械的分类及代码。

本文件适用于农业机械化管理服务活动中对农业机械的分类及统计。与农业机械相关的其他行业工作可参照执行。

2 规范性引用文件

本文件没有规范性引用文件。

3 术语和定义

下列术语和定义适用于本文件。

3.1

农业机械 agricultural machinery

用于农业生产及其产品初加工等相关农事活动的机械和设备。

3.2

农产品初加工 primary processing of agricultural products

对农产品进行清理、分级、脱壳、去皮、破碎、分离、干燥、屠宰、包装、储（冷）藏保鲜等不改变农产品内在成分的处理过程。

4 分类原则和方法

4.1 按种植业、畜牧业、渔业、农产品初加工业等产业、农用动力等领域分别分类。每个产业或领域下采用线分类法与面分类法相结合的综合分类法对农业机械进行分类，分大类、小类和品目3个层次。

4.2 "大类"按农业生产活动的环节、作业对象或领域划分；"小类"按农业机械的作业对象、作业功能、作业环节等划分；"品目"按农业机械的作业对象、结构型式、作业方式等确定。

4.3 对于多功能作业机具、联合作业机具，按照其主体功能进行归类。

4.4 品目名称按机具主体功能命名，必要时增加作业对象名称。

4.5 同一小类中品目按单一功能机具、多功能作业机具、联合作业机具的顺序排列。

5 代码结构及编码方法

5.1 农业机械代码由表征产业或领域机械代码和大类顺序码、小类顺序码、品目顺序码4个部分组成，分类代码结构见图1。

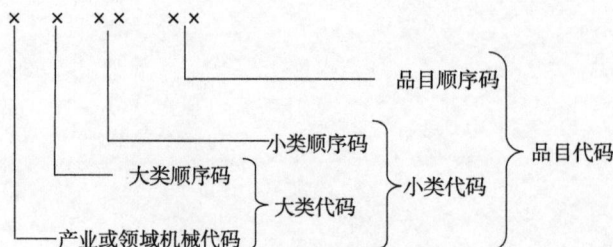

图1 分类代码结构图

5.2 产业或领域机械代码以1位阿拉伯数字表示：

1——种植业机械；

2——畜牧业机械；

3——渔业机械；

4——农产品初加工业机械；

5——农用动力等通用机械；

9——其他农业机械。

5.3 大类代码以2位阿拉伯数字表示，第1位为产业或领域机械代码，第2位为顺序码（从1开始编排）。"其他"大类顺序码为"9"。

5.4 小类代码以4位阿拉伯数字表示，前2位为大类代码，后2位为顺序码（从01开始编排）。"其他"小类顺序码统一以"50"表示。

5.5 品目代码以6位阿拉伯数字表示，前4位为小类代码，后2位为顺序码（从01开始编排）。"其他"品目顺序码统一以"50"表示，其新增品目顺序码从51开始编排。

示例1：

品目代码110151，表示种植业机械"1101耕地机械"小类下新增的第一个品目。

6 分类及代码

6.1 种植业机械

种植业机械共分为9个大类、27个小类（不含"其他"）、157个品目（不含"其他"），种植业机械分类及代码见表1。

表 1 种植业机械分类及代码

大类		小类		品目		备注
代码	名称	代码	名称	代码	名称	
11	耕整地机械	1101	耕地机械	110101	犁	含铧式犁、圆盘犁、无壁沟犁
				110102	旋耕机	含粉垄机（深耕粉碎松土机）、自走式旋耕机
				110103	微型耕耘机	
				110104	耕整机	
				110105	深松机	
				110106	开沟机	
				110107	合墒机	
				110108	挖坑（成穴）机	
				110109	机耕（滚）船	
				110150	其他耕地机械	
		1102	整地机械	110201	耙	含钉齿耙、圆盘耙、驱动耙、水田耙
				110202	埋茬起浆机	
				110203	起垄机	
				110204	筑埂机	
				110205	镇压器	
				110206	灭茬机	含宿根整理机
				110207	铺膜机	
				110250	其他整地机械	
		1103	耕整地联合作业机械（可含施肥功能）	110301	耕耙犁	
				110302	联合整地机	
				110303	秸秆还田联合整地机	
				110304	深松整地联合作业机	含条耕整地机
				110305	起垄铺膜（带）机	
				110350	其他耕整地联合作业机械（可含施肥功能）	
		1150	其他耕整地机械	115050	其他耕整地机械	

表1（续）

大类		小类		品目		备注
代码	名称	代码	名称	代码	名称	
12	种植施肥机械	1201	种子播前处理和育苗机械设备	120101	种子催芽机	
				120102	块(根)茎种子分切机	
				120103	苗床用土粉碎机	
				120104	床土输送机	
				120105	育秧(苗)播种设备	含秧盘播种成套设备(含床土处理)
				120106	营养钵压制机	
				120107	育秧(苗)设备	
				120108	起苗机	
				120109	运苗机	
				120150	其他种子播前处理和育苗机械设备	
		1202	播种机械(可含施肥功能)	120201	撒播机	
				120202	条播机	含免耕播种机、水稻直播机、小区播种机
				120203	穴播机	
				120204	单粒(精密)播种机	
				120205	根(块)茎种子播种机	含甘蔗种植机、大蒜播种机
				120206	播种无人驾驶航空器	
				120250	其他播种机械(可含施肥功能)	
		1203	耕整地播种作业机械(可含施肥功能)	120301	旋耕播种机	
				120302	深松旋耕播种机	
				120303	铺膜(带)播种机	含起垄铺膜(带)播种机
				120304	秸秆还田整地播种机	含全秸硬茬地洁区播种机
				120350	其他耕整地播种作业机械(可含施肥功能)	
		1204	栽植机械	120401	插秧机	
				120402	抛秧机	
				120403	分苗机	
				120404	移栽机	含摆秧机、移栽打孔机、联合移栽机
				120405	幼苗扦插设备	
				120406	嫁接机	
				120450	其他栽植机械	
		1205	施肥机械	120501	施肥机	含穴施肥机
				120502	撒(抛)肥机	
				120503	侧深施肥装置	含平田深施肥机
				120550	其他施肥机械	
		1250	其他种植施肥机械	125050	其他种植施肥机械	
13	田间管理机械	1301	中耕机械	130101	中耕机	含追肥机、培土机、水田除草机
				130102	间苗机	
				130103	水田开沟机	
				130104	田园管理机	
				130105	草地潜松犁	
				130106	草原切根改良机	
				130150	其他中耕机械	

表 1（续）

大类		小类		品目		备注
代码	名称	代码	名称	代码	名称	
13	田间管理机械	1302	植保机械	130201	喷雾器	含超低量喷雾器
				130202	喷雾机	含喷杆喷雾机、风送喷雾机
				130203	喷粉机	含喷雾喷粉机
				130204	烟雾机	
				130205	杀虫灯	含黏虫板
				130206	火焰灭活机	
				130207	植保无人驾驶航空器	
				130208	植保有人驾驶航空器	
				130209	毒饵撒布机	
				130210	草原灭蝗设备	
				130250	其他植保机械	
		1303	修剪防护管理机械	130301	修剪机	
				130302	割灌机	
				130303	枝条切碎机	
				130304	授粉（赶粉）机	
				130305	去雄机	
				130306	打顶机	
				130307	绑枝（蔓）机	
				130308	果实套袋机	
				130309	埋藤机	
				130310	挖藤机	
				130311	防霜机	
				130312	农用升降作业平台	含采摘平台
				130313	接种灭菌机	
				130350	其他修剪防护管理机械	
		1350	其他田间管理机械	135050	其他田间管理机械	
14	灌溉机械	1401	喷灌机械	140101	喷灌机	
				140150	其他喷灌机械	
		1402	微灌设备	140201	微喷灌设备	
				140202	滴（渗）灌设备	
				140203	灌溉首部	
				140204	水肥一体化设备	
				140250	其他微灌设备	
		1450	其他灌溉机械	145050	其他灌溉机械	
15	收获机械	1501	粮食作物收获机械	150101	割晒机	
				150102	割捆机	
				150103	玉米剥皮机	
				150104	脱粒机	
				150105	谷物[a] 联合收割机	
				150106	玉米收获机	含鲜食玉米收获机
				150107	薯类打（杀）秧机	
				150108	薯类收获机	
				150150	其他粮食作物收获机械	
		1502	棉麻作物收获机械	150201	棉花收获机	
				150202	籽棉打模（打包）机	
				150203	棉模运输配套装置	
				150204	麻类作物收获机	
				150250	其他棉麻作物收获机械	

表1（续）

大类		小类		品目		备注
代码	名称	代码	名称	代码	名称	
15	收获机械	1503	油料作物收获机械	150301	大豆收获机	
				150302	花生收获机	含花生摘果机
				150303	油菜籽收获机	
				150304	油沙豆收获机	
				150305	葵花籽收获机	
				150306	麻类籽粒收获机	
				150350	其他油料作物收获机械	
		1504	糖料作物收获机械	150401	甘蔗割铺(集条、集堆)机	
				150402	甘蔗收集搬运机	
				150403	甘蔗联合收获机	
				150404	甜菜割叶切顶机	
				150405	甜菜收获机	
				150450	其他糖料作物收获机械	
		1505	果菜茶烟草药收获机械	150501	花类采收机	
				150502	叶类采收机	含采茶机、烟叶收获机
				150503	果类收获机	含番茄收获机、辣椒收获机、花椒收获机
				150504	瓜类采收机	含籽瓜取籽机
				150505	根(茎)类收获机	含大葱收获机、大蒜收获机
				150506	果蔬采摘机器人	
				150550	其他果菜茶烟草药收获机械	
		1506	天然橡胶收获机械	150601	割胶刀	
				150650	其他天然橡胶收获机械	
		1507	秸秆收集处理机械	150701	秸秆粉碎还田机	
				150702	拔秆机	
				150703	拉秧机	
				150704	灌木收集机	
				150750	其他秸秆收集处理机械	
		1508	收获割台	150801	拾禾台	
				150802	大豆收获专用割台	
				150803	玉米收获专用割台	
				150804	油菜籽收获专用割台	
				150850	其他收获割台	
		1550	其他收获机械	155050	其他收获机械	
16	设施种植机械	1601	设施栽培设备	160101	温室骨架	
				160102	苗床(架)	
				160103	苗床(架)自动化输送装备	
				160104	基质混合处理设备	
				160105	穴盘清洗机	
				160106	二氧化碳发生(补施)设备	
				160107	轨道喷(微)灌系统	
				160108	设施轨道作业平台	
				160109	空间电场除雾防病设备(系统)	
				160110	温室屋面清洗机	
				160111	水培蔬菜成套设备	
				160150	其他设施栽培设备	

表1（续）

大类		小类		品目		备注
代码	名称	代码	名称	代码	名称	
16	设施种植机械	1602	食用菌生产设备	160201	菌料制备设备	含菌料压块机
				160202	菌料混合机	
				160203	菌料灭菌设备	
				160204	菌料装瓶（袋）机	
				160205	食用菌培养基加工成套设备	
				160206	食用菌接种设备	
				160207	食用菌采收机	
				160208	菌棒注水机	
				160209	菌袋分离机	
				160210	菌棒粉碎机	
				160250	其他食用菌生产设备	
		1650	其他设施种植机械	165050	其他设施种植机械	
17	田间监测及作业监控设备	1701	田间监测设备	170101	土壤养分监测设备	
				170102	土壤水分监测设备	
				170103	农作物生长状态监测设备	
				170150	其他田间监测设备	
		1702	田间作业监控设备	170201	耕整地作业监控设备	
				170202	播种作业监控设备	
				170203	田间管理作业监控设备	
				170204	收获作业监控设备	
				170205	辅助驾驶（系统）设备	
				170206	自动驾驶（系统）设备	
				170250	其他田间作业监控设备	
		1750	其他田间监测及作业监控设备	175050	其他田间监测及作业监控设备	
18	种植业废弃物处理设备	1801	农田废弃物收集设备	180101	残膜回收机	
				180150	其他农田废弃物收集设备	
		1802	农作物废弃物处理设备	180201	秸秆发酵制肥机	
				180202	生物质气化设备	含沼气发生设备
				180203	秸秆炭化设备	
				180204	秸秆压块（粒、棒）机	
				180205	农作物湿垃圾处理机	
				180250	其他农作物废弃物处理设备	
		1850	其他种植业废弃物处理设备	185050	其他种植业废弃物处理设备	
19	其他种植业机械	1950	其他种植业机械	195050	其他种植业机械	

注：表1～表5备注栏内的"含"有3种情况：①列出部分原 NY/T 1640—2015 版中品目，方便对照。②列出部分现有产品，便于统一归类；③列出该品目下也适用于其他小类的产品名称。

ᵃ "谷物"指小麦、水稻、禾谷类杂粮作物和干豆类杂粮作物，不含玉米和大豆。

6.2 畜牧业机械

畜牧业机械共分为5个大类、13个小类（不含"其他"）、95个品目（不含"其他"），畜牧业机械分类及代码见表2。

表2 畜牧业机械分类及代码

大类		小类		品目		备注
代码	名称	代码	名称	代码	名称	
21	饲料(草)收获加工运输设备	2101	饲料(草)收获机械	210101	割草(压扁)机	含割草压扁机
				210102	搂草机	
				210103	翻晒机	
				210104	打(压)捆机	
				210105	草捆包膜机	
				210106	青(黄)饲料收获机	含秸秆收割(集)机
				210107	青饲料收获专用割台	
				210108	草本桑收割机	
				210109	打捆包膜机	
				210110	草籽收获机	
				210150	其他饲料(草)收获机械	
		2102	饲料(草)加工机械	210201	铡草机	
				210202	青贮切碎机	
				210203	饲料(草)粉碎机	含饲草揉碎机、饲草揉丝机等
				210204	颗粒饲料压制机	
				210205	饲草(捆)干燥设备	
				210206	饲草除杂设备	
				210207	草捆散捆机	
				210208	草捆拆包机	
				210209	饲料混合机	
				210210	饲料破碎机	
				210211	饲料干燥机	
				210212	饲料膨化机	含秸秆膨化机
				210213	饲料打浆机	
		2102	饲料(草)加工机械	210214	饲料分级机	
				210215	全混合日粮制备机	
				210216	饲料加工成套设备	
				210250	其他饲料(草)加工机械	
		2103	饲料(草)搬运机械	210301	散草捡拾(压垛)设备	
				210302	饲草捆收集机	含抓草机、草捆集垛机
				210303	青饲料运输配套装置	
				210350	其他饲料(草)搬运机械	
		2150	其他饲料(草)收获加工运输设备	215050	其他饲料(草)收获加工运输设备	
22	畜禽养殖机械	2201	畜禽养殖成套设备	220101	生猪养殖成套设备	
				220102	牛(羊)养殖成套设备	
				220103	蛋(肉)鸡养殖成套设备	
				220104	兔养殖成套设备	
				220105	水禽养殖成套设备	
				220106	蜜蜂养殖设备	含养蜂平台
				220150	其他畜禽养殖成套设备	
		2202	畜禽养殖消杀防疫机械	220201	机械式牲畜药浴池	
				220202	药浴机	
				220203	车辆洗消成套设备	
				220204	养殖场(舍)清洗设备	
				220205	养殖场(舍)消毒设备	
				220206	养殖场(舍)病媒生物消防设备	
				220207	疫病防控成套设备	
				220250	其他畜禽养殖消杀防疫机械	

表 2（续）

大类		小类		品目		备注
代码	名称	代码	名称	代码	名称	
22	畜禽养殖机械	2203	畜禽繁育设备	220301	种蛋处理设备	
				220302	照蛋落盘设备	
				220303	孵化机	
				220304	出雏机	
				220305	断喙机	
				220306	禽雏处理设备	
				220307	种猪背膘测定仪	
				220308	精液罐装设备	
				220350	其他畜禽繁育设备	
		2204	饲养设备	220401	幼畜哺乳饲喂设备	
				220402	养殖场料塔（仓）设备	
				220403	青贮饲料取料机	
				220404	喂（送）料机	
				220405	料槽	
				220406	撒料机	
				220407	畜禽饮水设备	
				220408	畜禽精准饲喂设备	
				220409	饲料收集整理机	
				220410	桑蚕饲育设备	
				220450	其他饲养设备	
		2205	饲养管理设备	220501	分群设备	
				220502	修蹄（去角）机	
				220503	牛体刷	
				220504	喷淋设备	
				220505	垫料抛撒机	
				220506	卧床疏松机	
				220507	犊牛岛	
				220550	其他饲养管理设备	
		2206	养殖监控设备	220601	畜禽识别（定位）监控设备	含电子围栏管理系统
				220602	畜禽行为（体征）监测设备	
				220603	养殖场巡检设备	含巡检机器人
				220604	挤奶监测管理设备（系统）	
				220650	其他养殖监控设备	
		2250	其他畜禽养殖机械	225050	其他畜禽养殖机械	
23	畜禽产品采集储运设备	2301	畜禽产品采集设备	230101	剪毛机	
				230102	抓绒机	
				230103	挤奶机	含挤奶机器人
				230104	生鲜乳速冷设备	
				230105	散装乳冷藏罐	
				230106	集蛋机	
				230107	禽蛋分选机	
				230108	禽蛋清洗干燥机	
				230109	禽蛋包装机	
				230110	采茧机	
				230111	王浆蜂蜜采集机	
				230150	其他畜禽产品采集设备	
		2302	畜禽产品储运设备	230201	储奶罐	
				230202	畜禽运输配套装置	
				230250	其他畜禽产品贮运设备	
		2350	其他畜禽产品采集储运设备	235050	其他畜禽产品采集储运设备	

表2（续）

大类		小类		品目		备注
代码	名称	代码	名称	代码	名称	
24	畜禽养殖废弃物及病死畜禽处理设备	2401	畜禽粪污资源化利用设备	240101	清粪机	
				240102	储粪设备	
				240103	畜禽粪污固液分离机	
				240104	畜禽粪便发酵处理设备	
				240105	畜禽粪便干燥设备	
				240106	畜禽粪便翻堆设备	
				240107	粪污水处理设备	
				240108	沼液沼渣抽排设备	
				240109	废弃物处理成套设备	
				240150	其他畜禽粪污资源化利用设备	
		2402	病死畜禽储运及处理设备	240201	病死畜禽储运配套装置	
				240202	病死畜禽处理设备	
				240250	其他病死畜禽储运及处理设备	
		2450	其他畜禽养殖废弃物及病死畜禽处理设备	245050	其他畜禽养殖废弃物及病死畜禽处理设备	
29	其他畜牧业机械	2950	其他畜牧业机械	295050	其他畜牧业机械	

6.3 渔业机械

渔业机械共分为3个大类，8个小类（不含"其他"），34个品目（不含"其他"），渔业机械分类及代码见表3。

表3　渔业机械分类及代码

大类		小类		品目		备注
代码	名称	代码	名称	代码	名称	
31	水产养殖机械	3101	水产养殖成套设备	310101	工厂化养殖设备	
				310102	跑道养殖设备	
				310103	箱式养殖设备	
				310104	网箱养殖装置	
				310105	筏式养殖装置	
				310150	其他水产养殖成套设备	
		3102	投饲机械	310201	投（饲）饵机	
				310202	投饵无人驾驶航空器	
				310203	投饲成套设备	
				310250	其他投饲机械	
		3103	水质调控设备	310301	物理过滤设备	含尾水处理设备
				310302	生物净化设备	含固定床生物滤器、移动床生物滤器
				310303	杀菌设备	
				310304	增氧机	
				310305	水质调控监控设备	
				310306	水草清理（梳割）机	
				310350	其他水质调控设备	
		3104	养殖辅助设备	310401	疫苗注射机	
				310402	网衣起网机	
				310403	网衣清洗机	

表 3（续）

大类		小类		品目		备注
代码	名称	代码	名称	代码	名称	
31	水产养殖机械	3104	养殖辅助设备	310404	藻类植苗机	
				310405	养殖管理平台	
				310450	其他养殖辅助设备	
		3105	水产养殖收获机械	310501	池塘起捕设备	
				310502	吸鱼泵	
				310503	藻类采收（捕）机	
				310504	贝类采收（捕）机	
				310505	活鱼运输配套装置	
				310550	其他水产养殖收获机械	
		3150	其他水产养殖机械	315050	其他水产养殖机械	
32	捕捞机械设备	3201	助渔设备	320101	集鱼灯	
				320102	探鱼仪	
				320103	网位仪	
				320150	其他助渔设备	
		3202	绞纲机械	320201	卷网机	
				320202	绞纲机	
				320250	其他绞纲机械	
		3203	起网机械	320301	拖网起网机	
				320302	围网起网机	
				320303	舷提网机	
				320304	延绳钓机	
				320305	鱿鱼钓机	
				320350	其他起网机械	
		3250	其他捕捞机械设备	325050	其他捕捞机械设备	
39	其他渔业机械	3950	其他渔业机械	395050	其他渔业机械	

6.4 农产品初加工业机械

农产品初加工业机械共分为 8 个大类，15 个小类（不含"其他"），89 个品目（不含"其他"），农产品初加工业机械分类及代码见表 4。

表 4 农产品初加工业机械分类及代码

大类		小类		品目		备注
代码	名称	代码	名称	代码	名称	
41	种子初加工机械	4101	种子初加工机械	410101	脱芒（绒）机	
				410102	种子清选机	
				410103	种子分级机	含种子考种机
				410104	种子干燥机	
				410105	种子丸粒化机	
				410106	种子包衣机	
				410107	种子包装机	
				410108	种子加工成套设备	
				410150	其他种子初加工机械	
42	粮油糖初加工机械	4201	粮食初加工机械	420101	粮食输送（提升）机	
				420102	粮食清选机	
				420103	谷物（粮食）干燥机	
				420104	金属储粮筒仓	
				420105	晒场收粮机	
				420106	砻谷机	
				420107	谷糙分离机	
				420108	碾米机	含组合米机

表4（续）

大类		小类		品目		备注
代码	名称	代码	名称	代码	名称	
42	粮油糖初加工机械	4201	粮食初加工机械	420109	粮食色选机	
				420110	磨粉机	
				420111	磨浆机	
				420150	其他粮食初加工机械	
		4202	油料初加工机械	420201	油菜籽干燥机	
				420202	油料果(籽)脱(剥)壳机	
				420250	其他油料初加工机械	
		4203	糖料初加工机械	420301	甘蔗除杂设备	
				420350	其他糖料初加工机械	
		4250	其他粮油糖初加工机械	425050	其他粮油糖初加工机械	
43	棉麻蚕初加工机械	4301	棉花初加工机械	430101	籽棉清理机	
				430102	籽棉干燥机	
				430103	轧花机	
				430104	籽棉初加工成套设备	
				430150	其他棉花初加工机械	
		4302	麻类初加工机械	430201	剥(刮)麻机	
				430202	理麻机	
				430250	其他麻类初加工机械	
		4303	蚕茧初加工机械	430301	蚕茧干燥机	
				430302	剥茧机	
				430303	蒸汽煮茧机	
				430304	缫丝机	
				430305	生丝整理打包机	
				430350	其他蚕茧初加工机械	
		4350	其他棉麻蚕初加工机械	435050	其他棉麻蚕初加工机械	
44	果菜茶初加工机械	4401	果蔬初加工机械	440101	果蔬分级机	含食用菌分选分级机、薯类分级机
				440102	果蔬清洗机	含甜菜清洗机、薯类清洗机、草药清洗机
				440103	水果打蜡机	含水果清洗打蜡机
				440104	果蔬干燥机	含油茶籽干燥机、草药干燥机、香料干燥设备
				440105	脱蓬(脯)机	
				440106	青果(豆)脱壳机	含莲子脱壳去皮机
				440107	干坚果脱壳机	
				440108	果蔬去柄机	含辣椒去柄机
				440109	果蔬去皮机	含薯类去皮机
				440110	果蔬分切机	含薯类分切机
				440111	果蔬去籽(核)机	含莲子通芯机、花椒去籽机
				440112	食用菌压块机	
				440113	果蔬冷藏保鲜设备	
				440114	果蔬初加工成套设备	
				440150	其他果蔬初加工机械	

表 4（续）

大类		小类		品目		备注
代码	名称	代码	名称	代码	名称	
44	果菜茶初加工机械	4402	茶叶初加工机械	440201	茶叶做青机	含茶叶摊青机、茶叶萎凋机、茶叶综合做青机
				440202	茶叶杀青机	
				440203	茶叶揉捻机	
				440204	茶叶解块机	
				440205	茶叶压扁机	
				440206	茶叶理条机	
				440207	茶叶发酵机	
				440208	茶叶炒（烘）干机	
				440209	茶叶清选机	含茶叶筛选机、茶叶风选机、茶叶拣梗机
				440210	茶叶色选机	
				440211	茶叶输送机	
				440212	茶叶加工成套设备	
				440250	其他茶叶初加工机械	
		4450	其他果菜茶初加工机械	445050	其他果菜茶初加工机械	
45	草药、香料、烟草初加工机械	4501	草药初加工机械	450101	草药灭菌机	
				450102	草药分选机	
				450103	草药揉搓机	
				450104	草药脱皮机	
				450105	草药截断机	含草药切片（块）机
				450106	草药粉碎机	含草药破碎机、草药破壁机
				450150	其他草药初加工机械	
		4502	香料初加工机械	450201	胡椒脱皮机	
				450250	其他香料初加工机械	
		4503	烟草初加工机械	450301	烟草叶梗分离机械	
				450302	烟叶烘烤设备	
				450303	烟叶回潮机	
				450350	其他烟草初加工机械	
		4550	其他草药、香料、烟草初加工机械	455050	其他草药、香料、烟草初加工机械	
46	天然橡胶初加工机械	4601	天然橡胶初加工机械	460101	胶乳搅拌机	
				460102	胶乳分离机	
				460103	生胶成型设备	
				460104	生胶干燥设备	
				460105	生胶打包机	
				460150	其他天然橡胶初加工机械	
47	畜禽、水产品初加工机械	4701	畜禽产品初加工机械	470101	脱毛（羽）设备	
				470102	胴体清洗设备	
				470103	胴体分割设备	
				470104	肉类冷却（冻）设备	含水产品冷却（冻）设备
				470105	成熟蜜初加工成套设备	
				470150	其他畜禽产品初加工机械	

表 4（续）

大类		小类		品目		备注
代码	名称	代码	名称	代码	名称	
47	畜禽、水产品初加工机械	4702	水产品初加工机械	470201	水产品清洗设备	
				470202	鱼类宰杀机	
				470203	鱼体排列机	
				470204	鱼体去头机	
				470205	鱼体去鳞机	
				470206	鱼体去皮机	
				470207	鱼体分割设备	
				470208	虾剥壳机	
				470209	贝剥壳机	
				470210	藻类干燥设备	
				470250	其他水产品初加工机械	
		4750	其他畜禽、水产品初加工机械	475050	其他畜禽、水产品初加工机械	
49	其他农产品初加工业机械	4950	其他农产品初加工业机械	495050	其他农产品初加工业机械	

6.5 农用动力等通用机械

农用动力等通用机械共分为 6 个大类，9 个小类（不含"其他"），29 个品目（不含"其他"），农用动力等通用机械分类及代码见表 5。

表 5　农用动力等通用机械分类及代码

大类		小类		品目		备注
代码	名称	代码	名称	代码	名称	
51	农用动力机械	5101	拖拉机	510101	轮式拖拉机	
				510102	手扶拖拉机	
				510103	履带式拖拉机	
				510104	船式拖拉机	
				510150	其他拖拉机	
		5102	农用内燃机	510201	农用柴油机	
				510202	农用汽油机	
				510250	其他农用内燃机	
		5150	其他农用动力机械	515050	其他农用动力机械	
52	农用搬运机械	5201	农用运输机械	520101	农用挂车	
				520102	田间搬运机	
				520103	轨道运输机	
				520150	其他农用运输机械	
		5202	农用装卸机械	520201	码垛机	
				520250	其他农用装卸机械	
		5250	其他农用搬运机械	525050	其他农用搬运机械	
53	农用水泵	5301	农用水泵	530101	潜水电泵	
				530102	地面泵（机组）	
				530150	其他农用水泵	
54	设施环境控制设备	5401	设施环境控制设备	540101	通风机	
				540102	开窗机	含通风窗
				540103	拉幕（卷帘）设备	
				540104	加温设备	含热风炉
				540105	湿帘降温设备	
				540106	除湿设备	
				540107	补光调光设备	
				540108	环境控制成套设备	含控制器
				540109	臭氧发生器	
				540150	其他设施环境控制设备	

表 5（续）

大类		小类		品目		备注
代码	名称	代码	名称	代码	名称	
55	农田基本建设机械	5501	挖掘机械（限与拖拉机配套）	550101	农用挖掘机	
				550102	开沟（铺管）机	
				550150	其他挖掘机械	
		5502	平地机械（限与拖拉机配套）	550201	推土机	
				550202	铲运机	
				550203	平地机	
				550250	其他平地机械	
		5503	清理机械	550301	捡（清）石机	
				550302	土壤消毒机	含石灰撒施机
				550303	清淤机	
				550350	其他清理机械	
		5550	其他农田基本建设机械	555050	其他农田基本建设机械	
59	其他农用动力等通用机械	5950	其他农用动力等通用机械	595050	其他农用动力等通用机械	

6.6 其他农业机械

其他农业机械分类及代码见表 6。

表 6 其他农业机械分类及代码

大类		小类		品目		备注
代码	名称	代码	名称	代码	名称	
99	其他农业机械	9950	其他农业机械	995050	其他农业机械	

ICS 65.060.30
CCS B 91

NY

中华人民共和国农业行业标准

NY/T 3880—2021

深松播种机 质量评价技术规范

Technical specification of quality evaluation for subsoiling seeder

2021-05-07 发布

2021-11-01 实施

中华人民共和国农业农村部 发布

前　言

本文件按照 GB/T 1.1—2020《标准化工作导则　第 1 部分：标准化文件的结构和起草规则》的规定起草。

请注意本文件的某些内容可能涉及专利。本文件的发布机构不承担识别专利的责任。

本文件由农业农村部农业机械化管理司提出。

本文件由全国农业机械标准化技术委员会农业机械化分技术委员会(SAC/TC 201/SC 2)归口。

本文件起草单位：陕西省农业机械鉴定推广总站、西北农林科技大学、西安户县双永农具制造有限公司。

本文件主要起草人：王延宏、杨海龙、王若飞、张保伦、侯莉侠、何鹏、詹惠敏、陈真、毛良、党革荣、费崇敬、费崇斌。

深松播种机　质量评价技术规范

1　范围

本文件规定了深松播种机(以下简称"深播机")的术语和定义、型号编制规则、基本要求、质量要求、检测方法和检验规则。

本文件适用于小麦、玉米播种作业的深松播种机的质量评定。

2　规范性引用文件

下列文件中的内容通过文中规范性引用而构成本文件必不可少的条款。其中,注日期的引用文件,仅该日期对应的版本适用于本文件;不注日期的引用文件,其最新版本(包括所有的修改单)适用于本文件。

GB/T 2828.11—2008　计数抽样检验程序　第11部分:小总体声称质量水平的评定程序

GB/T 3098.1　紧固件机械性能　螺栓、螺钉和螺柱

GB/T 3098.2　紧固件机械性能　螺母

GB 4404.1　粮食作物种子　第1部分:禾谷类

GB/T 5262　农业机械试验条件　测定方法的一般规定

GB/T 6973　单粒(精密)播种机试验方法

GB/T 9239.1　机械振动　恒态(刚性)转子平衡品质要求　第1部分:规范与平衡允差的检验

GB/T 9478　谷物条播机　试验方法

GB/T 9480　农林拖拉机和机械、草坪和园艺动力机械　使用说明书编写规则

GB 10395.1　农林机械　安全　第1部分:总则

GB 10395.5—2013　农林机械　安全　第5部分:驱动式耕作机械

GB 10395.9—2014　农林机械　安全　第9部分:播种机械

GB 10396　农林拖拉机和机械、草坪和园艺动力机械　安全标志和危险图形　总则

GB/T 13306　标牌

JB/T 5673　农林拖拉机及机具涂漆　通用技术条件

JB/T 7874　种植机械　术语

JB/T 9832.2　农林拖拉机及机具　漆膜　附着性能测定方法　压切法

3　术语和定义

JB/T 7874界定的以及下列术语和定义适用于本文件。

3.1

深松播种机　subsoiling seeder

能够一次性完成深松、播种、施肥、覆土等作业的机具。

4　型号编制规则

深播机的产品型号依次由分类代号、特征代号和主参数三部分组成,分类代号和特征代号与主参数之间,以短横线隔开。产品型号表示方法为:

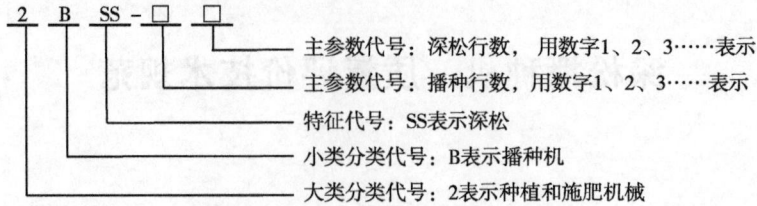

主参数代号：深松行数，用数字1、2、3……表示

主参数代号：播种行数，用数字1、2、3……表示

特征代号：SS表示深松

小类分类代号：B表示播种机

大类分类代号：2表示种植和施肥机械

示例：播种4行、深松3行的玉米深播机表示为：2BSS-43。

5 基本要求

5.1 质量评价所需的文件资料

对深播机进行质量评价所需提供的文件资料应包括：

a) 产品规格确认表（见附录A）；

b) 企业产品执行标准或产品制造验收技术条件；

c) 产品使用说明书；

d) 三包凭证；

e) 样机照片（正前方、正后方、正前方两侧45°各1张）。

5.2 主要技术参数核对与测量

依据产品使用说明书、铭牌和其他技术文件，对样机的主要技术参数按表1进行核对或测量。

表 1 核测项目与方法

序号	项目		方法
1	型号名称		核对
2	结构型式		核对
3	配套动力范围		核对
4	外形尺寸		测量（包容样机最小长方体的长、宽、高）
5	播种方式		核对
6	作业速度范围		核对
7	工作幅宽		测量（播种行距×播种行数）
8	播种行距		测量（相邻两个播种开沟器之间的距离）
9	播种行数		核对
10	传动机构型式		核对
11	种箱容积		测量
12	肥箱容积		测量
13	排种器	型式	核对
		数量	核对
		驱动方式	核对
		排量调节方式	核对
14	排肥器	型式	核对
		数量	核对
		驱动方式	核对
		排量调节方式	核对
15	开沟器	型式	核对
		数量	核对
16	地轮	型式	核对
		直径	测量
17	风机（适用时）	型号名称	核对
		叶轮直径	测量
18	覆土器型式		核对
19	镇压器型式		核对

表 1（续）

序号	项目		方法
20	深松铲	铲间距	测量（在机具前进方向上，相邻两深松铲中心线间的距离，深松铲中心线为包容单个深松铲最小长方体的中心线）
		结构型式	核对
		排列方式	核对
		数量	核对
21	旋耕刀（适用时）	型号	核对
		数量	核对
注1：外形尺寸是指样机在硬化检测场地上，机具处于水平状态（不含划行器）下的外形尺寸。			
注2：产品不适用的项目不进行检查。			

5.3 试验条件

5.3.1 试验地块应地势平坦、无障碍，深松深度范围内不应有影响作业的树根、石块等坚硬杂物及整株秸秆。测区长度应不少于 50 m，两端预备区不少于 10 m，宽度应不小于作业幅宽的 10 倍。

5.3.2 试验地土壤绝对含水率为 15%～25%、土壤坚实度不大于 1.2 MPa。

5.3.3 试验地表面植被：小麦残茬覆盖量应不大于 0.6 kg/m²（秸秆含水率不大于 25%），玉米残茬覆盖量应不大于 2.3 kg/m²（秸秆含水率不大于 50%），留茬高度应不大于 30 cm。

5.3.4 试验用种子质量应符合 GB 4404.1 的要求，颗粒状化肥含水率不大于 12%，小结晶粉末状化肥含水率不大于 2%。

5.3.5 根据使用说明书的配套动力范围，应选择最接近配套动力下限值的拖拉机。试验样机和拖拉机的技术状态应符合使用说明书要求，机组的作业速度应符合使用说明书的规定，操作人员应熟练操作，试验过程中无特殊情况不允许更换操作人员。

5.3.6 试验拖拉机的机组打滑率应不大于 20%。

5.4 主要仪器设备

5.4.1 试验用主要仪器设备的测量范围和准确度要求应不低于表 2 的规定。另需工具：1 m 植被方框 1 个，标杆 4 根，取土铲 1 个，水平仪 1 把，土壤、植被样品盒若干个。

表 2　主要仪器设备测量范围和准确度要求

序号	被测参数名称	测量范围	准确度要求
1	长度	≥5 m	10 mm
		0 m～5 m	1 mm
		0 cm～30 cm	0.5 mm
		0 mm～1 mm	0.01 mm
2	质量	0 kg～6 kg	1 g
		0 g～500 g	0.1 g
3	时间	0 h～24 h	1 s/d
4	温度	0 ℃～50 ℃	1 ℃
5	湿度	10%RH～90%RH	5%RH
6	压强	0 MPa～5 MPa	0.1 MPa
7	硬度	20 HRC～70 HRC	1.5 HRC

5.4.2 试验用仪器设备应经过计量检定或校准确认合格，且在有效期内，参见附录 B。

6 质量要求

6.1 性能要求

在试验条件满足 5.3 的规定下，播小麦时排种量为 150 kg/hm²～180 kg/hm²，播玉米时排种量为 22.5 kg/hm²～52.5 kg/hm²，穴播时符合农艺要求，排肥量为 150 kg/hm²～300 kg/hm²，深播机的性能指标应符合表 3 的规定。

表 3 性能指标要求

序号	项目		质量指标			对应的检测方法条款号
1	深松深度,cm		≥25			7.2.1
2	整地深度,cm		≥8			7.2.2
3	各行排种量一致性变异系数[a]		≤3.9%			7.2.5
4	总排种量稳定性变异系数[a]		≤1.3%			7.2.5
5	播种均匀性变异系数[a]		≤45%			7.2.5
6	粒距合格指数[b]		X 为种子粒距,cm			7.2.6
			$X≤10$	$10<X≤20$	$20<X≤30$	
			≥60%	≥75%	≥80%	
7	重播指数[b]		≤30%	≤20%	≤15%	
8	漏播指数[b]		≤15%	≤10%	≤8%	
9	合格粒距变异系数[b]		≤40%	≤35%	≤30%	
10	穴粒数合格率[c]		≥85%			7.2.7
11	空穴率[c]		≤2%(普通排种器);≤4%(精量排种器)			7.2.7
12	播种深度合格率		≥85%			7.2.4
13	种子破损率	条播作业	≤0.5%			7.2.4
		精量播种作业	≤1.5%(机械式);≤0.5%(气吸式)			
		穴播作业	≤1.5%			
14	各行排肥量一致性变异系数		≤13.0%			7.2.4
15	总排肥量稳定性变异系数		≤7.8%			7.2.4
16	种肥间距合格率		≥90%			7.2.4

注 1:按当地农艺要求的播深为 h,当 $h≥3$ cm 时,$(h±1)$ cm 为合格;当 $h<3$ cm 时,$(h±0.5)$ cm 为合格。

注 2:种肥间距 3 cm～5 cm 为合格。

[a] 条播作业性能指标。

[b] 精量播种作业性能指标。

[c] 穴播作业性能指标。

6.2 安全要求

6.2.1 一般安全要求

6.2.1.1 深播机的安全要求应符合 GB 10395.1 和 GB 10395.9—2014 的规定,安全标志应符合 GB 10396 的规定。

6.2.1.2 对操作人员有危险的外露传动装置、旋转部件等应有可靠的防护罩,防护罩应便于机器的维护、保养和观察,防护罩的涂漆颜色应区别于深播机的整机涂色。

6.2.1.3 工作时需要有人在上面操作的深播机,应装有宽度不小于 300 mm 的防滑脚踏板和相应的扶手,脚踏板的前端应有高度不小于 75 mm 的安全挡板,脚踏板最低点距地面高度应不大于 300 mm,扶手和脚踏板的长度应适合工作人员操作并与机器相适应。

6.2.1.4 料箱的上边缘距地平面或装载台的垂直距离应不大于 1 250 mm,料箱边缘至装载台边缘处垂直平面的距离不大于 200 mm。

6.2.1.5 种、肥箱盖开启时应有固定装置,作业时不应因振动、颠簸和风吹而自动打开。

6.2.1.6 有划行器的深播机,在道路运输时划行器应能牢固锁定。

6.2.1.7 整机宽度超过 2.1 m 时,应配置示廓反射器。

6.2.1.8 单独停放时,应能保持稳定和安全。

6.2.1.9 非工作时,深松铲铲尖应配备防护罩防止造成人身伤害,防护罩使用注意事项应在使用说明书中进行说明。

6.2.1.10 在驾驶员可视范围内标明"播种作业时不可倒退"的标志。

6.2.1.11 深播机上的风机应安装在恰当的位置或采取防护措施,其运转时不得卷入或喷出物质伤害操作者。风机的进风口应有固定的防护装置。

6.2.2 带有驱动式耕作部件的特殊要求

6.2.2.1 在正常作业和维修时,应避免操作者与驱动式耕作部件接触,其防护应符合 GB 10395.5—2013 中 4.3.1 的规定。

6.2.2.2 拖拉机与深播机动力联接处应安装防护罩,且各防护罩间的直线重叠量应不小于 50 mm。防护罩应包络至机器的第一个固定轴承座的整个传动轴。工作幅宽大于 280 cm 的深播机万向节传动轴应有离合保护装置。

6.2.2.3 在带动力工具的耕作部件后部安装的播种机的人工操纵机构应符合 GB 10395.9—2014 中 4.2.1 的规定。

6.2.2.4 非作业状态应能可靠切断动力。

6.2.2.5 对于带有旋转或折叠部件的深播机,其安全要求应符合 GB 10395.9—2014 中 4.3 的规定。

6.3 装配、外观、涂漆质量

6.3.1 装配质量

6.3.1.1 整机装配后,深松铲尖到梁底面的垂直距离高度差不得大于 10 mm。

6.3.1.2 各行开沟器位置应保持一致。同列开沟器数量不大于 12 时,升起位置时最低点高度差不大于 10 mm;同列开沟器数量不小于 13 时,升起位置时最低点高度差不大于 15 mm。

6.3.1.3 Ⅱ型风机组装完成后不得漏气,并进行试运转。运转速度应以风机设计的使用速度为准,运转时间不少于 30 min;轴承温升不高于 25 ℃。

6.3.1.4 Ⅱ型风机安装完成后应运转灵活、叶轮的全跳动不大于 0.5 mm,叶轮与吸气嘴不得有摩擦现象。

6.3.1.5 各联接件应牢固可靠。转动件应转动灵活,不得有卡滞和碰击现象。

6.3.1.6 各转动部位应加注润滑油,深松铲和深松铲柄及各零件的外露加工表面和摩擦表面均应涂防锈油。

6.3.1.7 在同一平面的主、被动圆柱齿轮和链轮传动应平稳,工作中不掉链。

6.3.1.8 开沟器在运输或工作状态时,输种、肥管不应卡住或脱出。

6.3.1.9 深浅调节机构应方便、灵活、可靠。

6.3.1.10 地轮及支持轮的端面圆跳动和径向圆跳动应符合表 4 的规定。

表 4　地轮圆跳动

项目	轮子直径,mm		
	≤600	>600~1 000	>1 000
端面圆跳动	7	10	14
径向圆跳动	5	8	10

6.3.1.11 运输间隙应符合:牵引式≥110 mm,悬挂式≥300 mm。

6.3.1.12 各联接件应紧固,在主梁、箱体、侧板、轴承座、悬挂机构、深松刀、刀轴、旋耕刀处承受载荷的紧固件的强度等级为:螺栓不低于 GB/T 3098.1 中规定的 8.8 级,螺母不低于 GB/T 3098.2 中规定的 8 级,其紧固力矩应符合表 5 的规定。

表 5　紧固件紧固力矩

紧固螺纹公称直径,mm	紧固力矩,N·m	
	最小值(min)	最大值(max)
8	14	19

表 5（续）

紧固螺纹公称直径,mm	紧固力矩,N·m	
	最小值(min)	最大值(max)
10	27	38
12	47	66
14	75	106
16	118	165
18	162	227
20	230	322
22	315	441
24	398	557

6.3.2 外观与涂漆质量

6.3.2.1 整机外观应整洁,不得有锈蚀、碰伤等缺陷。

6.3.2.2 涂漆表面应色泽均匀,平整光滑,无露底、起泡、起皱等现象。

6.3.2.3 涂漆应符合 JB/T 5673 中规定的普通耐候涂层 TQ-2-2-DM,肥料箱内应用耐化肥涂层 TQ-3-F-DM。漆膜附着力应符合 JB/T 9832.2 中规定的Ⅱ级及以上。

6.4 可靠性(有效度)

深播机的有效度应不小于90%。

6.5 关键零部件质量

6.5.1 冲压件应光滑平整、无毛刺、无飞边、不得有裂纹和明显褶皱。

6.5.2 铸件、锻件不得有气孔、夹渣、缩松、砂眼等明显缺陷。

6.5.3 焊合件焊接应牢固,焊缝应平整、光洁,不应有漏焊、氧化、烧伤、咬肉、烧穿、夹渣和未焊透等缺陷。

6.5.4 种箱和肥箱的底板结合处不应漏种、漏肥,排种器、排肥器部件与箱底板局部间隙不大于 1 mm。

6.5.5 Ⅱ型-气吸排种器的圆盘平面度不大于 0.2 mm。

6.5.6 深松铲的淬火区宽度为 20 mm～30 mm,热处理硬度为 48 HRC～56 HRC。

6.5.7 旋耕刀的刀身部分热处理硬度为 48 HRC～54 HRC,刀柄部分热处理硬度为 38 HRC～45 HRC。

6.5.8 Ⅱ型-风机应做静平衡试验,其平衡品质等级应符合 GB/T 9239.1 中规定的 G6.3 级。

6.6 使用信息

6.6.1 使用说明书

6.6.1.1 说明书的编写格式和内容应符合 GB/T 9480 的有关规定。

6.6.1.2 使用说明书至少应包括以下内容:

   a) 再现安全警示标志、标识,明确粘贴位置;

   b) 主要用途和适用范围;

   c) 主要技术参数;

   d) 正确的安装与调试方法;

   e) 操作说明;

   f) 安全注意事项;

   g) 维护与保养要求;

   h) 常见故障及排除方法;

   i) 产品三包内容,也可单独成册;

   j) 易损件清单;

   k) 产品执行标准代号、名称。

6.6.2 三包凭证

应有三包凭证,至少应包括以下内容:

   a) 产品名称、规格、型号、出厂编号;

b) 制造商名称、地址、售后服务联系电话、邮政编码；

c) 修理者名称、地址、电话和邮政编码；

d) 整机三包有效期；

e) 主要零部件三包有效期；

f) 主要零部件清单；

g) 修理记录表；

h) 不实行三包的情况说明。

6.6.3 铭牌

应在机具明显位置固定产品铭牌,其规格、材质应符合 GB/T 13306 的规定,要求内容齐全、字迹清晰、固定牢靠,内容至少应包括:

a) 产品型号和名称；

b) 产品主要技术参数；

c) 制造日期和产品编号；

d) 制造商名称、地址；

e) 产品执行标准代号。

7 检测方法

7.1 试验条件测定

7.1.1 按 GB/T 5262 的规定测定土壤绝对含水率、土壤坚实度。记录试验地面积、地形、土壤类型、环境温度等。

7.1.2 测定残茬覆盖量:按照对角线法在试验地块选取 10 个点,拣出每点 1 m×1 m 内的全部残茬(不包括埋在土下面的根茬);测定含水率,称重(若小麦秸秆含水率大于 25%或玉米秸秆含水率大于 50%,将其重量折算至小麦秸秆含水率 25%或玉米秸秆含水率 50%的重量)后求平均值。按公式(1)计算。

$$W = \frac{\sum W_i}{10} \quad\cdots\cdots (1)$$

式中:

W ——测区残茬覆盖量的数值,单位为千克每平方米(kg/m²);

W_i ——每个测点残茬覆盖量的数值,单位为千克每平方米(kg/m²)。

7.1.3 记录种子名称,按 GB/T 5262 的规定测定种子容积质量、千(百)粒质量、含水率、自然休止角、原始破损率。

7.1.4 记录试验用肥料的名称、性状及含水率,按 GB/T 5262 的规定测定肥料的容积质量、自然休止角。

7.1.5 试验样机和拖拉机的技术状态符合使用说明书要求,驾驶员的操作技术应熟练。试验过程中不得更换拖拉机。测定并记录机组的作业速度。

7.2 性能试验

7.2.1 深松深度

在使用说明书规定的作业速度下,往返行程各测 1 次,在测区内对角线上取 5 点,用耕深尺或其他测量工具测量耕作沟底到地表面的垂直距离,即为深松深度;垄作地,则是耕后深松沟底取一点至某一水平基准线垂直距离,减去该点对应的地表至水平基准线垂直距离,即为深松深度。按公式(2)计算平均深松深度。

$$a = \frac{\sum_{i=1}^{n} a_i}{n} \quad\cdots\cdots (2)$$

式中:

a ——深松深度平均值,单位为厘米(cm);

a_i ——第 i 点的深松深度值,单位为厘米(cm);

n ——测定点数。

7.2.2 整地深度

与深松深度测定同时进行，沿机组前进方向每隔 2 m 测定一点，每个行程左、右各测定 11 点，用耕深尺或其他测量工具测量整地深度，按公式（3）计算平均耕深。

$$b = \frac{\sum_{i=1}^{n} b_i}{k} \quad \cdots\cdots\cdots\cdots\cdots\cdots\cdots\cdots\cdots\cdots\cdots\cdots\cdots\cdots\cdots\cdots\cdots\cdots (3)$$

式中：

b ——整地深度平均值，单位为厘米（cm）；

b_i ——第 i 个点的整地深度值，单位为厘米（cm）；

k ——测定点数。

7.2.3 机组打滑率

在测区内测定拖拉机驱动轮（或履带）转过相同转数时的空行和作业行进的距离，按公式（4）计算出机组打滑率。

$$\delta = \frac{S_k - S_g}{S_k} \times 100 \quad \cdots\cdots\cdots\cdots\cdots\cdots\cdots\cdots\cdots\cdots\cdots\cdots\cdots\cdots (4)$$

式中：

δ ——机组打滑率（负值为滑移），单位为百分号（%）；

S_k ——机组空行时后驱动轮（或履带）n 转前进的距离的数值，单位为米（m）；

S_g ——机组作业时后驱动轮（或履带）n 转前进的距离的数值，单位为米（m）。

7.2.4 排肥性能及田间性能试验

各行排肥量一致性变异系数、总排肥量稳定性变异系数、播种深度合格率、种子破损率、种肥间距合格率等项目的测定按 GB/T 9478 的规定进行测定。

7.2.5 条播作业性能

条播作业时，各行排种量一致性变异系数、总排种量稳定性变异系数、播种均匀性变异系数等项目的测定按 GB/T 9478 的规定进行测定。

7.2.6 精量播种作业性能

精量播种作业时，粒距合格指数、重播指数、漏播指数、合格粒距变异系数的测定按 GB/T 6973 的规定进行测定。

7.2.7 穴播作业性能

在使用说明书规定的作业速度下，往返行程各测 2 次，每次至少测定 5 行，少于 5 行的全测，每行连续测定 10 个种穴的穴粒数。按公式（5）、公式（6）计算空穴率和穴粒数合格率（合格穴粒数为理论穴粒数±1，无种按不合格穴计）。

$$K = \frac{m_k}{M} \times 100 \quad \cdots\cdots\cdots\cdots\cdots\cdots\cdots\cdots\cdots\cdots\cdots\cdots\cdots\cdots\cdots (5)$$

$$S = \frac{z}{M} \times 100 \quad \cdots\cdots\cdots\cdots\cdots\cdots\cdots\cdots\cdots\cdots\cdots\cdots\cdots\cdots\cdots (6)$$

式中：

K ——空穴率，单位为百分号（%）；

m_k ——空穴数，单位为个；

M ——总测定穴数，单位为个；

S ——穴粒数合格率，单位为百分号（%）；

z ——穴粒数合格穴数，单位为个。

7.3 安全要求检查

使用钢直尺或钢卷尺测量距离，其余项目目测。

7.4 装配、外观、涂漆质量检查

7.4.1 装配质量检查

按 6.3.1 的要求逐项检查。紧固件扭紧力矩的测定:先在装配位置上打上标记,然后放松约 1/4 圈,用扭矩扳手扭回到打标记位置,此时扭矩扳手所测定的数值即为紧固件的扭紧力矩。每个结构件检测数目不少于 2 只,检测总数不少于 20 只,累计超差只数不大于 2 只。

7.4.2 外观与涂漆质量检查

漆膜附着力按 JB/T 9832.2 的规定检查,其余目测。

7.5 可靠性(有效度)评价

深播机的可靠性(有效度)按 GB/T 9478 的规定进行评定。

7.6 关键零部件质量检查

7.6.1 深松铲、旋耕刀淬火区硬度

深松铲全部检测,旋耕刀随机抽取 3 把检测。箭形及双翼形深松铲硬度测点为左右两刃部各均布 3 点,其他类型深松铲硬度测点为刃部淬火区长度方向均布 3 点。旋耕刀硬度测点分别为刀身及刀柄淬火区长度方向均布 3 点。若所选测点遇软点可外延 2 点。所有测点需全部合格。

7.6.2 其他项目

按 6.5 的规定逐项检查。

7.7 使用信息检查

7.7.1 使用说明书

按 6.6.1 的规定逐项检查。

7.7.2 三包凭证

按 6.6.2 的规定逐项检查。

7.7.3 铭牌

按 6.6.3 的规定逐项检查。

8 检验规则

8.1 不合格分类

检验项目按其对产品质量影响的程度分为 A、B、C 三类,不合格项目分类见表 6。

表 6 检验项目及不合格分类表

不合格分类		项目名称	对应的质量要求的条款号
类别	序号		
A	1	安全要求	6.2
	2	可靠性(有效度)	6.4
	3	风机静平衡[a]	6.5.8
B	1	深松深度	6.1
	2	整地深度	6.1
	3	各行排种量一致性变异系数[b]	6.1
	4	总排种量稳定性变异系数[b]	6.1
	5	播种均匀性变异系数[b]	6.1
	6	粒距合格指数[a]	6.1
	7	重播指数[a]	6.1
	8	漏播指数[a]	6.1
	9	合格粒距变异系数[a]	6.1
	10	穴粒数合格率[c]	6.1
	11	空穴率[c]	6.1
	12	播种深度合格率	6.1
	13	种子破损率	6.1

表6（续）

不合格分类		项目名称	对应的质量要求的条款号
类别	序号		
B	14	种肥间距合格率	6.1
	15	深松刀（铲）淬火区硬度	6.5.6
	16	旋耕刀热处理硬度	6.5.7
	17	气吸排种器的圆盘平面度ᵃ	6.5.5
C	1	各行排肥量一致性变异系数	6.1
	2	总排肥量稳定性变异系数	6.1
	3	装配质量	6.3.1
	4	外观与涂漆质量	6.3.2
	5	种、肥箱底板结合处不漏种、肥	6.5.4
	6	铸件、锻件、冲压件、焊接质量	6.5.1、6.5.2、6.5.3
	7	使用说明书	6.6.1
	8	三包凭证	6.6.2
	9	铭牌	6.6.3

ᵃ 仅适用于精量播种作业。

ᵇ 仅适用于条播作业。

ᶜ 仅适用于穴播作业。

8.2 抽样方案

8.2.1 抽样方案按 GB/T 2828.11—2008 中表 B.1 的规定制订，见表7。

表7 抽样方案

检验水平	O
声称质量水平（DQL）	1
核查总体（N）	10
样本量（n）	1
不合格品限定数（L）	0

8.2.2 在生产企业近6个月内生产的合格产品中随机抽取2台，其中1台用于检验，另1台备用。由于非质量原因造成试验无法继续进行时，启用备用样机。抽样基数不少于10台，在用户和市场抽样不受此限。

8.3 判定规则

8.3.1 样机合格判定

对样机的 A、B、C 类检验项目逐项进行考核和判定。当 A 类不合格项目数为0（即 A＝0）、B 类不合格项目数不大于1（即 B≤1）、C 类不合格项目数不超过2（即 C≤2），判定样机为合格品；否则，判定样机为不合格品。

8.3.2 综合判定

若样机为合格品（即样机的不合格品数不大于不合格品限定数），则判通过；若样机为不合格品（即样机的不合格品数大于不合格品限定数），则判不通过。

附 录 A
（规范性）
产品规格确认表

产品规格确认表见表 A.1。

表 A.1 产品规格确认表

序号	项 目		单位	设计值
1	型号名称		/	
2	结构型式		/	□悬挂式 　□牵引式
3	配套动力范围		kW	
4	外形尺寸		mm	
5	播种方式		/	□条播 　□精量播种 　□穴播
6	作业速度范围		km/h	
7	工作幅宽		cm	
8	播种行距		cm	
9	播种行数		/	
10	传动机构型式		/	
11	种箱容积		L	
12	肥箱容积		L	
13	排种器	型式	/	
		数量	套	
		驱动方式	/	
		排量调节方式	/	
14	排肥器	型式	/	
		数量	套	
		驱动方式	/	
		排量调节方式	/	
15	开沟器	型式	/	
		数量	个	
16	地轮	型式	/	
		直径	mm	
17	风机（适用时）	型号名称	/	
		叶轮直径	mm	
18	覆土器型式		/	
19	镇压器型式		/	
20	深松铲	铲间距	cm	
		结构型式	/	□凿形 □箭形 □双翼形 □其他
		排列方式	/	
		数量	件	
21	旋耕刀（适用时）	型号	/	
		数量	把	

注：产品不适用的项目不填写，可划"/"。

企业负责人：　　　　　　　　　（公章）　　　　　　年　月　日

附 录 B
（资料性）
试验用仪器、仪表

试验用仪器、仪表为：

a) 烘干箱；

b) 温湿度计；

c) 卷尺；

d) 直尺；

e) 塞尺；

f) 土壤坚实度仪；

g) 秒表；

h) 计时器；

i) 洛氏硬度仪；

j) 扭矩扳手；

k) 电子天平(0.1 g)；

l) 电子秤。

ICS 65.060.25
B 91

NY

中华人民共和国农业行业标准

NY/T 3881—2021

遥控飞行播种机　质量评价技术规范

Technical specification of quality evaluation for aerial broadcast seeder
by remote control

2021-05-07 发布

2021-11-01 实施

中华人民共和国农业农村部 发布

前　言

本文件按照 GB/T 1.1—2020《标准化工作导则　第 1 部分：标准化文件的结构和起草规则》的规定起草。

请注意本文件的某些内容可能涉及专利。本文件的发布机构不承担识别专利的责任。

本文件由农业农村部农业机械化管理司提出。

本文件由全国农业机械标准化技术委员会农业机械化分技术委员会(SAC/TC 201/SC 2)归口。

本文件起草单位：农业农村部南京农业机械化研究所、农业农村部农业机械试验鉴定总站、江苏省农业机械技术推广站、安徽省农业机械试验鉴定站，华南农业大学。

本文件主要起草人：刘燕、陈小兵、韩雪、张井超、于庆旭、陈彬、袁栋、徐凯、袁虹、周志艳、李仿舟。

遥控飞行播种机 质量评价技术规范

1 范围

本文件规定了遥控飞行播种机的型号编制规则、基本要求、质量要求、检测方法和检验规则。

本文件适用于遥控飞行播种机(以下简称飞播机)的质量评定。

2 规范性引用文件

下列文件中的内容通过文中的规范性引用而构成本文件必不可少的条款。其中,注日期的引用文件,仅该日期对应的版本适用于本文件;不注日期的引用文件,其最新版本(包括所有的修改单)适用于本文件。

GB/T 2828.11—2008 计数抽样检验程序 第11部分:小总体声称质量水平的评定程序

GB/T 4208 外壳防护等级(IP代码)

GB/T 5262 农业机械试验条件 测定方法的一般规定

GB 9254 信息技术设备的无线电骚扰限值和测量方法

GB/T 9480 农林拖拉机和机械、草坪和园艺动力机械 使用说明书编写规则

GB 10396 农林拖拉机和机械、草坪和园艺动力机械 安全标志和危险图形 总则

GB/T 17626.3 电磁兼容 试验和测量技术 射频电磁场辐射抗扰度试验

3 术语和定义

下列术语和定义适用于本文件。

3.1

遥控飞行播种机 aerial broadcast seeder by remote control

以无人驾驶旋翼飞机为动力,进行播撒种子、肥料等颗粒状物料的机具。

3.2

空机质量 net weight

排空物料和燃料的飞播机整机(不含地面设备)质量。

3.3

额定起飞质量 rated take-off weight

飞播机能正常作业的最大质量,包含空机质量及额定任务载荷、燃料质量。

3.4

播种密度 broadcast sowing density

单位面积内实际撒落颗粒物料的数量或质量。

3.5

播种量 broadcast sowing rate

每公顷播撒面积里颗粒物料的数量或质量。

3.6

排料量 discharge rate

单位时间内实际排出颗粒物料的数量或质量。

3.7

有效播幅 effective broadcast sowing width

单一撒播行程里,平均播种密度达到农艺要求的播撒宽度。

3.8

播种均匀性 broadcast sowing uniformity

播出的物料在有效播幅宽度内分布的均匀程度,用播种密度的变异系数表示。

4 型号编制规则

飞播机产品型号由动力特征代号、控制特征代号、主参数代号和改进代号等组成,产品型号表示方法为:

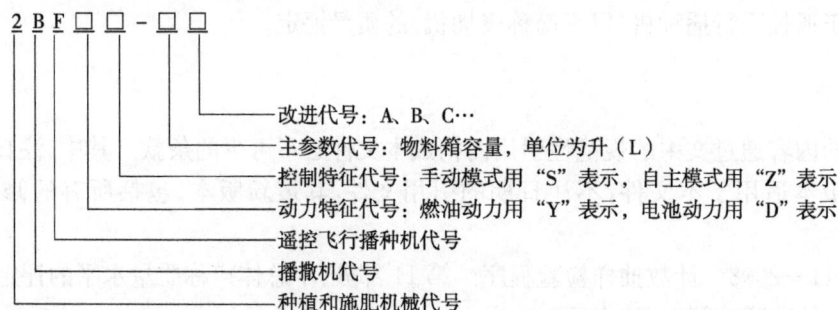

```
2 B F □□ - □□
```

改进代号: A、B、C…
主参数代号: 物料箱容量,单位为升（L）
控制特征代号: 手动模式用"S"表示,自主模式用"Z"表示
动力特征代号: 燃油动力用"Y"表示,电池动力用"D"表示
遥控飞行播种机代号
播撒机代号
种植和施肥机械代号

注:同时具备两种作业控制模式的遥控飞行播种机以自主控制模式代号表示。

示例: 2BFDZ-20B 表示电动自主模式遥控飞行播种机,物料箱容量为 20 L,第二次改进型。

5 基本要求

5.1 质量评价所需的文件资料

对飞播机进行质量评价所需文件资料应包括:

a) 产品规格表(见附录 A);

b) 企业产品执行标准或产品制造验收技术条件;

c) 产品使用说明书;

d) 三包凭证;

e) 样机照片 4 张(正前方、正左侧方、正前上方 45°俯视各 1 张,产品铭牌照片 1 张)。

5.2 主要技术参数核对与测量

依据产品使用说明书、标牌和其他技术文件,对样机的主要技术参数按表 1 的要求进行核对或测量。

表 1 核测项目与方法

序号	项目		单位	方法
1	产品型号		/	核对
2	产品名称		/	核对
3	飞控品牌和编号		/	核对
4	空机质量		kg	测量
5	额定起飞质量		kg	测量
6	工作状态下的外形尺寸(长×宽×高)		mm	测量(不含旋翼,含天线)
7	作业方式		/	核对 □撒播 □条播
8	卫星导航定位系统		/	核对 □BDS □GPS □GLONASS □其他
9	旋翼	材质	/	核对
		主旋翼数量	个	核对
		直径	mm	测量
		尾旋翼数量	个	核对
		直径	mm	测量

表 1 (续)

序号	项目			单位		方法
10	播种装置	物料箱	材质	/		核对
			额定容量	L		测量(按 7.2.11 的规定执行)
		排料器结构型式		/	核对	□仓门式(开合式)□窝眼轮式 □外槽轮式□绞龙式□其他
		撒(条)播器结构型式		/	核对	□离心圆盘式□气吹式 □自由下落式(无外力)□其他
11	最大排料量			kg/min		测量(按 7.3.4 的规定执行)
12	有效播幅			m		核对
13	配套动力	发动机	额定功率/转速	kW/(r/min)		核对
			油箱容量	L		核对
		电动机	KV 值	(r/min)/V		核对
			额定功率	W		核对
14	电池		标称电压	V		核对
			额定容量	mAh		核对
15	充电器		输入电压	V		核对
			输出电压	V		核对
			充电电流	A		核对
			额定功率	W		核对
			充电接口数量	个		核对

5.3 试验条件

5.3.1 试验材料

5.3.1.1 试验物料应符合制造厂产品使用说明书的要求。试验物料不应进行任何能改变其物理特性的处理。对试验物料物理特性进行测定及记录：物料种类、外形尺寸、容积质量、种子原始破损率等。

5.3.1.2 如果产品使用说明书注明飞播机可播撒多种物料,则试验可选用下列试验物料进行试验。

    a) 类似圆球形状试验物料(油菜籽种子)；

    b) 类似椭球形状试验物料(水稻种子)；

    c) 类似扁片形状试验物料(紫云英种子)。

5.3.2 试验环境

5.3.2.1 室内外试验环境应满足温度 5 ℃～45 ℃,相对湿度 20％～95％；风速 0 m/s～3 m/s。

5.3.2.2 室外试验应选取空旷的露天场地,场地面积应满足飞播机试验要求。

5.3.3 试验样机

试验样机应按使用说明书的规定,进行安装和调试,达到正常状态后,方可进行试验。

5.4 主要仪器设备

试验用仪器设备应经过计量检定或校验合格且在有效期限内。仪器设备的测量范围、测量准确度应不低于表 2 的规定。

表 2 主要仪器设备测量范围和准确度要求

序号	测量参数	测量范围	准确度要求
1	长度	0 m～5 m	1 mm
		0 m～1 000 m	1 cm
2	转速	0 r/min～10 000 r/min	0.5%
3	时间	0 h～10 h	1 s/d
4	质量	0 kg～300 kg	50 g
		0 g～200 g	0.1 mg
5	风速	0 m/s～10 m/s	10% FS
6	温度	−20 ℃～100 ℃	1 ℃

表 2（续）

序号	测量参数	测量范围	准确度要求
7	湿度	0% RH～100% RH	3% RH
8	水平定位	0 m～200 m	0.1 m
9	高度定位	0 m～50 m	0.15 m

6 质量要求

6.1 一般要求

6.1.1 飞播机在温度 60 ℃和相对湿度 95％环境条件下，进行 4 h 的环境适应性试验后，应能正常作业。

6.1.2 飞播机防护等级应能达到 IP55，应符合 GB/T 4208 的相关要求。飞播机防护等级试验后，应能正常作业，不应有零件变形、破裂、松脱等异常现象，活动部件不应有堵塞或卡死现象。

6.1.3 飞播机应能在(6±0.5) m/s 风速的自然环境中正常飞行。

6.1.4 配套动力为发动机的飞播机，在常温条件下按使用说明书规定的操作方法起动 3 次，其中成功次数应不少于 2 次。

6.1.5 飞播机地面控制端应有物料剩余报警提示功能，物料播撒结束时，应自动返航或提示操作者返航。飞播机地面控制端应具有燃料（电量）剩余量显示功能，且应便于操作者观察。

6.1.6 飞播机空载和满载悬停时，不应出现掉高或坠落等现象。满载悬停时间应不低于 5 min，空载悬停时间应不低于 10 min。

6.1.7 同时具备手动控制模式和自主控制模式的飞播机，应能确保飞行过程中两种模式的自由切换，且切换时飞行状态应无明显变化。

6.1.8 飞播机应配备飞行信息存储系统，应有加密存储功能，应能实时记录并保存飞行作业情况。存储系统记录的内容至少应包括：制造商名称、产品型号、产品出厂编号、位置坐标、飞行速度、飞行高度。

6.1.9 飞播机应具备远程监管系统通信功能，应确保飞行作业数据可识别、可监测、可追查。

6.1.10 物料箱实际容量应不低于额定容量。

6.1.11 物料箱盖应有锁紧装置。飞播机正常作业时，不应因振动、颠簸和风吹而自行打开。

6.1.12 飞播机正常作业时，不应出现颗粒物料、燃料泄漏现象。

6.1.13 排料量控制机构应轻便灵活可靠。当控制命令处于某一指示值时，其实际排料量与指示值偏差应不大于 5％，当地面端控制命令处于 0 时，排料口应是关闭状态；当控制命令处于 100％，排料口应是满开状态。

6.2 性能要求

6.2.1 飞播机主要飞行性能指标应符合表 3 的规定。

表 3 飞行性能指标要求

序号	项目		质量指标		对应的检测方法条款号
1	手动控制模式飞行性能		操控灵活，动作准确，飞行状态平稳		7.3.1
2	自主控制模式飞行精度	偏航距(水平),m	≤0.4		7.3.2
		偏航距(高度),m	≤0.4		
		速度偏差,m/s	≤0.4		
3	最大续航能力	最大续航时间与单架次最大作业时间之比应不小于1.2	额定容量(V),L	连续作业时间,min	7.3.3
			<10	3	
			10≤V≤20	5	
			>20	8	

6.2.2 撒播作业性能指标应符合表4的规定。

表4 撒播作业性能指标要求

序号	项目	性能指标				对应的检测方法条款号
		种			颗粒肥	
		牧草	水稻	油菜		
1	总排料量稳定性变异系数	≤6%	≤2.6%	≤2.6%	≤7.8%	7.3.4
2	撒播均匀性变异系数	≤40%	≤45%	≤45%	≤45%	7.3.5
3	种子破损率	≤2.0%	≤0.8%	≤0.4%	/	7.3.6
4	纯作业小时生产率,hm²/h	不低于企业明示值				7.3.7

6.2.3 条播作业性能指标应符合表5的规定。

表5 条播作业性能指标要求

序号	项目	性能指标			对应的检测方法条款号
		种		颗粒肥	
		牧草	水稻		
1	各行排料量一致性变异系数	≤13%	≤5%	≤13%	7.3.4
2	总排料量稳定性变异系数	≤6%	≤2.6%	≤7.8%	
3	条播均匀性变异系数	≤45%	≤45%	≤45%	7.3.5
4	种子破损率	≤2.0%	≤0.5%	/	7.3.6
5	纯作业小时生产率,hm²/h	不低于企业明示值			7.3.7

6.3 安全要求

6.3.1 外露的发动机、排气管等可产生高温的部件或其他对人员易产生伤害的部位,应设置防护装置,避免人手或身体触碰。

6.3.2 对操作者有危险的部位,应固定永久性的安全标识,安全标识应符合GB 10396的规定。

6.3.3 飞播机空机质量应不大于116 kg,最大起飞质量应不大于150 kg。

6.3.4 飞播机应具有限高、限速、限距功能。

6.3.5 飞播机应有电子围栏功能。围栏外正常作业时,应在距离围栏边界15 m内刹车,不得冲撞围栏边界;飞播机放置围栏内,任意操作地面控制端(含遥控器),旋翼不得旋转。

6.3.6 飞播机对通信链路中断、燃料(电量)不足、排种异常等情形应具有报警或失效保护功能。

6.3.7 飞播机应配备避障系统软件,以实现避障功能,至少应能识别树木、电线杆或斜拉电线等障碍物,并避免发生碰撞。有夜航功能的机具,应具备夜间避障功能,并能绕障飞行。

6.3.8 飞播机应具有电磁兼容能力,其通信与控制系统辐射骚扰限值按GB 9254的规定执行,应满足表6的要求;其射频电场辐射抗扰度按GB/T 17626.3试验方法应达到表7的B级要求。

表6 电磁兼容-辐射骚扰限值

频率	测量值	限值 dB,μV/m
30 MHz～230 MHz	准峰值	50
230 MHz～1 GHz	准峰值	57
1 GHz～3 GHz	平均值/峰值	56/76
3 GHz～6 GHz	平均值/峰值	60/80

表7 电磁兼容-射频电场辐射抗扰度

等级	功能丧失或性能降低的程度	备注
A	各项功能和性能正常	试验样品功能丧失或性能降低现象有：
B	未出现现象①或现象②；出现现象③或现象④，且在干扰停止后2 min（含）内自行恢复，无需操作者干预	①测控信号传输中断或丢失；②对操控信号无响应或飞行控制性能降低；③播种设备对操控信号无响应；④其他功能的丧失或性能的降低
C	未出现现象①或现象②；出现现象③或现象④，且在干扰停止2 min后仍不能自行恢复，在操作者对其进行复位或重新启动操作后可恢复	
D	出现现象①或现象②；或未出现现象①或现象②，但出现现象③或现象④，且因硬件或软件损坏、数据丢失等原因不能恢复	

6.4 装配和外观质量

6.4.1 装配应牢固可靠，容易松脱的零部件应装有防松装置。

6.4.2 外观应整洁，不应有毛刺和明显的伤痕、变形等缺陷。

6.5 操作方便性

6.5.1 保养点设计应合理，便于操作。

6.5.2 物料箱设计应合理，方便加料。

6.5.3 电池和旋翼等零部件应便于更换。

6.6 可靠性

飞播机首次故障前作业时间应不小于40 h。

6.7 使用信息

6.7.1 使用说明书

飞播机的制造商或供应商应随机提供使用说明书，使用说明书的编制应符合GB/T 9480的规定。使用说明书应规定操作和维修保养的安全注意事项，至少应包括以下内容：

    a) 适用范围；
    b) 安装、调整、校准及相关安全功能使用调试步骤；
    c) 起动和停止步骤；
    d) 整机装配示意图；
    e) 地面控制端介绍；
    f) 运输状态飞播机布置；
    g) 安全停放步骤；
    h) 维护和保养要求；
    i) 有关安全使用规则的要求；
    j) 故障处理说明；
    k) 制造商名称、地址和电话。

6.7.2 三包凭证

飞播机应有三包凭证，至少应包括以下内容：

    a) 产品名称、型号规格、购买日期、产品编号；
    b) 制造商名称、地址、电话和邮编；
    c) 销售者和修理者的名称、地址、电话和邮编；
    d) 三包项目；
    e) 三包有效期（包括整机三包有效期、主要部件质量保证期及易损件和其他零部件的质量保证期，其中整机三包有效期和主要部件质量保证期不得少于1年）；
    f) 主要部件清单；
    g) 销售记录（包括销售者、销售地点、销售日期、购机发票号码）；
    h) 修理记录（包括送修时间、交货时间、送修故障、修理情况、换退货证明）；

i) 不承担三包责任的情况说明。

6.7.3 标牌

飞播机醒目位置应有永久性标牌。标牌内容应清晰可见,至少应包括以下内容:

a) 产品名称、型号规格;

b) 空机质量、物料箱额定容量、额定起飞质量;

c) 发动机额定功率或电机额定功率和电池额定容量等主要技术参数;

d) 产品执行标准编号;

e) 生产日期和出厂编号;

f) 制造商名称、制造厂地址。

7 检测方法

7.1 试验条件测定

按照 GB/T 5262 的规定测定及记录,颗粒物料的物料种类、容积质量、种子原始破损率等物理特性,以及温度、湿度、大气压力、风速等气象条件。

7.2 一般要求试验

7.2.1 环境适应性试验

将飞播机放置在温度 60 ℃、相对湿度不大于 95% 的试验箱内,机体任意点与试验箱壁距离不小于 0.3 m,静置 4 h 后取出,观察飞播机是否有零件变形、破裂、松脱等异常现象。若有异常,停止试验;若无异常,在室温下再静置 1 h,加注额定容量试验物料,按照使用说明书规定进行播撒作业,观察飞播机是否能正常工作。

7.2.2 防尘试验(IP5X)

将飞播机放置在相对湿度小于 25%,气流速度为 1.0 m/s~1.8 m/s,粉尘浓度为 2.0 kg/m³~4.0 kg/m³ 的试验箱中,机体任意点与试验箱壁距离不小于 0.3 m,通电试验 8 h。试验结束后,将飞播机从试验箱中取出。用刷、擦或其他方法清除样机上的尘埃,禁止用吹风或真空清洁的方法除尘。观察飞播机是否有零件变形、破裂、松脱等异常现象,检查活动部件是否有堵塞或卡死现象。静置 1 h 后,加装额定容量的试验物料,按照使用说明书规定进行播撒作业,观察飞播机是否能正常工作。

7.2.3 防水试验(IPX5)

将飞播机放置在防水试验箱内,使用喷嘴内径为 6.3 mm,调整水流量至(12.5±0.625) L/min,保持外壳表面每平方米喷水时间为 1 min,喷嘴至外壳的距离保持 2.5 m~3.0 m,试验时间至少 3 min。试验时,被测样机应处于通电状态,试验喷嘴要从所有可能方向向被试样机喷水。试验结束后,喷水结束后静置 30 min,加装额定容量的试验物料,按照使用说明书规定进行播撒作业,观察飞播机是否能正常工作。

7.2.4 抗风能力试验

飞播机在额定起飞质量条件下置于风向稳定、风速为(6±0.5) m/s 的人工模拟风场中,操控其起飞、前飞、后飞、侧飞、转向、悬停、着陆等,观察飞播机是否能正常飞行。

7.2.5 起动性能试验

按使用说明书规定的操作方法起动,试验进行 3 次,每次间隔 2 min。试验时,在不更换零件的条件下,允许做必要的调整。

7.2.6 颗粒物料和燃料(电量)剩余量显示功能检查

检查飞播机的地面控制端是否有物料剩余判定、实时显示飞机燃料(电量)剩余量和地面控制端电量剩余量等功能试验,与 7.3.3 最大续航能力试验同时进行。

7.2.7 悬停性能试验

注满燃油(使用满电电池),分别在空载和满载条件下,操控飞播机在一定飞行高度保持悬停,直至其发出燃油(电量)不足报警后着陆,观察其飞行状态是否正常,记录起飞至着陆总时间。

7.2.8 作业控制模式切换稳定性检查

飞播机在正常飞行状态下,控制其在手动控制模式和自主控制模式间进行自由切换,观察切换过程中飞播机的飞行姿态是否平滑,是否出现偏飞、掉高或坠落等失控现象。

7.2.9 飞行信息存储系统检查

7.2.9.1 续航试验结束后,检查其是否将本次飞行数据进行了加密存储。

7.2.9.2 读取本次飞行作业的数据,检查加密存储数据内容是否涵盖了本次飞行的速度、高度、位置信息,是否涵盖了其制造商、型号、编号信息。

7.2.10 远程监管通信功能检查

续航试验结束后,检查飞播机远程监管系统中是否有本次飞行的位置信息、飞行速度、飞行高度及操作者的身份信息。

7.2.11 物料箱容量试验

7.2.11.1 向物料箱加注试验物料至箱口,测量物料箱内试验物料质量,记录为 m_1。

7.2.11.2 向量筒内加注 1 L 的试验物料,测量量筒内试验物料质量,记录为 m_2。

7.2.11.3 计算 m_1/m_2,得出物料箱容量。

7.2.12 物料箱盖固定牢固性检查

续航试验结束后,检查物料箱盖是否有锁紧装置,是否有松动或自行打开现象。

7.2.13 防漏性能试验

飞播机在额定起飞质量下,以最高工作速度飞行 1 min,不播撒作业,观察是否有颗粒物料、燃料泄漏现象。

7.2.14 排料量调节功能试验

按使用说明书的规定,试验前将颗粒物料装入物料箱,不应压实。操作飞播机地面控制命令,观察调节控制装置动作是否灵活,当控制命令处于某一指示值时,测量实际排料量,每次试验 1 min,重复 3 次,取平均值;当控制命令处于 0 时,观察排料量控制机构是否处于关闭状态;当控制命令处于 100%,观察排料量控制机构是否处于全开状态。

7.3 性能试验

7.3.1 手动控制模式飞行性能试验

7.3.1.1 在额定起飞质量条件下,以手动控制模式操控飞播机飞行,保持其在某高度悬停 10 s,期间不允许操作遥控器,目测飞播机的悬停状态是否稳定。

7.3.1.2 向飞播机发送单独的前飞、后飞、左移、右移控制指令,各方向飞行距离应大于 30 m。目测飞行过程中飞播机动作是否正确,姿态、高度、速度是否出现异常波动。

7.3.2 自主控制模式飞行精度测试

7.3.2.1 在试验场地内预设飞行航线,航线长度不小于 120 m,航线高度不大于 5 m,飞行速度为 3 m/s~5 m/s。

7.3.2.2 在额定起飞质量条件下,操控飞播机以自主控制模式沿预设航线飞行,同时以不大于 0.1 s 的时间间隔对飞播机空间位置进行连续测量和记录(测量设备可参考附录 B),如图 1 所示。重复 3 次。

7.3.2.3 将记录的航迹经纬度坐标按 cgcs2000 的格式进行直角坐标转换;飞播机的空间位置坐标记为 (x_i, y_i, z_i),$i=0,1,2,\cdots,n$,其中 $i=0$ 时为飞行过程中剔除加速区间段的稳定区开始位置,$i=n$ 时为飞行过程中剔除减速区间段的稳定区终止位置。

7.3.2.4 整条航线的平面位置坐标记为 $ax+by+c=0$,a、b、c 系数依据航线方向和位置而定,按公式(1)~公式(3)分别计算偏航距(水平)L_i、偏航距(高度)H_i、速度偏差 V_i,测量值应为测量区间内计算的最大值。

$$L_i = \frac{|ax_i + by_i + c|}{\sqrt{a^2 + b^2}} \quad (i=0,1,2,\cdots,n) \quad\cdots\cdots\cdots\cdots\cdots\cdots\cdots\cdots\cdots (1)$$

$$H_i = |Z_i - Z_{\text{set}}| \quad (i=0,1,2,\cdots,n) \quad\cdots\cdots\cdots\cdots\cdots\cdots\cdots\cdots\cdots (2)$$

$$V_i = |v_i - v_{set}| \quad (i=0,1,2,\cdots,n) \quad\text{……………………………} (3)$$

式中：

L_i ——偏航距(水平)数值,单位为米(m);

x_i ——采集航迹点位置的东西方向坐标值,单位为米(m);

y_i ——采集航迹点位置的南北方向坐标值,单位为米(m);

H_i ——偏航距(高度)数值,单位为米(m);

Z_i ——采集航迹点位置的高度坐标值,单位为米(m);

Z_{set} ——预设航线的高度坐标,单位为米(m);

V_i ——速度偏差数值,单位为米每秒(m/s);

v_i ——采集航迹点位置的飞行速度数值,单位为米每秒(m/s);

v_{set} ——预设的飞行速度数值,单位为米每秒(m/s)。

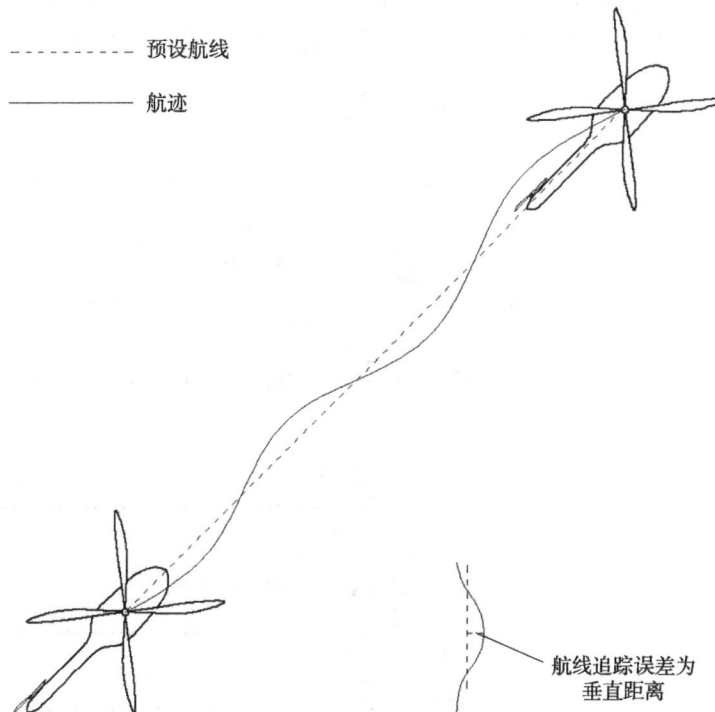

图 1 自主控制模式飞行精度测试方法

7.3.3 最大续航能力试验

注满燃油(使用满电电池),加入额定容量的水稻,操作飞播机在测试场地内以 3 m/s 飞行速度、3 m 飞行高度及 35.5 kg/hm² 播种量模拟田间播撒,在其发出颗粒物料撒完的提示信息后,选取离起飞点较近的合适位置,保持飞播机悬停,直至其发出燃油(电量)不足报警后着陆,记录单架次最大作业时间为 t_1、起飞至着陆总时间 t_2。计算 t_2/t_1 数值,重复 3 次,取最小值。

7.3.4 总排料量稳定性变异系数及各行排料量一致性变异系数试验

7.3.4.1 将飞播机固定在试验台上,旋翼处于静止状态,按使用说明书的规定,加入额定容量的物料,不应压实。飞播机的控制命令处于某一指示值时,排料状态稳定,收集各出料口排出的物料,测试时间 1 min,测量质量,重复 5 次。

7.3.4.2 飞播机撒播作业方式时,按公式(4)~公式(6)计算总排料量稳定性变异系数。

$$\overline{X} = \frac{\sum\limits_{i=1}^{n} X_i}{n} \quad\text{……………………………} (4)$$

$$S = \sqrt{\frac{\sum_{i=1}^{n}(\overline{X}-X_i)^2}{n-1}} \quad\cdots\cdots\cdots\cdots\cdots\cdots\cdots\cdots\cdots\cdots\cdots\cdots\cdots\cdots\cdots\cdots\cdots\cdots \quad (5)$$

$$CV = \frac{S}{\overline{X}}\times100 \quad\cdots\cdots\cdots\cdots\cdots\cdots\cdots\cdots\cdots\cdots\cdots\cdots\cdots\cdots\cdots\cdots\cdots\cdots\cdots\cdots\cdots \quad (6)$$

式中：

$\overline{X}$ ——总排料量平均值，单位为克每分钟(g/min)；

X_i ——第 i 次测试总排料量数值，单位为克每分钟(g/min)；

n ——测试次数；

S ——总排料量标准差；

CV ——总排料量稳定性变异系数，单位为百分号(%)。

7.3.4.3 飞播机条播作业方式时,按公式(7)~公式(13)分别计算各行排料量一致性变异系数和总排料量稳定性变异系数,测定行数不小于6行,左中右各选2行,少于6行的飞播机应全部测试。

$$X_i' = \sum_{j=1}^{m}X_{ij}' \quad\cdots\cdots\cdots\cdots\cdots\cdots\cdots\cdots\cdots\cdots\cdots\cdots\cdots\cdots\cdots\cdots\cdots\cdots\cdots\cdots\cdots\cdots\cdots\cdots \quad (7)$$

$$\overline{X}_i' = \frac{X_i'}{m} \quad\cdots\cdots\cdots\cdots\cdots\cdots\cdots\cdots\cdots\cdots\cdots\cdots\cdots\cdots\cdots\cdots\cdots\cdots\cdots\cdots\cdots\cdots\cdots\cdots \quad (8)$$

$$S_i' = \sqrt{\frac{\sum_{j=1}^{m}(\overline{X}_i'-X_{ij}')^2}{m-1}} \quad\cdots\cdots\cdots\cdots\cdots\cdots\cdots\cdots\cdots\cdots\cdots\cdots\cdots\cdots\cdots\cdots \quad (9)$$

$$CV_i' = \frac{S_i'}{\overline{X}_i'}\times100 \quad\cdots\cdots\cdots\cdots\cdots\cdots\cdots\cdots\cdots\cdots\cdots\cdots\cdots\cdots\cdots\cdots\cdots\cdots\cdots \quad (10)$$

$$\overline{X}' = \frac{\sum_{i=1}^{n}X_i'}{n} \quad\cdots\cdots\cdots\cdots\cdots\cdots\cdots\cdots\cdots\cdots\cdots\cdots\cdots\cdots\cdots\cdots\cdots\cdots\cdots\cdots\cdots\cdots \quad (11)$$

$$S' = \sqrt{\frac{\sum_{i=1}^{n}(\overline{X}'-X_i')^2}{n-1}} \quad\cdots\cdots\cdots\cdots\cdots\cdots\cdots\cdots\cdots\cdots\cdots\cdots\cdots\cdots\cdots\cdots \quad (12)$$

$$CV' = \frac{S'}{\overline{X}'}\times100 \quad\cdots\cdots\cdots\cdots\cdots\cdots\cdots\cdots\cdots\cdots\cdots\cdots\cdots\cdots\cdots\cdots\cdots\cdots\cdots\cdots \quad (13)$$

式中：

X_i' ——第 i 次各行排料量之和,单位为克每分钟(g/min)；

X_{ij}' ——第 i 次第 j 行测试排料量,单位为克每分钟(g/min)；

$\overline{X}_i'$ ——第 i 次各行排料量之和的平均值,单位为克每分钟(g/min)；

m ——行数；

S_i' ——各行排料量标准差；

CV_i' ——各行排料量一致性变异系数,单位为百分号(%)；

$\overline{X}'$ ——总排料量平均值,单位为克每分钟(g/min)；

n ——测试次数；

S' ——总排料量标准差；

CV' ——总排料量稳定性变异系数,单位为百分号(%)。

7.3.5 播种均匀性变异系数试验

7.3.5.1 试验条件

飞播机加注额定容量试验物料,以制造商明示的作业参数进行试验作业。若制造商未给出最佳作业参数,则以2 m作业高度、3 m/s飞行速度,进行试验作业。按预设航线要求飞行。在采样区前15 m开始播撒,后 15 m 停止播撒。

7.3.5.2 撒播作业方式试验

撒播作业方式时,在播撒试验区内,如图 2 所示布置收集器,将收集器在飞播机预设飞行航线的垂直方向连续排列布置,横向放置两个最大有效播幅宽度,共 3 排,每两排间距为 5 m。对每个播幅宽度内所有收集器中的颗粒物料进行称重或计数,参考公式(4)~公式(6)计算播种均匀性变异系数。

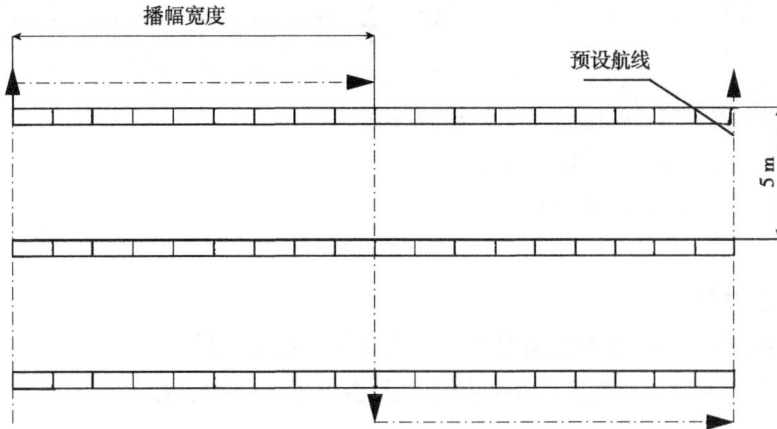

图 2 撒播作业均匀性变异系数试验示意图

7.3.5.3 条播作业方式试验

条播作业方式时,在条播试验区内,如图 3 所示布置收集器,根据飞播机作业参数,将收集器在飞播机预设飞行航线的平行方向连续排列布置,至少测定 6 行,左、中、右各 2 行,少于 6 行的全测,每行的测定长度不小于 10 m。测定时以 300 mm 为一区段,将每行纵向分成若干区段,测定各段内种子粒数,各小区内每行连续取 30 段,对每个区段内收集器的颗粒物料称重或计数,按公式(4)~公式(6)计算播种均匀性变异系数。

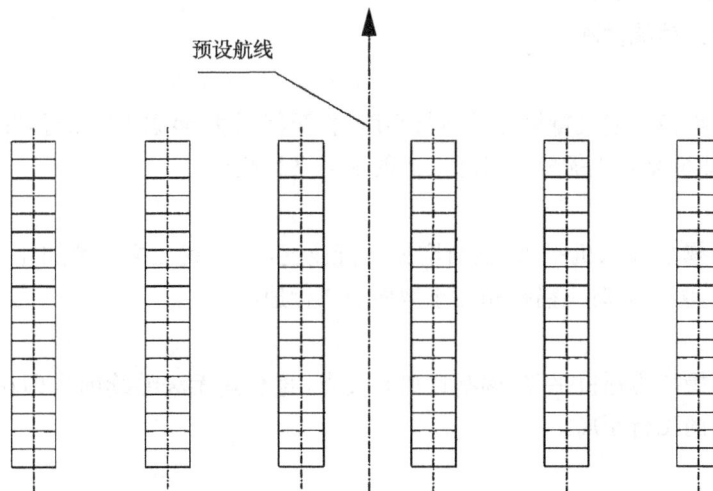

图 3 条播作业均匀性变异系数试验示意图

7.3.6 种子破损率试验

该试验与 7.3.5 同时进行。从 7.3.5 试验收集容器中取出 5 份样本,每份样本质量约 100 g(小颗粒物料约 50 g),选出其中破碎损伤的颗粒物料计算质量或数量,计算破碎损伤颗粒物料占总样本的百分比,再减去试验前测定的颗粒物料原始破损率,试验重复 3 次,试验结果取均值。按公式(14)计算。

$$P = \frac{M_1}{M} \times 100\% - P' \cdots\cdots\cdots\cdots\cdots\cdots\cdots (14)$$

式中:

P ——颗粒物料破损率,单位为百分号(%);

M_1——破碎损伤的颗粒物料质量或数量,单位为克(g)或粒;

M ——样本颗粒物料质量或数量,单位为克(g)或粒;

P' ——颗粒物料原始破损率,单位为百分号(%)。

7.3.7 纯作业小时生产率测试

计算纯作业小时生产率应确保飞播机在额定播种量下测定,按公式(15)计算。

$$W_s = \frac{U}{T_s} \quad\cdots\cdots\cdots\cdots\cdots\cdots\cdots\cdots\cdots\cdots\cdots\cdots\cdots\cdots\cdots\cdots\cdots\cdots\cdots\cdots\cdots (15)$$

式中:

W_s——纯播种小时生产率,单位为公顷每小时(hm^2/h);

U ——班次作业面积,单位为公顷(hm^2);

T_s——纯播种时间,单位为小时(h)。

7.4 安全性能试验

7.4.1 安全防护装置检查

7.4.1.1 检查发动机、排气管的安装位置是否处于人体易触碰的区域。

7.4.1.2 检查机体上其他对人员易产生伤害的部位是否设置了防护装置。

7.4.2 安全标识检查

检查飞播机的旋翼、发动机、播种装置、排气管等对操作者有危害的部位是否有永久性安全标识。

7.4.3 最大起飞质量限值确认

7.4.3.1 飞播机注满燃油(使用满电电池)。在机身加挂配重至其总质量达到 150 kg,加挂配重时应考虑机身重心偏移,必要时可在起落架底部钩挂系留绳索,操控飞播机起飞,若其无法离地升空,则判定其最大起飞质量小于 150 kg。

7.4.3.2 若飞播机离地升空,则重新加挂配重至总质量 151 kg,重复起飞动作,观察其能否再次离地升空,判定其最大起飞质量是否超过 150 kg。

7.4.4 限高、限速和限距功能试验

7.4.4.1 限高试验

在手动控制模式下操控飞播机持续提升飞行高度,直至其无法继续向上飞行,并保持该状态 5 s 以上即认定为达到限高值,测量此时飞播机相对起飞点的最大飞行高度。

7.4.4.2 限速试验

在手动控制模式下操控飞播机平飞,逐渐增加飞行速度,直至其无法继续加速,并保持该速度 5 s 以上即认定为达到限速值,测量此时飞播机相对于地面的飞行速度。

7.4.4.3 限距试验

在手动控制模式下操控飞播机平飞,逐渐远离起飞点,直至其无法继续前进即认定为达到限距值,测量此时其相对于起飞点的飞行距离。

7.4.5 电子围栏试验

7.4.5.1 在试验场地内设置 30 m×30 m×20 m 的空间区域为电子围栏的禁飞区。

7.4.5.2 飞播机应保持头部朝向一致,分别从 4 个方向操控飞播机以 2 m/s 飞行速度、5 m 飞行高度接近直至触碰电子围栏,如图 4 所示。飞播机距离电子围栏小于 15 m 处时,观察飞播机与电子围栏发生接触前后采取的措施,具体包括报警提示、自动悬停、自动返航、自动着陆等。

7.4.5.3 将飞播机搬运进电子围栏区域,观察其是否有报警提示且无法启动。

7.4.6 报警和失效保护功能试验

7.4.6.1 链路中断的失效保护试验

正常飞行状态下,操控飞播机持续飞行,过程中适时中断通信链路,目测其是否悬停、自动返航或自动着陆。

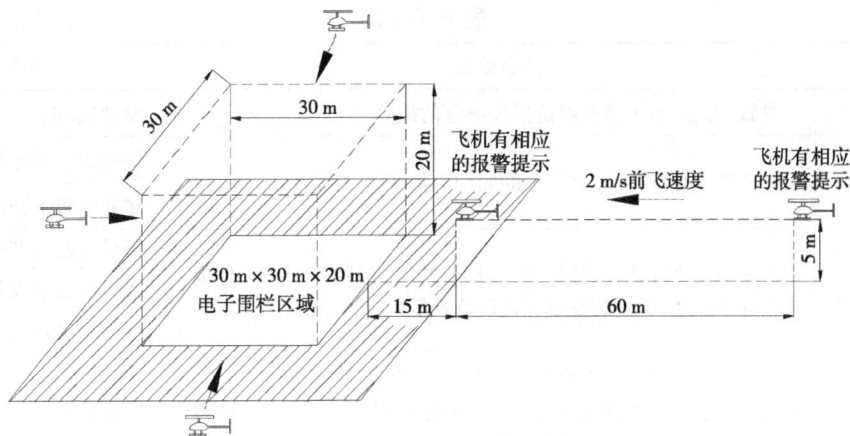

图 4　电子围栏测试过程图

7.4.6.2　低电量失效保护试验

正常飞行状态下,操控飞播机持续飞行,目测其电池电量过低时,是否具有制造商声明的失效保护功能。

7.4.6.3　失效报警功能检查

检查飞播机在触发失效保护时,是否能发出声、光或振动的报警提示。

7.4.7　避障功能试验

操控飞播机以 4 m/s 的速度飞向电线杆、树木、斜拉电线等任一障碍物,观察飞播机能否避免与障碍物碰撞。操控飞播机远离障碍物,测定飞播机是否能重新可控。

明示具备夜航功能的产品,在试验场按企业明示的障碍物级别布置好相应障碍物 2 个～3 个,任意布置在试验区内,天黑后(无照明)进行试验。飞机按预设航线自主飞行,观察飞机是否能识别障碍物,并绕行。

7.4.8　电磁兼容试验

7.4.8.1　辐射骚扰限制试验

整机产生的电磁骚扰不应超过其预期使用场合允许的水平,对使用环境中其他飞播机、农林机械、人和可燃物等的电磁影响可控。按照 GB 9254 对飞播机整机的辐射电磁骚扰水平进行评估。试验频率范围和限值见表6,试验前应确保电波暗室环境噪声电平至少比规定限值低 6 dB。

7.4.8.2　射频电场辐射抗骚扰度试验

按照 GB/T 17626.3 对飞播机整机的射频电磁场辐射抗扰度能力进行评估。试验设备用 1 kHz 正弦波对未调制信号进行 80% 的幅度调制来模拟射频辐射干扰情况,其中未调制信号的场强为 10 V/m,扫描 80 MHz～2 GHz 频率范围,对数期天线应分别安放在垂直极化位置和水平极化位置。

试验结果根据试验样品的功能丧失或性能降低程度分为 A、B、C、D 4 个等级,见表7。

7.5　装配和外观质量检查

用目测法检查是否符合 6.4 的要求。

7.6　操作方便性检查

通过实际操作,检查样机是否符合 6.5 的要求。

7.7　可靠性试验

7.7.1　故障分级

故障分级表见表 8。

表 8　故障分级表

故障级别	分类原则	故障示例
致命故障	导致功能完全丧失或造成重大经济损失的故障;危及作业安全、导致人身伤亡或引起重要总成(系统)报废	坠机、爆炸、起火

表8（续）

故障级别	分类原则	故障示例
严重故障	导致功能严重下降或经济损失显著的故障	发动机/电机等动力故障
	主要零部件损坏，关键部位的紧固件损坏	控制失效或控制执行部件故障
		作业时机上任意部件飞出
一般故障	导致功能下降或经济损失增加的故障；一般的零部件和标准件损坏或脱落，通过调整或更换便可修复	播种控制设备故障
		无线电通信设备故障
		地面控制端设备故障
轻微故障	引起操作人员操作不便但不影响工作的故障；可在较短时间内用配备的工具维修或更换易损件排除的故障；在正常维护保养中更换价值较低的零件和标准件	紧固件松动
		罩壳松动
		排料堵塞

7.7.2 首次故障前作业时间考核

按累计 60 h 定时截尾进行考核，记录首次故障前作业时间。

7.8 使用信息检查

7.8.1 使用说明书检查

按照 6.7.1 的要求逐项检查。

7.8.2 三包凭证检查

按照 6.7.2 的要求逐项检查。

7.8.3 标牌检查

按照 6.7.3 的要求逐项检查。

8 检验规则

8.1 不合格项目分类

检验项目按其对产品质量的影响程度分为 A、B 两类。不合格项目分类见表9。

表9 检验项目及不合格分类

项目分类	序号	项目名称	对应的质量要求的条款号
A	1	安全防护装置	6.3.1
	2	安全标识	6.3.2
	3	最大起飞质量限值	6.3.3
	4	限高、限速、限距功能	6.3.4
	5	电子围栏	6.3.5
	6	报警和失效保护功能	6.3.6
	7	避障功能	6.3.7
	8	电磁兼容性	6.3.8
B	1	环境适应性	6.1.1
	2	防护等级	6.1.2
	3	抗风能力	6.1.3
	4	起动性能	6.1.4
	5	颗粒物料和燃料（电量）剩余显示功能	6.1.5
	6	悬停性能	6.1.6
	7	作业控制模式切换稳定性	6.1.7
	8	飞行信息存储系统	6.1.8
	9	远程监管系统通信功能	6.1.9
	10	物料箱容量	6.1.10
	11	物料箱盖锁紧牢固性	6.1.11
	12	防漏性能	6.1.12

表 9（续）

项目分类	序号	项目名称	对应的质量要求的条款号
B	13	排料量调节功能	6.1.13
	14	手动控制模式飞行性能	6.2.1
	15	自主控制模式飞行精度	6.2.1
	16	最大续航能力	6.2.1
	17	总排料量稳定性变异系数	6.2.2、6.2.3
	18	各行排料量一致性变异系数	6.2.3
	19	播种均匀性变异系数	6.2.2、6.2.3
	20	种子破损率	6.2.2、6.2.3
	21	纯作业小时生产率	6.2.2、6.2.3
	22	装配和外观质量	6.4
	23	操作方便性	6.5
	24	可靠性	6.6
	25	使用信息	6.7

8.2 抽样方案

8.2.1 抽样方案按 GB/T 2828.11—2008 中附录 B 表 B.1 的规定执行，见表 10。

表 10 抽样方案

检验水平	O
声称质量水平（DQL）	1
检查总体（N）	10
样本量（n）	1
不合格品限定数（L）	0

8.2.2 采用随机抽样，在制造单位 6 个月内生产的合格产品中或销售部门随机抽取 1 台，抽样基数 10 台。市场或使用现场抽样不受此限。

8.3 判定规则

8.3.1 样机合格判定

对样机的 A、B 各类检验项目逐项进行考核和判定。当 A 类不合格项目数为 0（即 A＝0）、B 类不合格项目数不超过 1（即 B≤1），判定样机为合格品；否则，判定样机为不合格品。

8.3.2 综合判定

若样机为合格品（即样本的不合格品数不大于不合格品限定数），则判通过；若样机为不合格品（即样本的不合格品数大于不合格品限定数），则判不通过。

附　录　A
（规范性）
产品规格表

产品规格表见表 A.1。

表 A.1　产品规格表

序号		项目		设计值
1		整机型号		
2		产品名称		
3		飞控品牌和编号		
4		空机质量,kg		
5		额定起飞质量,kg		
6		工作状态下的外形尺寸(长×宽×高),mm×mm×mm		
7		作业方式		□撒播　□条播
8		卫星导航定位组合系统		□BDS　□GPS　□GLONASS　□其他
9	旋翼	材质		
		主旋翼数量,个		
		直径,mm		
		尾旋翼数量,个		
		直径,mm		
10	撒播装置	物料箱	材质	
			额定容量,L	
		排料器结构型式		□仓门式(开合式)　□窝眼轮式 □外槽轮式　□绞龙式　□其他
		撒(条)播器结构型式		□离心圆盘式　□气吹式　□自由下落式 (无外力)　□其他
11		排料量,kg/min		
12		有效播幅,m		
13	配套动力	发动机	额定功率/转速,kW/(r/min)	
			油箱容量,L	
		电动机	KV值,(r/min)/V	
			额定功率,W	
14	电池		标称电压,V	
			额定容量,mAh	
15	充电器		输入压力,V	
			输出压力,V	
			充电电流,A	
			额定功率,W	
			充电接口数量,个	

附　录　B
（资料性）
航迹数字化测量系统

航迹数字化测量系统可参考配置如下：载波相位差分定位（RTK）系统（定位精度应高于水平0.1 m、高度0.15 m）、无线通信装备、可视化数据处理器。测量系统的安装方法如图B.1所示。

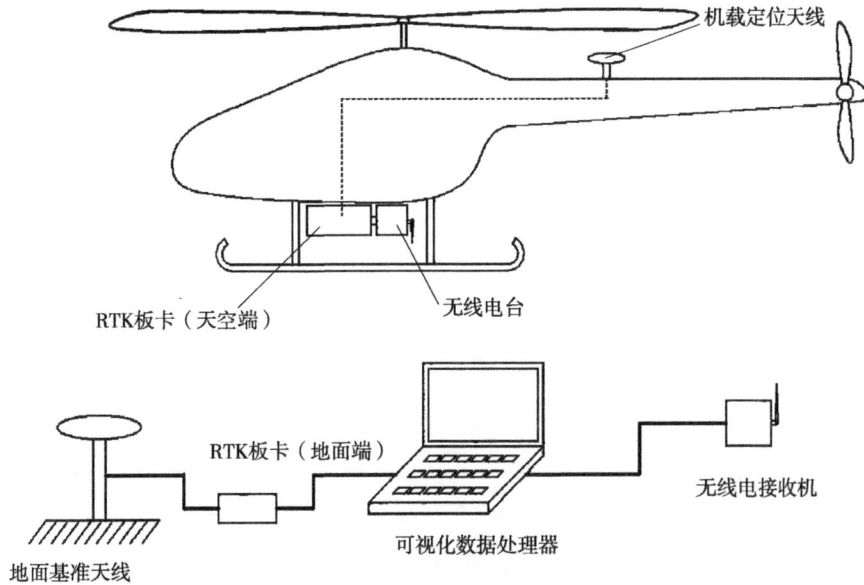

图 B.1　航迹数字化测量系统安装图

ICS 65.060.99
CCS B 91

NY

中华人民共和国农业行业标准

NY/T 3882—2021

种子超声波处理机 质量评价技术规范

Technical specification of quality evaluation for ultrasonic seeds processor

2021-05-07 发布　　　　　　　　　　　　　　　　2021-11-01 实施

中华人民共和国农业农村部 发布

前　言

本文件按照 GB/T 1.1—2020《标准化工作导则　第 1 部分：标准化文件的结构和起草规则》的规定起草。

请注意本文件的某些内容可能涉及专利。本文件的发布机构不承担识别专利的责任。

本文件由农业农村部农业机械化管理司提出。

本文件由全国农业机械标准化技术委员会农业机械化分技术委员会（SAC/TC 201/SC 2）归口。

本文件起草单位：广东省现代农业装备研究所、广州市金稻农业科技有限公司、广东省农业机械试验鉴定站、华南农业大学。

本文件主要起草人：李毅峰、刘成侣、严卓晟、唐湘如、潘十义、陈华、蒋姣丽、陈连飞、钟坚文。

种子超声波处理机　质量评价技术规范

1　范围

本文件规定了种子超声波处理机的术语和定义、基本要求、质量要求、检测方法和检验规则。

本文件适用于水稻种子超声波处理机(以下简称处理机)的质量评定。

2　规范性引用文件

下列文件中的内容通过文中的规范性引用而构成本文件必不可少的条款。其中,注日期的引用文件,仅该日期对应的版本适用于本文件;不注日期的引用文件,其最新版本(包括所有的修改单)适用于本文件。

GB/T 2828.11—2008　计数抽样检验程序　第11部分:小总体声称质量水平的评定程序

GB/T 3543.4　农作物种子检验规程　发芽试验

GB/T 3543.6　农作物种子检验规程　水分测定

GB/T 3768　声学　声压法测定噪声源声功率级和声能量级　采用反射面上方包络测量面的简易法

GB/T 5520　粮油检验　发芽试验

GB/T 5667　农业机械　生产试验方法

GB/T 9480　农林拖拉机和机械、草坪和园艺动力机械　使用说明书编写规则

GB 10395.1　农林机械　安全　第1部分:总则

GB 10396　农林拖拉机和机械、草坪和园艺动力机械　安全标志和危险图形　总则

GB/T 13306　标牌

JB/T 5673　农林拖拉机及机具涂漆　通用技术条件

JB/T 9832.2　农林拖拉机及机具　漆膜　附着性能测定方法　压切法

3　术语和定义

GB/T 5520界定的以及下列术语和定义适用于本文件。

3.1

种子超声波处理机　ultrasonic seeds processor

通过对农作物种子进行超声波处理,以增加其发芽率的机具。

3.2

发芽率增值　increment in germination percentage

农作物种子经处理机处理后,其发芽率提高的百分数。

4　基本要求

4.1　质量评价所需的文件资料

对处理机进行质量评价所需文件资料应包括:

a)　产品规格确认表(见附录A);

b)　企业产品执行标准或产品制造验收技术条件;

c)　产品使用说明书;

d)　三包凭证;

e)　处理机照片5张(左前方45°、右前方45°、正后方、控制面板、铭牌各1张)。

4.2　主要技术参数核对与测量

对处理机的主要技术参数按表1进行核对或测量,确认样机与技术文件规定的一致性。

表1 核测项目与方法

序号	项 目	方法
1	名称	核对
2	型号	核对
3	纯工作小时生产率,kg/h	核对
4	标定总功率,kW	核对
5	工作电源电压,V	核对
6	工作电源频率,Hz	核对
7	外形尺寸(长×宽×高),mm×mm×mm	测量
8	整机质量,kg	测量
9	超声波工作频率,Hz	核对

4.3 试验条件

4.3.1 应根据使用说明书规定的适用种子,选择一种具有代表性、同一地点和时间收获、籽粒质量基本一致的种子作为试验用种子。试验前除杂,种子含水率符合农艺要求且含水率不均匀度不大于1%。含水率按GB/T 3543.6的规定进行测定。

4.3.2 试验样机应按使用说明书的要求安装并调整到正常工作状态。

4.3.3 应根据使用说明书的规定选择试验用电源。

4.3.4 应根据使用说明书的规定配备熟练操作人员进行操作。

4.4 主要仪器设备

主要仪器设备应检定或校准合格并在有效期内。被测参数准确度要求应不低于表2的规定。

表2 主要仪器设备测量范围和准确度要求

序号	测量参数名称		测量范围	准确度要求
1	噪声		34 dB(A)～130 dB(A)	1 dB(A)
2	长度		0 m～10 m	1 mm
3	质量	含水率样品质量	0 g～200 g	0.001 g
		其他样品质量	0 kg～30 kg	0.05 kg
4	时间		0 h～24 h	1 s/d
5	温度		−10 ℃～60 ℃	0.5 ℃
6	湿度		0% RH～100% RH	5% RH
7	绝缘电阻		0.01 MΩ～500 MΩ	10 级

5 质量要求

5.1 性能要求

处理机主要性能应符合表3的规定。

表3 性能指标要求

序号	项 目	质量指标	对应检测方法条款
1	发芽率增值	≥2%	6.1.1
2	纯工作小时生产率,kg/h	≥企业明示值	6.1.2
3	吨料电耗,kW·h/t	≤企业明示值	6.1.2
4	噪声(声压级),dB(A)	≤85	6.1.3

5.2 安全要求

5.2.1 安全防护

5.2.1.1 外露回转件、发热部件及高电压部位应有防护装置,防护装置应符合GB 10395.1的规定。

5.2.1.2 电气设备及控制设备的金属外壳、处理机均应有接地保护端子。

5.2.1.3 电控系统应有过载及漏电保护装置。

5.2.1.4 导线穿越孔洞时应装设绝缘套管。

5.2.1.5 电动机接线端子与电机外壳的绝缘电阻应不小于 20 MΩ。

5.2.2 安全标志

5.2.2.1 对操作人员存在或有潜在危险的防护装置、电控柜、电机传动装置、高温部件、高电压部位应设有明显的永久性安全标志。安全标志应符合 GB 10396 的规定。

5.2.2.2 接地保护端子应有接地标志。

5.2.2.3 若处理机工作时所发出的超声波对人体健康产生明显不良影响,应在处理机明显部位设置警示标志。

5.3 装配质量

5.3.1 处理机的传动、操作部位应灵活,不应有卡滞、阻滞现象。

5.3.2 处理机的联接部位、紧固部位应可靠。

5.3.3 处理机安装调试完毕后空运转 30 min,期间运转应平稳、转动灵活;各连接件、紧固件不应松动;整机不应有卡、碰、异响、渗油、漏油现象。

5.4 涂漆质量

5.4.1 涂漆应符合 JB/T 5673 的普通耐候涂层的质量规定。

5.4.2 涂膜附着力按照 JB/T 9832.2 的规定检查 3 处,均不应低于Ⅱ级。

5.5 外观质量

5.5.1 焊接件的焊缝应牢固、平整,不应有烧穿、夹渣和未焊透等缺陷。

5.5.2 钣金件应光滑、平整,不应有裂纹、起翘、飞边、毛刺、变形和明显影响外观质量的锤痕等现象。

5.6 操作方便性

5.6.1 各操作机构应灵活、有效。

5.6.2 保养点应设计合理、便于操作。

5.6.3 易损件更换、种子装卸、清理应方便。

5.7 使用有效度

处理机的使用有效度 $K_{18 h}$ 应不小于 95%。

注:$K_{18 h}$ 是指处理机样机进行 18 h 可靠性试验的有效度。

5.8 使用说明书

使用说明书的编制应符合 GB/T 9480 的要求,至少应包括以下内容:

    a) 产品特点和主要用途;

    b) 适用种子;

    c) 安全警示标志及其粘贴位置;

    d) 接地装置及其标志的说明;

    e) 操作和维护保养的安全注意事项;

    f) 产品执行标准和主要技术参数;

    g) 结构特征和工作原理;

    h) 安装、调整和使用方法;

    i) 维护保养说明;

    j) 易损件清单;

    k) 常见故障和排除方法。

5.9 三包凭证

三包凭证至少应包括以下内容：

a) 名称、品牌（如有）、型号规格、生产日期和产品编号；

b) 生产者、销售者、修理者的名称、联系地址、邮编和电话；

c) 实行三包项目；

d) 三包有效期（包括整机三包有效期、主要部件质量保证期、易损件和其他零部件质量保证期。整机三包有效期和主要部件质量保证期应不少于 12 个月）；

e) 不实行三包情况的说明；

f) 主要部件清单；

g) 销售记录（包括销售者、销售地点、销售日期和销售发票号码）；

h) 修理记录（包括送修时间、交货时间、送修故障、修理情况和换退货证明）。

5.10 铭牌

5.10.1 在产品醒目位置应有永久性铭牌，其规格应符合 GB/T 13306 的规定。

5.10.2 铭牌至少应包括以下内容：

a) 产品名称和型号；

b) 主要技术参数；

c) 工作电源要求；

d) 外形尺寸；

e) 整机质量；

f) 产品执行标准；

g) 出厂编号和日期；

h) 生产者名称和地址。

6 检测方法

6.1 性能试验

6.1.1 发芽率增值

对经处理机处理和未经处理机处理的种子，分别按照 GB/T 5520（适用于粮油籽粒种子）或 GB/T 3543.4（适用于粮油以外的其他农作物籽粒种子）的规定测定发芽率，按公式（1）计算发芽率增值。试验应不少于 3 次，结果取平均值。

$$I = P_C - P_W \quad\text{·····················}(1)$$

式中：

I ——发芽率增值；

P_C ——经处理机处理的种子的发芽率；

P_W ——未经处理机处理的种子的发芽率。

6.1.2 纯工作小时生产率、吨料电耗

在处理机正常运行后开始试验，记录试验开始和终止时间，记录试验的耗电量，称出处理机处理种子的总质量，按公式（2）计算纯工作小时生产率，按公式（3）计算吨料电耗。试验应不少于 3 次，每次试验时间不少于 20 min，结果取平均值。

$$E_C = \frac{W}{T_C} \quad\text{·····················}(2)$$

式中：

E_C ——纯工作小时生产率的数值，单位为千克每小时（kg/h）；

W ——测定时间内处理种子的总质量的数值，单位为千克（kg）；

T_C ——纯工作时间的数值，单位为小时（h）。

$$E_d = \frac{D}{W} \times 1000 \quad\text{·····················}(3)$$

式中：

E_d——吨料电耗的数值，单位为千瓦时每吨(kW·h/t)；

D——测定时间的耗电量的数值，单位为千瓦时(kW·h)。

6.1.3 噪声测定

按 GB/T 3768 的规定进行测定。

6.2 安全要求检查

按 5.2 的规定逐项检查。

6.3 装配质量检查

按 5.3 的规定逐项检查。

6.4 涂漆质量检查

涂漆按照 JB/T 5673 的规定方法检查。漆膜附着力按照 JB/T 9832.2 中的规定方法检查。

6.5 外观质量检查

用目测法检查。

6.6 操作方便性检查

通过实际操作，按 5.6 的规定逐项检查。

6.7 生产试验考核

按照 GB/T 5667 的规定进行可靠性考核，样机考核时间为 18 h。使用有效度按公式(4)计算。

$$K_{18h} = \frac{\sum T_z}{\sum T_g + \sum T_z} \times 100 \cdots\cdots (4)$$

式中：

K_{18h}——使用有效度，单位为百分号(%)；

T_z——可靠性考核期间的班次作业时间，单位为小时(h)；

T_g——可靠性考核期间的班次的故障时间，单位为小时(h)。

6.8 使用说明书检查

按 5.8 的规定逐项检查。

6.9 三包凭证检查

按 5.9 的规定逐项检查。

6.10 铭牌检查

按 5.10 的规定逐项检查。

7 检验规则

7.1 抽样方案

7.1.1 抽样方案按照 GB/T 2828.11—2008 附录 B 中表 B.1 的规定制订。见表 4。

表 4 抽样方案

检 验 水 平	O
声称质量水平(DQL)	1
核查总体(N)	10
样本量(n)	1
不合格品限定数(L)	0

7.1.2 采用随机抽样，在生产者 6 个月内生产的合格产品中或销售部门随机抽取 2 台。其中 1 台用于检验，另 1 台备用。由于非质量原因造成试验无法继续时，启用备用样机。抽样基数应不少于 10 台，市场抽样不受此限。

7.2 不合格项分类

所检测项目不符合第 5 章规定的称为不合格项目,不合格项目按其对产品质量影响的程度分为 A、B 两类。不合格项目分类见表5。

表5 检验项目及不合格项目分类

不合格项目分类		检验项目	对应质量要求的条款号
项目分类	序号		
A	1	安全要求	5.2
	2	噪声	5.1
	3	发芽率增值	5.1
	4	使用有效度	5.7
B	1	纯工作小时生产率	5.1
	2	吨料电耗	5.1
	3	装配质量	5.3
	4	涂漆质量	5.4
	5	外观质量	5.5
	6	操作方便性	5.6
	7	使用说明书	5.8
	8	三包凭证	5.9
	9	铭牌	5.10

7.3 评定规则

7.3.1 样品合格判定

对样品中 A、B 各类检验项目逐项考核和判定。当 A 类不合格项目数量为 0(即 A=0)、B 类不合格项目数不超过 1(即 B≤1),判定样品为合格产品,否则判定样品为不合格产品。

7.3.2 综合判定

若样品为合格品(即样品的不合格品数不大于不合格品限定数),则判通过;若样品为不合格品(即样品的不合格品数大于不合格品限定数),则判不通过。

附　录　A

（规范性）

产品规格确认表

产品规格确认表见表 A.1。

表 A.1　产品规格确认表

序 号	项 目	单位	规格
1	名称	/	
2	型号	/	
3	纯工作小时生产率	kg/h	
4	标定总功率	kW	
5	工作电源电压	V	
6	工作电源频率	Hz	
7	外形尺寸(长×宽×高)	mm×mm×mm	
8	整机质量	kg	
9	超声波工作频率	Hz	

ICS 65.060.50
CCS B 91

NY

中华人民共和国农业行业标准

NY/T 3883—2021

秸秆收集机 质量评价技术规范

Technical specification of quality evaluation for straw collection machine

2021-05-07 发布

2021-11-01 实施

中华人民共和国农业农村部 发布

前　言

本文件按照 GB/T 1.1—2020《标准化工作导则　第 1 部分：标准化文件的结构和起草规则》的规定起草。

请注意本文件的某些内容可能涉及专利。本文件的发布机构不承担识别专利的责任。

本文件由农业农村部农业机械化管理司提出。

本文件由全国农业机械标准化技术委员会农业机械化分技术委员会（SAC/TC 201/SC 2）归口。

本文件起草单位：黑龙江省农业机械试验鉴定站、内蒙古农牧业机械工业协会、宁夏固原市原州区农业机械化推广服务中心。

本文件主要起草人：郭雪峰、李艳杰、孙欣、孙德超、姜阿利、刘萍、申学智、徐琳琳、冯源、刘玉冉。

秸秆收集机 质量评价技术规范

1 范围

本文件规定了秸秆收集机的术语和定义、基本要求、质量要求、检测方法和检验规则。

本文件适用于与拖拉机配套的牵引式和悬挂式秸秆收集机的质量评定。

2 规范性引用文件

下列文件中的内容通过文中规范性引用而构成本文件必不可少的条款。其中，注日期的引用文件，仅该日期对应的版本适用于本文件；不注日期的引用文件，其最新版本（包括所有的修改单）适用于本文件。

GB/T 2828.11—2008 计数抽样检验程序 第11部分：小总体声称质量水平的评定程序

GB/T 3098.1 紧固件机械性能 螺栓、螺钉和螺柱

GB/T 3098.2 紧固件机械性能 螺母

GB 4785 汽车及挂车外部照明和光信号装置的安装规定

GB/T 5262 农业机械 试验条件测定方法的一般规定

GB/T 5667 农业机械 生产试验方法

GB 7258—2017 机动车运行安全技术条件

GB/T 9239.1 机械振动 恒态（刚性）转子平衡品质要求 第1部分：规范与平衡允差的检验

GB/T 9480 农林拖拉机和机械、草坪和园艺动力机械 使用说明书编写规则

GB 10395.1—2009 农林机械 安全 第1部分：总则

GB 10395.5 农林机械 安全 第5部分：驱动式耕作机械

GB 10396 农林拖拉机和机械、草坪和园艺动力机械 安全标志和危险图形 总则

GB 11567 汽车及挂车侧面和后下部防护要求

GB/T 13306 标牌

NY/T 2612 农业机械机身反光标识

3 术语和定义

下列术语和定义适用于本文件。

3.1

牵引式秸秆收集机 trailed straw collection machine

将收获作业后留在田间的农作物秸秆采用弹齿捡拾，经过螺旋输送器、刮板或其他型式输送到机具自带的集草车的秸秆收集机。

3.2

悬挂式秸秆收集机 hanging straw collection machine

将收获作业后留在田间的农作物秸秆采用弹齿、锤爪、甩刀或其他型式捡拾，经过螺旋输送器、刮板或其他型式输送到抛送器内，由气力式或其他型式抛送到机具自带的集草车（箱），或随机作业的接料运输车的秸秆收集机。

4 基本要求

4.1 质量评价所需的文件资料

对秸秆收集机进行质量评价所需提供的文件资料应包括：

a) 产品规格确认表（见附录A）；

b) 企业产品执行标准或产品制造验收技术条件；

c) 产品使用说明书；

d) 三包凭证；

e) 样机照片（左前方 45°、右前方 45°、正后方、产品标牌各 1 张）。

4.2 主要技术参数核对与测量

依据产品使用说明书、标牌和其他技术文件，对样机的主要技术参数按表 1 进行核对或测量。

表 1 核测项目与方法

序号	核测项目	单位	方法
1	型号名称	/	核对
2	工作状态外形尺寸（长×宽×高）	mm×mm×mm	测量（包容样机最小长方体的长、宽、高）
3	结构型式	/	核对
4	作业幅宽	cm	测量（捡拾器工作部件两侧最外端的水平距离）
5	捡拾器型式	/	核对
6	捡拾器工作部件数量	个	核对
7	地轮规格	/	核对
8	地轮数量	个	核对
9	输送器型式	/	核对
10	抛送器型式	/	核对
11	集草车（箱）容积	m³	核对
12	集草车（箱）卸料方式	/	核对
13	车厢轮胎规格	/	核对
14	车厢轮胎数量	个	核对
15	车厢轮胎轮距	mm	测量（最外侧两轮胎中心线距离）
16	制动方式	/	核对
17	运输间隙	mm	测量（机具处于运输状态，测量最低点到地面间的距离）

4.3 试验条件

4.3.1 试验地应具有代表性，平坦、无障碍物，地面应无雨水或积雪。土壤质地、地块大小应符合秸秆收集机的作业要求。

4.3.2 试验用秸秆应为使用说明书规定的一种常用收获后的农作物秸秆，秸秆种类、作物种植方式（垄作或平作）、秸秆状况（立秆、粉碎后还田或放铺）、秸秆量及秸秆含水率等应符合说明书的要求。

4.3.3 试验用样机应技术状态良好，并按使用说明书的规定调整到正常工作状态。

4.3.4 配套拖拉机应技术状态良好，在使用说明书给出的配套动力范围内，选择功率不大于上限值 80％的配套动力，若最小功率大于上限值 80％时，选择最小功率为配套动力。

4.3.5 驾驶员的操作技术应熟练，在试验过程中不得随意更换拖拉机驾驶员。

4.4 主要仪器设备

试验用仪器设备应经过检定合格或校准，并在有效期内。仪器设备的测量范围和准确度要求应符合表 2 的规定。

表 2 主要仪器设备测量范围和准确度要求

序号	测量参数名称	测量范围	准确度要求
1	质量	0 g～500 g	0.1 g
		0 kg～40 kg	20 g
2	长度	0 mm～150 mm	0.02 mm
		0 m～10 m	1 mm
		0 m～50 m	10 mm
3	时间	0 h～24 h	0.5 s/d
4	温度	−30 ℃～100 ℃	1 ℃
5	湿度	10％RH～90％RH	5％RH

5 质量要求

5.1 性能要求

在满足4.3规定的试验条件下,秸秆收集机的主要作业性能应符合表3的规定。

表3 主要性能指标要求

序号	项目	质量指标	对应的检测方法条款号
1	作业速度,km/h	不低于使用说明书的明示值	6.1.3.1
2	秸秆收集率	≥85%	6.1.3.2
3	含土率	≤5%	6.1.3.3

5.2 安全要求

5.2.1 通用要求

5.2.1.1 万向节防护装置

万向节传动轴应有可靠的安全防护装置,防护装置应符合 GB 10395.1—2009 中 6.4.1 的规定。

5.2.1.2 其他安全防护装置

其他对操作人员有危险的外露传动件、旋转部件应有可靠的安全防护装置,安全防护装置应便于机具的维护、保养和观察。

5.2.1.3 反光标识

运输宽度大于 2.10 m 的秸秆收集机应有示廓反光标识,反光标识应符合 NY/T 2612 的规定。

5.2.1.4 安全标志

在机具有危险或有潜在危险的部位应固定有安全标志,安全标志应符合 GB 10396 的规定。

5.2.2 牵引式秸秆收集机要求

5.2.2.1 过载保护

捡拾器和输送器的传动系统应有过载保护装置。

5.2.2.2 连接装置

牵引式秸秆收集机与配套拖拉机连接装置应符合 GB 7258—2017 中 12.7 的规定。

5.2.2.3 外廓尺寸

牵引式秸秆收集机与配套拖拉机组成的机组外廓尺寸应符合 GB 7258—2017 中 4.2 的规定。

5.2.2.4 挂拖质量比

牵引式秸秆收集机组的挂拖质量比应不大于3。

注:挂拖质量比为牵引式秸秆收集机最大允许总质量与拖拉机使用质量之比。

5.2.2.5 比功率

机组的比功率应大于或等于 4.0 kW/t。

注:比功率为发动机最大净功率(或0.9倍的发动机额定功率或0.9倍的发动机标定功率)与牵引式秸秆收集机最大允许总质量之比。

5.2.2.6 侧倾稳定角

机组在空载、静态状态下,向左侧或向右侧倾斜最大侧倾稳定角应不小于30°。

5.2.2.7 行驶稳定性

机组在平坦、干燥的路面上直线行驶时,不应有明显的偏摆。

5.2.2.8 制动要求

牵引式秸秆收集机制动应满足:

a) 应有行车制动系和驻车制动系;

b) 液压行车制动系统不应因制动液对制动管路的腐蚀等影响形成气阻而损坏行车制动系的功能;

c) 气压制动系统应有限压装置,确保储气筒内气压不超过允许的最高气压;

d) 制动管路应符合 GB 7258—2017 中 7.1.5 的规定；

e) 所用储气筒应符合 GB 7258—2017 中 7.8.2、7.8.3、7.8.4、7.8.5 的规定；

f) 机组在规定的初速度下的制动距离和制动稳定性应符合表 4 的要求，对空载检验制动距离有质疑时，可用满载检验的制动性能要求进行；

表 4 制动距离和制动稳定性要求

制动初速度，km/h	满载检验制动距离，m	空载检验制动距离，m	制动稳定性
20	≤6.5	≤6.0	制动时车组任何部位不得超出 3 m 试车道宽度
注：制动距离是指机组在规定初速度下急踩制动时，从脚接触制动踏板时起至车组停住时止，机组驶过的距离。			

g) 在空载状态下，驻车制动装置应能保证机组在坡度为 20% 的坡道上正、反两个方向保持固定不动，时间应不小于 5 min。

5.2.2.9 信号装置

牵引式秸秆收集机信号装置应满足：

a) 牵引式秸秆收集机应设置左右后位灯、左右制动灯、后反射器和左右后转向灯，光色应符合 GB 4785 的有关规定；

b) 灯具应安装牢靠，不得因牵引车振动而松脱、损坏、失去作用；

c) 牵引式秸秆收集机应安装侧反射器和侧标志灯，反射器应与牵引车牢固连接；

d) 电路系统各接头应用绝缘布包扎严密，穿过金属物的部位应衬垫橡胶圈、塑料管等绝缘物。

5.2.2.10 轮胎要求

牵引式秸秆收集机轮胎应满足：

a) 同一车厢上的所有轮胎型号和轮胎花纹应一致；

b) 轮胎的负荷不应超过该轮胎的额定负荷，轮胎气压应符合该轮胎承受负荷时规定的压力。

5.2.2.11 侧面和后下部防护

牵引式秸秆收集机的侧面和后下部防护装置应符合 GB 11567 的规定。

5.2.3 悬挂式收集机要求

5.2.3.1 防护装置

悬挂式秸秆收集机工作部件的顶部、后部、前部和端部的防护应符合 GB 10395.5 的规定。

5.2.3.2 稳定性

悬挂式秸秆收集机单独停放时应有保持稳定的措施，确保安全。

5.3 装配和外观质量

5.3.1 各调节机构应调节方便，灵活，可靠，无卡滞和不易锁定等缺陷。

5.3.2 捡拾器及各转动件应转动灵活，无卡滞和撞击现象。

5.3.3 齿轮箱、轴承座、悬挂机构、车轮、板簧等承受载荷的重要部位的紧固件强度等级为螺栓、螺钉机械性能应不低于 GB/T 3098.1 中规定的 8.8 级，螺母不低于 GB/T 3098.2 中规定的 8 级，并有可靠的放松措施。重要部位紧固件的拧紧力矩应符合附录 B 的规定。

5.3.4 捡拾器刀辊装配后应进行动平衡试验，其平衡品质等级应不低于 GB/T 9239.1 中规定的 G16 级。

5.3.5 车轮应转动灵活，不应有不正常的摩擦和松旷现象。

5.3.6 卸料装置应运转平顺、灵活、可靠，回位准确。

5.3.7 液压系统不应有渗油、漏油现象。

5.3.8 整机装配后，进行 30 min 空运转试验。运转过程中应平稳，系统不得有异常响声。空运转结束后，应符合下列要求：

a) 轴承座温升应不大于 25 ℃；

b) 传动箱箱体动结合和静结合面均不得漏油和渗油；

c) 各紧固件不得有松动现象。

5.3.9 牵引式秸秆收集机运输间隙应不小于 200 mm,悬挂式秸秆收集机运输间隙应不小于 300 mm。

5.3.10 牵引式秸秆收集机车厢门应开关灵活、联结可靠。

5.3.11 牵引式秸秆收集机厢板关闭后相邻处的高度差、各厢板之间和厢板与底板的缝隙应不大于 5 mm。

5.3.12 牵引式秸秆收集机车厢外廓应成矩形,其对角线长度差与对角线长度之比应不大于 0.4%。

5.3.13 涂漆表面应色泽均匀、平整光滑、无露底。整机外观应整洁,不应有锈蚀、碰伤等缺陷。

5.3.14 焊接件的焊缝应牢固、平整,不得有烧穿、夹渣和未焊透等缺陷。

5.3.15 钣金件应光滑、平整,不得有裂纹、起翘、飞边、毛刺、变形和明显影响外观质量的锤痕等现象,咬缝应均匀、牢固。

5.4 操作方便性

5.4.1 各操作机构应灵活、可靠。

5.4.2 保养点应设计合理,便于操作。

5.4.3 易损件的更换应方便。

5.5 可靠性

秸秆收集机使用可靠性(有效度)应不小于 90%。

5.6 使用说明书

使用说明书的编制应符合 GB/T 9480 的规定,内容应至少包括:

a) 产品特点及主要用途;

b) 安全警示标志并明确其在机器上的粘贴位置;

c) 安全注意事项;

d) 产品执行标准及主要技术参数;

e) 结构特征及工作原理;

f) 安装、调整和使用方法;

g) 维护和保养说明;

h) 常见故障分析及排除方法;

i) 产品三包内容,也可单独成册;

j) 易损件清单。

5.7 三包凭证

三包凭证至少应包括以下内容:

a) 产品名称、型号规格、购买日期、出厂编号;

b) 生产者名称、地址、电话、邮编;

c) 销售者和修理者的名称、地址、电话、邮编;

d) 三包项目;

e) 三包有效期(包括整机三包有效期,主要部件质量保证期及易损件和其他零部件质量保证期,其中整机三包有效期和主要部件质量保证期不得少于 12 个月);

f) 主要零部件清单;

g) 销售记录(包括销售者、销售地点、销售日期、购机发票号);

h) 修理记录(包括送修时间、交货时间、送修故障、修理情况、换退货证明);

i) 不承担三包责任的情况说明。

5.8 标牌

在产品醒目的位置应有永久性标牌,其规格应符合 GB/T 13306 的规定。标牌内容应清晰可见,至少包括以下内容:

    a) 产品型号、名称;

    b) 主要技术参数;

    c) 产品执行标准;

    d) 生产日期及出厂编号;

    e) 制造厂名称、地址。

6 检测方法

6.1 性能试验

6.1.1 一般要求

试验地应有足够的秸秆,满足所有性能试验项目的要求。机具在使用说明书规定的作业速度下作业,测试时不得改变机具的作业状态。共测 2 个行程(往返),每个行程测区长度应不少于 100 m,测区两端应留有不少于 20 m 的稳定区。

6.1.2 试验地调查

6.1.2.1 记录土壤类型,秸秆种类、种植方式和秸秆状况。

6.1.2.2 试验地秸秆密度检测方法为在试验地内用五点法确定取样点位,每点位取面积为 1 m×1 m 的区域,收集散落地表的秸秆,有立秸秆粉碎收集功能的,需割下超过明示割茬高度的秸秆;并称其质量,按公式(1)计算试验地秸秆密度,取平均值。

$$M = \frac{\sum W_J}{A} \quad \cdots\cdots\cdots\cdots\cdots\cdots\cdots\cdots\cdots\cdots\cdots\cdots\cdots\cdots\cdots (1)$$

式中:

M ——试验地秸秆密度的数值,单位为千克每平方米(kg/m^2);

W_J ——每个测点的秸秆质量的数值,单位为千克(kg);

A ——五点取样面积的数值,$A=5$,单位为平方米(m^2)。

6.1.2.3 按 GB/T 5262 的规定测量秸秆含水率和 0 cm~10 cm 土层范围内的土壤绝对含水率。

6.1.2.4 在整个试验过程中,测定环境温度、湿度各 3 次,并取范围值。

6.1.3 试验项目

6.1.3.1 作业速度

记录机具通过测区的时间,按公式(2)计算作业速度,取平均值。

$$V = \frac{L}{t} \quad \cdots\cdots\cdots\cdots\cdots\cdots\cdots\cdots\cdots\cdots\cdots\cdots\cdots\cdots\cdots\cdots\cdots (2)$$

式中:

V ——作业速度的数值,单位为米每秒(m/s);

L ——测区长度的数值,单位为米(m);

t ——机具通过测区的时间的数值,单位为秒(s)。

6.1.3.2 秸秆收集率

作业后,每个行程在测定区内等间隔取 3 个测点,每点按前进方向取 5 m 作业幅宽作为取样面积,在取样面积内拣拾长度大于 7 cm 的秸秆(有立秸秆粉碎功能的,割下超过明示割茬高度的秸秆),并称其质量,按公式(3)计算秸秆收集率,取平均值。

$$J = \left(1 - \frac{W_1}{S \times M}\right) \times 100 \quad \cdots\cdots\cdots\cdots\cdots\cdots\cdots\cdots\cdots\cdots\cdots (3)$$

式中:

J ——收集率,单位为百分号(%);

W_1 ——每点漏收秸秆质量的数值,单位为千克(kg);

S ——每点取样面积的数值,单位为平方米(m^2)。

6.1.3.3 含土率

作业后,在集草车(箱)或接料运输车随机取 3 份不少于 1 kg 的样品,称其质量;挑出样品的土(含沙子和石块)称其质量,按公式(4)计算含土率,取算术平均值。

$$T = \frac{W_t}{W_y} \times 100 \quad \cdots\cdots\cdots\cdots\cdots\cdots\cdots\cdots\cdots\cdots\cdots\cdots\cdots\cdots\cdots \quad (4)$$

式中:

T ——含土率,单位为百分号(%);

W_t ——样品中含土(包括沙子和石块)质量的数值,单位为千克(kg);

W_y ——样品质量的数值,单位为千克(kg)。

6.2 安全要求检查

按照 5.2 的规定逐项检查。

6.3 装配和外观质量检查

按照 5.3 的规定逐项检查。

6.4 操作方便性检查

按照 5.4 的规定逐项检查。

6.5 可靠性试验

采用定时结尾法,在实际作业状况下考核 1 台样机,作业时间为 120 h,生产试验按照 GB/T 5667 的规定进行。在可靠性考核期间,发生重大故障(因质量原因造成机具不能正常工作、经济损失重大的故障)或致命故障(指发生人身伤亡事故),生产试验不再继续进行,可靠性考核结果不合格。按公式(5)计算使用有效度。

$$K = \frac{\sum T_z}{\sum T_z + \sum T_g} \quad \cdots\cdots\cdots\cdots\cdots\cdots\cdots\cdots\cdots\cdots\cdots\cdots\cdots \quad (5)$$

式中:

K ——使用有效度;

T_g ——可靠性考核期间的每班次故障排除时间的数值,单位为小时(h);

T_z ——可靠性考核期间的班次作业时间的数值,单位为小时(h)。

6.6 使用说明书审查

按照 5.6 的规定逐项审查。

6.7 三包凭证审查

按照 5.7 的规定逐项审查。

6.8 标牌审查

按照 5.8 的规定逐项审查。

7 检验规则

7.1 检验项目及不合格分类

检验项目按其对产品质量影响的程度分为 A、B 两类。不合格项目分类见表5。

表 5 检验项目及不合格分类

不合格分类		检验项目	对应的质量要求的条款号
类别	序号		
A	1	安全要求	5.2
	2	秸秆收集率	5.1
	3	含土率	5.1
	4	可靠性	5.5

表5（续）

不合格分类		检验项目	对应的质量要求的条款号
类别	序号		
B	1	作业速度	5.1
	2	装配和外观质量	5.3
	3	操作方便性	5.4
	4	使用说明书	5.6
	5	三包凭证	5.7
	6	标牌	5.8

7.2 抽样方案

抽样方案按照 GB/T 2828.11—2008 附录 B 中表 B.1 的要求制订,见表6。

表6 抽样方案

检验水平	O
声称质量水平(DQL)	1
核查总体(N)	10
样本量(n)	1
不合格品限定数(L)	0

7.3 抽样方法

根据抽样方案确定,抽样基数为 10 台,抽样数量为 1 台,样机应在生产企业近 12 个月内生产的合格产品中随机抽取(其中,在用户和销售部门抽样时不受抽样基数限制)。

7.4 评定规则

7.4.1 样机合格判定

对样本中 A、B 类检验项目逐项考核和判定。当 A 类不合格项目数为 0(即 A＝0)、B 类不合格项目数不超过 1(即 B≤1),判定样机为合格,否则判定样机为不合格。

7.4.2 综合判定

若样机为合格品(即样本的不合格数不大于不合格品数限定数),则判通过;若样机为不合格品(即样本的不合格数大于不合格品限定数),则判不通过。

附 录 A
（规范性）
产品规格确认表

产品规格确认表见表 A.1。

表 A.1 产品规格确认表

序号	项目	单位	规格	机型	
				牵引式	悬挂式
1	型号名称	/		√	√
2	工作状态外形尺寸(长×宽×高)	mm×mm×mm		√	√
3	结构型式	/	□牵引式　□悬挂式	√	√
4	作业幅宽	mm		√	√
5	捡拾器型式	/	□弹齿式　□锤爪式 □甩刀式　□其他型式_____	√	√
6	捡拾器工作部件数量	个		√	√
7	地轮规格	/		√	/
8	地轮数量	个		√	/
9	输送器型式	/	□螺旋输送器式　□刮板式 □其他型式_____	√	√
10	抛送器型式	/	□气力式　□其他型式_____	/	√
11	集草车(箱)容积	m³		√	√
12	集草车(箱)卸料方式	/	□液压举升式　□刮板式 □其他方式_____	√	√
13	车厢轮胎规格	/		√	/
14	车厢轮胎数量	个		√	/
15	车厢轮胎轮距	mm		√	/
16	制动方式	/	□气动式　□液压式 □机械式　□其他方式_____	√	/
17	运输间隙	mm		√	√
注:在□处勾选,选择其他型式的在其后下划线处填写型式。					

附 录 B

（规范性）

螺纹联接的拧紧力矩

拧紧力矩见表 B.1。预紧应力应达到螺栓（螺钉）屈服强度的 50%～70%。预紧力和拧紧力矩分别按公式（B.1）和公式（B.2）计算。

$$F_0 = (0.5 \sim 0.7)\sigma_s A_s \quad\text{·································}\quad (B.1)$$

$$T = K F_0 d \times 10^{-3} \quad\text{·································}\quad (B.2)$$

式中：

F_0 ——预紧力的数值，单位为牛（N）；

σ_s ——螺栓（螺钉）屈服强度的数值，单位为牛每平方毫米（N/mm²）；

A_s ——螺纹危险截面面积的数值，单位为平方毫米（mm²）；

T ——拧紧力矩的数值，单位为牛·米（N·m）；

K ——拧紧力矩系数，取 0.2；

d ——螺纹公称直径的数值，单位为毫米（mm）。

表 B.1 拧紧力矩

公称直径(d),mm	拧紧力矩(T),N·m		
	8.8/9.8 级	10.9 级	12.9 级
8	19～26	26～37	32～44
10	37～52	52～73	63～88
12	65～91	91～127	109～153
14	103～145	145～204	175～244
16	160～225	226～316	271～379
18	222～310	312～437	374～524
20	313～439	441～617	529～740
22	427～598	601～841	721～1 009
24	541～758	761～1 066	914～1 279

ICS 65.060.99
CCS B 91

NY

中华人民共和国农业行业标准

NY/T 3884—2021

农田捡石机　质量评价技术规范

Technical specification of quality evaluation for stone collector

2021-05-07 发布

2021-11-01 实施

中华人民共和国农业农村部 发布

前　言

本文件按照 GB/T 1.1—2020《标准化工作导则　第 1 部分:标准化文件的结构和起草规则》的规定起草。

请注意本文件的某些内容可能涉及专利。本文件的发布机构不承担识别专利的责任。

本文件由农业农村部农业机械化管理司提出。

本文件由全国农业机械标准化技术委员会农业机械化分技术委员会(SAC/TC 201/SC 2)归口。

本文件起草单位:黑龙江省农业机械试验鉴定站、内蒙古农牧业机械工业协会。

本文件主要起草人:郭雪峰、李艳杰、孙德超、孟繁锃、刘萍、徐琳琳、冯源、侯雨芃。

农田捡石机　质量评价技术规范

1　范围

本文件规定了农田捡石机的术语和定义、型号编制规则、基本要求、质量要求、检测方法和检验规则。
本文件适用于以拖拉机为动力的农田捡石机(以下简称捡石机)的质量评定。

2　规范性引用文件

下列文件中的内容通过文中规范性引用而构成本文件必不可少的条款。其中,注日期的引用文件,仅该日期对应的版本适用于本文件;不注日期的引用文件,其最新版本(包括所有的修改单)适用于本文件。

GB/T 2828.11—2008　计数抽样检验程序　第11部分:小总体声称质量水平的评定程序

GB/T 5667　农业机械　生产试验方法

GB/T 9480　农林拖拉机和机械、草坪和园艺动力机械　使用说明书编写规则

GB 10395.1—2009　农林机械　安全　第1部分:总则

GB 10396　农林拖拉机和机械、草坪和园艺动力机械　安全标志和危险图形　总则

GB/T 13306　标牌

3　术语和定义

下列术语和定义适用于本文件。

3.1

农田捡石机　stone collector

将一定尺寸范围内的石块从农田土壤中捡拾出来,集中离田或收集成行的机具。

4　型号编制规则

捡石机产品型号由分类代号、特征代号、主参数及改进代号组成,产品型号表示方法为:

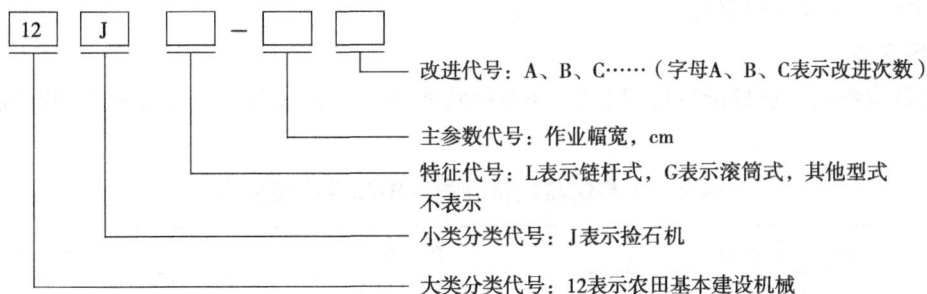

示例:作业幅宽为200 cm,链杆式,经过2次改进的农田捡石机表示为12JL—200B。

5　基本要求

5.1　质量评价所需的文件资料

对捡石机进行质量评价所需文件资料应包括:

a)　产品规格确认表(见附录A);

b)　企业产品执行标准或产品制造验收技术条件;

c)　产品使用说明书;

d)　三包凭证;

e)　样机照片(左前方45°、右前方45°、正后方、产品标牌各1张)。

5.2 主要技术参数核对与测量

依据产品使用说明书、标牌和其他技术文件，对样机的主要技术参数按表1进行核对或测量。

表1 核测项目与方法

序号	核测项目	单位	方法
1	型号名称	/	核对
2	整机外形尺寸(长×宽×高)	mm×mm×mm	测量
3	结构型式	/	核对
4	动力传动方式	/	核对
5	作业幅宽	cm	测量
6	捡拾石块尺寸范围	cm	核对
7	捡拾装置型式	/	核对
8	捡拾深度调节装置型式	/	核对
9	分离装置型式	/	核对
10	输送装置型式	/	核对
11	集石方式	/	核对
12	集石箱容积	m³	测量
13	卸料方式	/	核对
14	轮胎规格	/	核对
15	轮胎数量	个	核对
16	轮距	mm	测量
17	运输间隙	mm	测量

5.3 试验条件

5.3.1 试验地应平整，无根茬、地膜和植被覆盖。试验地土壤类型、土壤中石块含量及尺寸范围应符合使用说明书要求，土壤绝对含水率应在15%～25%范围内。

5.3.2 试验前样机应按使用说明书的规定进行调整，达到正常的作业状态。

5.3.3 在使用说明书给出的配套动力范围内，选择功率不大于上限值80%的配套动力，若最小功率大于上限值80%时，选择最小功率为配套动力。

5.3.4 驾驶员的操作技术应熟练。

5.4 主要仪器设备

试验用仪器设备应通过校准或检定合格，并在有效期内。主要仪器设备测量范围和准确度要求符合表2规定。

表2 主要仪器设备测量范围和准确度要求

序号	测量参数名称	测量范围	准确度要求
1	质量	0 kg～50 kg	50 g
2	长度	0 mm～500 mm	1 mm
		0 m～5 m	1 mm
		＞5 m	10 mm
3	时间	0 h～24 h	0.5 s/d
4	温度	0 ℃～50 ℃	1 ℃
5	湿度	10%RH～90%RH	5%RH

6 质量要求

6.1 性能要求

捡石机在5.3的试验条件下稳定作业，其主要性能指标要求应符合表3的规定。

表 3　主要性能指标要求

序号	项目	指标	对应的检测方法条款号
1	作业速度,km/h	达到使用说明书要求	7.1.3.1
2	捡拾深度,cm	达到使用说明书要求	7.1.3.2
3	捡拾深度稳定性系数	≥75%	7.1.3.2
4	含土率	≤8%	7.1.3.3
5	石块捡拾率	≥80%	7.1.3.4

注:含土率指标适用于集中离田的捡石机。

6.2　安全要求

6.2.1　万向节传动轴应有可靠的安全防护装置,防护装置应符合 GB 10395.1—2009 中 6.4.1 的规定。

6.2.2　其他对操作人员有危险的外露传动件、旋转部件应有可靠的安全防护装置。

6.2.3　卸料装置应配备将其锁紧在运输位置的锁定装置。

6.2.4　机具停放时,应有可靠支撑。

6.2.5　对操作人员有危害(险)处,应在明显部位设置安全警示标志,标志应符合 GB 10396 的规定。

6.3　外观质量

6.3.1　整机外观应整洁,不应有锈蚀、碰伤。

6.3.2　覆盖件钣金表面应平整、光滑,无尖角、毛刺。

6.3.3　覆盖件表面涂漆应色调一致,涂漆应色泽均匀、平整光滑、无露底,涂层厚度应不小于 35 μm。

6.3.4　安全防护罩涂漆应与整机有明显区别。

6.4　装配质量

6.4.1　所有零部件均应符合设计要求,并检验合格。

6.4.2　整机装配后,应在额定转速下进行不低于 30 min 的空运转试验,试验后,轴承温升应不大于 25 ℃,传动箱不得有渗油,各紧固件不得有松动。

6.4.3　运输间隙应不小于 110 mm。

6.5　焊接质量

焊接件的焊缝应均匀、平整,不应有气孔、烧穿、漏焊、焊渣、脱焊等缺陷。

6.6　操作方便性

6.6.1　各操作机构应灵活、可靠。

6.6.2　保养点应设计合理,便于操作。

6.6.3　易损件的更换应方便。

6.7　可靠性

捡石机使用可靠性(有效度)应不小于 90%。

6.8　使用信息

6.8.1　使用说明书

使用说明书的编制应符合 GB/T 9480 的规定,内容应至少包括:

a)　产品特点及主要用途;
b)　安全警示标志并明示粘贴位置;
c)　安全注意事项;
d)　产品执行标准及主要技术参数;
e)　结构特征及工作原理;
f)　安装、调整和使用方法;
g)　维护与保养说明;

h) 常见故障及排除方法。

6.8.2 三包凭证

三包凭证至少包括以下内容：

a) 产品名称、规格型号、购买日期、出厂编号；

b) 生产者名称、地址、电话、邮政编码；

c) 销售者和修理者的名称、地址、电话和邮政编码；

d) 三包项目；

e) 三包有效期(包括整机三包有效期,主要部件质量保证期以及易损件和其他零部件质量保证期,
其中整机三包有效期和主要部件质量保证期不得少于 12 个月)；

f) 主要零部件清单；

g) 销售记录(包括销售者、销售地点、销售日期、购机发票号)；

h) 修理记录(包括送修时间、交货时间、送修故障、修理情况、换退货证明)；

i) 不承担三包责任的情况说明。

6.8.3 标牌

6.8.3.1 标牌应牢靠地固定在机器的明显位置,其规格、材质应符合 GB/T 13306 的规定。字迹应清晰
耐久,不易擦除。

6.8.3.2 标牌至少应包括产品型号名称、主要技术参数、产品执行标准、生产日期及出厂编号、生产者名
称及地址。

7 检测方法

7.1 性能试验

7.1.1 试验要求

7.1.1.1 试验地面积应满足各测试项目要求。试验前,清除测区前、后稳定区内使用说明书规定的捡拾
深度内的石块,清除石块尺寸范围符合使用说明书规定。

7.1.1.2 样机在使用说明书规定的作业速度下作业,测区长度 20 m,测区前、后的稳定区长度应不小于
10 m,测区宽度应不小于 4 个工作幅宽,共测 2 个行程(往返),测试时不得改变样机的作业状态。

7.1.2 试验地调查

记录土壤类型,测量土壤绝对含水率,在测区内随机取 3 点,每点位在土壤表层以下 0 cm~10 cm、
10 cm~20 cm 分层测量,测量结果取平均值。垄作试验地,在测区内随机取 3 点,测量垄高和垄距,取平
均值。在整个试验过程中测定环境温度和湿度各 3 次并取范围值。

7.1.3 试验项目

7.1.3.1 作业速度

测量机具通过测区的距离和时间,按公式(1)计算作业速度,取 2 个行程的平均值。

$$V = \frac{L}{t} \quad\cdots\cdots\cdots\cdots\cdots\cdots\cdots\cdots\cdots\cdots\cdots\cdots\cdots\cdots\cdots\cdots\cdots\cdots\cdots\cdots \quad (1)$$

式中：

V——作业速度的数值,单位为米每秒(m/s)；

L——测区长度的数值,单位为米(m)；

t——机具通过测区的时间的数值,单位为秒(s)。

7.1.3.2 捡拾深度、捡拾深度稳定性系数

在测区内沿样机前进方向每隔 2 m 左、右两侧各测 1 个点,每个行程不少于 20 个点。测量捡拾装置
两端捡拾后沟底最低点至捡拾前地表的垂直距离。农田垄作时测量沟底最低点至捡拾前垄顶表面的垂直
距离,此垂直距离即为该点的捡拾深度。按公式(2)计算捡拾深度,按公式(3)、公式(4)计算捡拾深度稳定
性系数。

$$a = \frac{\sum\limits_{i=1}^{n} a_i}{n} \quad \cdots\cdots\cdots\cdots\cdots\cdots\cdots\cdots\cdots\cdots\cdots\cdots\cdots\cdots\cdots\cdots\cdots\cdots\cdots\cdots \quad (2)$$

式中：

a ——捡拾深度平均值，单位为厘米（cm）；

a_i ——第 i 个点的捡拾深度值，单位为厘米（cm）；

n ——测定点数。

$$S = \sqrt{\frac{\sum\limits_{i=1}^{n} (a_i - a)^2}{n-1}} \quad \cdots\cdots\cdots\cdots\cdots\cdots\cdots\cdots\cdots\cdots\cdots\cdots\cdots\cdots\cdots\cdots \quad (3)$$

$$U = \left(1 - \frac{S}{a}\right) \times 100 \quad \cdots\cdots\cdots\cdots\cdots\cdots\cdots\cdots\cdots\cdots\cdots\cdots\cdots\cdots\cdots \quad (4)$$

式中：

S——捡拾深度标准差，单位为厘米（cm）；

U——捡拾深度稳定性系数，单位为百分号（％）。

7.1.3.3 含土率（适用于集中离田的捡石机）

捡拾作业后，分别测量测区内捡拾物的总质量 G_z 和捡拾物中土块的质量 G_t。按公式（5）计算含土率。

$$P = \frac{G_t}{G_z} \times 100 \quad \cdots\cdots\cdots\cdots\cdots\cdots\cdots\cdots\cdots\cdots\cdots\cdots\cdots\cdots\cdots\cdots \quad (5)$$

式中：

P ——含土率，单位为百分号（％）；

G_t ——捡拾物中土块的质量的数值，单位为千克（kg）；

G_z ——捡拾物的总质量的数值，单位为千克（kg）。

7.1.3.4 石块捡拾率

捡拾作业后，测量样机在测区内捡拾石块的质量 G_s，收集测区捡拾深度内残留的应捡拾尺寸范围内的石块，并测量其质量 G_c。按公式（6）计算石块捡拾率。

$$Q = \frac{G_s}{(G_s + G_c)} \times 100 \quad \cdots\cdots\cdots\cdots\cdots\cdots\cdots\cdots\cdots\cdots\cdots\cdots\cdots\cdots \quad (6)$$

式中：

Q ——石块捡拾率，单位为百分号（％）；

G_s ——捡拾石块的质量的数值，单位为千克（kg）；

G_c ——捡拾深度内残留应捡拾尺寸范围内石块的质量的数值，单位为千克（kg）。

7.2 安全要求检查

按 6.2 的规定逐项检查。

7.3 外观质量检查

按 6.3 的规定逐项检查。

7.4 装配质量检查

按 6.4 的规定进行检查。

7.5 焊接质量检查

按 6.5 的规定进行检查。

7.6 操作方便性检查

按 6.6 的规定进行检查。

7.7 可靠性试验

采用定时结尾法，在实际作业状况下考核 1 台样机，作业时间为 120 h，生产试验按照 GB/T 5667 的规定进行。在可靠性考核期间，发生致命故障（指发生人身伤亡事故）或重大故障（因质量原因造成机具不能正常工作、经济损失重大的故障),生产试验不再继续进行,可靠性考核结果不合格。按公式(7)计算使用有效度按。

$$K = \frac{\sum T_z}{\sum T_z + \sum T_g} \times 100 \quad \cdots\cdots\cdots\cdots\cdots\cdots\cdots (7)$$

式中:

K ——使用有效度,单位为百分号(%);

T_g ——可靠性考核期间的每班次故障排除时间的数值,单位为小时(h);

T_z ——可靠性考核期间的班次作业时间的数值,单位为小时(h)。

7.8 使用信息检查

7.8.1 使用说明书审查

按 6.8.1 的规定逐项审查。

7.8.2 三包凭证审查

按 6.8.2 的规定逐项审查。

7.8.3 标牌审查

按 6.8.3 的规定逐项审查。

8 检验规则

8.1 不合格项目分类

检验项目按其对产品质量影响的程度分为 A、B 两类,不合格项目分类见表 4。

表 4 检验项目及不合格分类表

不合格分类		检验项目	对应的质量要求的条款号
类别	序号		
A	1	安全要求	6.2
	2	石块捡拾率	6.1
	3	可靠性	6.7
B	1	作业速度	6.1
	2	捡拾深度	6.1
	3	含土率	6.1
	4	外观质量	6.3
	5	装配质量	6.4
	6	焊接质量	6.5
	7	操作方便性	6.6
	8	使用说明书	6.8.1
	9	三包凭证	6.8.2
	10	标牌	6.8.3

8.2 抽样方案

抽样方案按 GB/T 2828.11—2008 中表 B.1 的规定制订,见表 5。

表 5 抽样方案

检 验 水 平	O
声称质量水平(DQL)	1
核查总体(N)	10
样本量(n)	1
不合格品限定数(L)	0

8.3 根据抽样方案确定,抽样基数为 10 台,抽样数量为 1 台,样机应在生产企业近 12 个月内生产的合格

产品中随机抽取(其中,在用户和销售部门抽样时不受抽样基数限制)。

8.4 判定规则

8.4.1 样机合格判定

对样本中 A、B 类检验项目逐项考核和判定。当 A 类不合格项目数为 0(即 A＝0)、B 类不合格项目数不超过 1(即 B≤1),判定样机为合格,否则判定样机为不合格。

8.4.2 综合判定

若样机为合格品(即样本的不合格数不大于不合格品数限定数),则判通过;若样机为不合格品(即样本的不合格数大于不合格品限定数),则判不通过。

附 录 A

（规范性）

产品规格确认表

产品规格确认表见表 A.1。

表 A.1 产品规格确认表

序号	项目	单位	规格
1	型号名称	/	
2	整机外形尺寸(长×宽×高)	mm×mm×mm	
3	结构型式	/	□链杆式　　□滚筒式　　□其他型式
4	动力传动方式	/	
5	作业幅宽	cm	
6	捡拾石块尺寸范围	cm	
7	捡拾装置型式	/	
8	捡拾深度调节装置型式	/	
9	分离装置型式	/	
10	输送装置型式	/	
11	集石方式	/	□集中离田　□收集成行　□其他方式
12	集石箱容积	m^3	
13	卸料方式	/	
14	轮胎规格	/	
15	轮胎数量	个	
16	轮距	mm	
17	运输间隙	mm	

ICS 65.060.50
CCS B 91

NY

中华人民共和国农业行业标准

NY/T 3885—2021

向日葵联合收获机　质量评价技术规范

Technical specification of quality evaluation for sunflower combine-harvester

2021-05-07 发布

2021-11-01 实施

中华人民共和国农业农村部 发布

前　言

本文件按照 GB/T 1.1—2020《标准化工作导则　第 1 部分：标准化文件的结构和起草规则》的规定起草。

请注意本文件的某些内容可能涉及专利。本文件的发布机构不承担识别专利的责任。

本文件由农业农村部农业机械化管理司提出。

本文件由全国农业机械标准化技术委员会农业机械化分技术委员会(SAC/TC 201/SC 2)归口。

本文件起草单位：内蒙古自治区农牧业机械试验鉴定站、内蒙古农牧业机械工业协会、内蒙古宏昌机械制造有限公司、内蒙古自治区计量测试研究院、呼和浩特职业学院。

本文件主要起草人：刘波、周建成、蔡振超、宋为民、周风林、刘玉冉、王强、王海军、吴淑琴、王靖、吴鸣远、高云燕、郭海杰、张晓敏、赵晓风、郭永良、李红艳、杨淑英。

向日葵联合收获机 质量评价技术规范

1 范围

本文件规定了向日葵联合收获机的术语和定义、基本要求、质量要求、检测方法和检验规则。

本文件适用于自走式向日葵联合收获机（以下简称收获机）的质量评定。

2 规范性引用文件

下列文件中的内容通过文中的规范性引用而构成本文件必不可少的条款。其中，注日期的引用文件，仅该日期对应的版本适用于本文件；不注日期的引用文件，其最新版本（包括所有的修改单）适用于本文件。

GB/T 2828.11—2008 计数抽样检验程序 第11部分：小总体声称质量水平的评定程序

GB/T 5262—2008 农业机械试验条件 测定方法的一般规定

GB/T 5667 农业机械 生产试验方法

GB/T 9480 农林拖拉机和机械、草坪和园艺动力机械 使用说明书编写规则

GB 10395.1 农林机械 安全 第1部分：总则

GB 10395.7 农林拖拉机和机械 安全技术要求 第7部分：联合收割机、饲料和棉花收获机

GB 10396 农林拖拉机和机械、草坪和园艺动力机械 安全标志和危险图形 总则

GB/T 14248 收获机械 制动性能测定方法

JB/T 6268 自走式收获机 噪声测定方法

3 术语和定义

下列术语和定义适用于本文件。

3.1

向日葵联合收获机 sunflower combine-harvester

能一次完成向日葵葵盘摘取、脱粒、籽粒清选、脱粒后葵盘集箱或抛撒的收获机械。

3.2

葵盘高度 disk height

向日葵自然成熟后，葵盘下端面至地面（平作）或垄顶面（垄作）的垂直距离。

3.3

破损籽粒 breakage of grain

脱粒后，向日葵籽粒外壳有破裂、断裂、露仁的向日葵籽粒。

3.4

落地籽粒质量 quality of ground grain

收获过程中，落地葵盘籽粒、漏割葵盘籽粒和落在地上的籽粒质量之和。

3.5

夹带籽粒质量 quality of entrained grain

收获过程中，进入葵盘箱内未脱净的葵盘籽粒质量和葵盘移动夹带进葵盘箱籽粒质量之和。

4 基本要求

4.1 质量评价所需的文件资料

对收获机进行质量评价所需文件资料应包括：

a) 产品规格确认表(见附件 A),并加盖企业公章;

b) 产品执行标准或产品制造验收技术条件;

c) 产品使用说明书;

d) 产品三包凭证;

e) 产品照片 3 张(左前方 45°、右前方 45°、正后方各 1 张),产品铭牌照片 1 张。

4.2 主要技术参数核对与测量

依据产品使用说明书、铭牌和企业提供的其他技术文件,对样机的主要技术参数按表 1 进行核对或测量。

表 1 核测项目与方法

序号	项 目	单位	检查方法
1	型号名称	/	核对
2	配套发动机额定功率	kW	核对
3	配套发动机额定转速	r/min	核对
4	整机外形尺寸(长×宽×高)	mm×mm×mm	测量(包容样机最小长方体的长、宽、高)
5	工作幅宽	mm	测量(最外侧两个分禾器尖间距离)
6	分禾器喂入通道数量	个	核对
7	拉茎辊型式	/	核对
8	葵盘处理方式	/	核对
9	拨禾喂入部件型式	/	核对
10	拨禾喂入轮直径	mm	测量喂入轮回转时外圆对应的直径
11	割台升降方式	/	核对
12	脱粒机构型式	/	核对
13	清选型式	/	核对
14	风机叶轮直径	mm	核对
15	驾驶室型式	/	核对
16	驱动方式	/	核对
17	制动器型式	/	核对
注:测量应在坚实水平的地面上进行。			

4.3 试验条件

4.3.1 样机技术状态应符合产品说明书要求。驾驶员的驾驶技术应熟练,样机籽粒箱和葵盘箱为空箱状态。

4.3.2 试验地应具有代表性,向日葵处于成熟期,籽粒含水率应为 15%～25%,长势比较均匀,地势应平坦,无障碍物。

4.3.3 试验区域由准备区、测定区和停车区组成。测定区长度为 30 m,测定区前应有 20 m 的准备区,测定区后应有 20 m 的停车区,试验区域宽度应不小于 3 个工作幅宽。

4.3.4 清理测定区内自然脱落的籽粒、葵盘,确保准备区和停车区内无向日葵植株。

4.3.5 在测定区域内按五点法取测点,每个测点取一个工作幅宽,长度为 1 m。调查试验区域内向日葵品种、成熟期和种植方式,按测点测定试验区域内全部植株的株距、各株茎秆距地面(平作)或垄顶面(垄作)10 cm 处的直径、各株葵盘直径、各株葵盘高度,取平均值作为检验结果。籽粒含水率的测定按 GB/T 5262—2008 中 9.14 规定。

4.3.6 试验过程中的前、中、后分别记录环境温度、环境相对湿度和风速,取范围值。

4.4 主要仪器设备

试验用仪器设备应经过计量校准或检定合格且在有效期内,仪器设备的测量范围和准确度要求应符合表 2 的规定。

表2 试验用主要仪器设备测量范围和准确度要求

序号	被测参数名称	测量范围	准确度要求
1	长度	≥5 m	10 mm
		0 m~5 m	1 mm
2	质量	0 kg~30 kg	0.05 kg
		0 kg~6 kg	0.1 g
3	时间	0 h~24 h	1 s/d
4	噪声	34 dB(A)~130 dB(A)	2级
5	温度	−10 ℃~50 ℃	1 ℃
6	湿度	20%RH~80%RH	5%RH
7	风速	0 m/s~10 m/s	0.5 m/s

5 质量要求

5.1 性能要求

在符合企业明示的条件且符合4.3的规定下,收获机的主要性能指标应符合表3的规定。

表3 主要性能指标要求

序号	项 目			性能指标	对应的检测方法条款
1	纯工作小时生产率			不小于使用说明书明示值	6.1.3
2	总损失率			≤5%	6.1.4
3	籽粒含杂率			≤12%	6.1.5
4	籽粒破损率			≤2%	6.1.6
5	离地间隙			≥250 mm	6.1.7
6	割台提升速度			≥0.2 m/s	6.1.8
7	割台静沉降			≤15 mm	6.1.9
8	轴承温升			≤25 ℃	6.1.10
9	制动性能	行车制动		制动距离不大于6 m且后轮无翘起	6.1.12
		驻车制动		可靠停在20%干硬坡道上	6.1.12
10	噪声	动态环境噪声		≤87 dB(A)	6.1.11
		驾驶员耳位噪声	封闭驾驶室	≤85 dB(A)	6.1.11
			普通驾驶室	≤93 dB(A)	6.1.11
			无驾驶室或简易驾驶室	≤95 dB(A)	6.1.11

5.2 安全要求

5.2.1 运动件防护

各传动轴、带轮、链轮、传动带和链条等外露运动件应有防护装置,防护装置应符合 GB 10395.1 和 GB 10395.7 的规定。

5.2.2 安全标志

对操作者存在或有潜在危险的部位(如正常操作时必须外露的功能件,防护装置的开口处和维修保养时有危险的部位),应在其附近固定永久的安全标志。安全标志应符合 GB 10396 的规定。

5.2.3 安全防护

5.2.3.1 梯子、踏板

梯子、踏板应满足:

a) 梯子的脚踏板应防滑,防止形成泥土层;

b) 梯子向上或向下移动时,不应造成挤压和冲击操作者现象;

c) 驾驶台、接粮台踏板应有防滑和排水措施;

d) 脚踏板宽度应不小于300 mm,脚踏板深度应不小于200 mm;

e) 脚踏板阶梯间隔应不大于 300 m;

f) 最低一级踏板表面离地高度应不大于 550 mm。

5.2.3.2 防护栏、扶手/扶栏或抓手

防护栏、扶手/扶栏或抓手应满足:

a) 所有工作台各边都应设有高出工作台 1 000 mm 的防护栏,防护栏的扶手与工作台之间至少有一根横杆;

b) 门道梯子两侧应设有扶手或扶栏,以使操作者与梯子始终保持 3 处接触;

c) 扶手/扶栏的横截面直径为 25 mm～35 mm;

d) 扶手/扶栏的较低端离地高度应不大于 1 600 mm;

e) 扶手/扶栏的后侧最小放手间隙为 50 mm;

f) 距梯子最高一级踏板高 1 000 mm 处应设抓手;

g) 扶手/扶栏长度应不小于 150 mm。

5.2.3.3 挤压和剪切部位

维修和保养期间,意外移动会产生潜在挤压和剪切运动的机构或结构,应留有适当间隙或进行防护或设置挡板;操作者坐在座位上,手或脚触及范围内不应有剪切或挤压部位。如果座位后部相邻部件具有光滑的表面、座位靠背各交界面无棱边,则认为座位靠背和其后部相邻部件间不存在危险部位。

5.2.3.4 割台固定机构

收获机应设置将割台保持在提升位置的机械锁定装置,使用说明书中给出该装置的使用方法。

5.2.3.5 籽粒(葵盘)箱

根据安全需要,在籽粒(葵盘)箱外设置安全检查用的阶梯和扶栏;使用说明书和机具上应分别给出适当的安全警示事项和标志,指出在机具运转时任何人不得进入籽粒(葵盘)箱。

5.2.3.6 籽粒箱分配螺旋输送器和卸粮螺旋输送器

安全防护装置应符合 GB 10395.7 的规定。

5.2.3.7 驾驶室紧急出口

当操作者工作位置设有驾驶室时,应设置紧急出口。除主门道外,应至少设置另一个出口作为紧急出口。能够迅速打开或拆下的第二门道、风窗玻璃、驾驶室顶板或与主门道不在同一侧面的窗户均可作为紧急出口。如果需使用专用工具,该工具应装在驾驶室内并置于靠近出口处,以便使用。紧急出口横截面至少能包含一个长轴为 640 mm、短轴为 440 mm 的椭圆。

5.2.3.8 操作者操纵装置

操作者操纵装置和它们的位置应有适合操作者的文字描述和操作符号。所有操纵装置周围应有最小 50 mm 的间隙。

5.2.3.9 动力源启动和停机装置

每个动力源都应有不需操作者持续施力即可停机的装置,处于"停机"位置时,只有经人工恢复到正常位置后方能再启动;停机装置应设置在容易接触到的位置。机器结构应保证工作部件在接合的情况下,不能启动发动机。

5.2.3.10 蓄电池

蓄电池应置于便于保养和维修的位置处,蓄电池的非接地端应进行防护,以防止与其意外接触及与地面形成短路。

5.2.3.11 光、声信号系统及灯光装置

收获机光、声信号系统及灯光装置应包括:

a) 灯光装置:前照灯 2 只、前位灯 2 只、后位灯 2 只、前转向灯 2 只、后转向灯 2 只、倒车灯 2 只、制动灯 2 只、作业灯 2 只;

b) 信号装置:发动机机油压力、转速、水温等指示装置,倒车报警器或监视装置,带自卸籽粒箱的机型应设置籽粒箱监视装置,行走喇叭、后反射器。每侧有后视镜各 1 只。

5.2.4 安全装备

收获机应配备灭火器并置于易于取放的位置。

5.3 装配和外观质量

5.3.1 铸件不应有影响强度的气孔、砂眼等铸造缺陷,不应有裂纹。

5.3.2 焊接件焊合表面应清渣,焊缝应均匀,不应有脱焊、漏焊、夹渣、气孔等缺陷。

5.3.3 漆膜表面应均匀、光滑、色调一致,不应有皱纹、气泡、漆膜脱落等影响外观的缺陷,漆膜厚度不应小于 45 μm。

5.3.4 电气装置及线路应布置整齐合理,导线均捆扎成束,导线穿越孔洞时,需设绝缘导管。其安装应牢固,不因振动而松脱、损坏、产生短路和断路现象。发电机、蓄电池应保持工作正常。

5.3.5 各油路油管固定应牢靠,油管表面不应有渗油、漏油、裂缝、擦伤和明显压扁等缺陷。

5.3.6 各操纵机构应灵活、有效、可靠,无卡滞现象。变速箱应换挡灵活、工作可靠,不应有乱挡和脱挡现象。离合器应结合平稳、可靠,分离彻底。

5.4 操作方便性

收获机的控制仪表应安装在便于观察和操作的位置,面盘应整洁,字迹应清晰,各部位保养、维护、调整和换装易损件操作方便。

5.5 使用有效度

收获机的使用有效度应不低于 90%。

5.6 使用说明书

使用说明书应规定收获机的主要技术参数,并按照 GB/T 9480 的规定编写,至少应包括以下内容:

a) 产品特点及主要用途;

b) 安全警示标志并明确其粘贴位置;

c) 安全注意事项;

d) 产品执行标准及产品技术参数;

e) 结构特征及工作原理;

f) 安装、调试和使用方法;

g) 维护和保养说明;

h) 常见故障及排除方法。

5.7 三包凭证

三包凭证至少应包括以下内容:

a) 产品名称、型号规格、购买日期、出厂编号;

b) 制造商名称、联系地址、电话;

c) 销售者和修理者的名称、联系地址、电话;

d) 三包项目;

e) 三包有效期(包括整机三包有效期,主要部件质量保证期以及易损件和其他零部件质量保证期,其中整机三包有效期和主要部件质量保证期不得少于 12 个月);

f) 主要部件名称;

g) 销售记录(包括销售者、销售地点、销售日期、购机发票号码);

h) 修理记录(包括送修时间、交货时间、送修故障、修理情况、换退货证明);

i) 不承担三包责任的情况说明。

5.8 铭牌

在收获机醒目的位置应有铭牌,其内容应清晰可见,铭牌应至少包括以下内容:

a) 产品名称、型号规格;

b) 收获机主要技术参数;

c) 产品执行标准号;

    d) 生产日期、出厂编号；

    e) 制造商名称、地址。

6 检测方法

6.1 性能试验

6.1.1 试验要求

在使用说明书规定的作业速度下，作业往返各 1 个行程，每个行程测试 1 次，取平均值。测定作业速度、纯工作小时生产率、总损失率、籽粒含杂率和籽粒破损率。

6.1.2 作业速度

按公式(1)计算作业速度。

$$V = 3.6 \times \frac{L}{t} \quad\text{·····················}(1)$$

式中：

V ——作业速度的数值，单位为千米每小时(km/h)；

L ——测区长度的数值，单位为米(m)；

t ——通过测区的时间的数值，单位为秒(s)。

6.1.3 纯工作小时生产率

按公式(2)计算纯工作小时生产率。

$$E = 0.1V \times L_g \quad\text{···························}(2)$$

式中：

E ——纯工作小时生产率，单位为公顷每小时(hm²/h)；

L_g ——工作幅宽的数值，单位为米(m)。

6.1.4 总损失率

称出在测定区内的落地籽粒质量、夹带籽粒质量和籽粒箱全部籽粒质量，按公式(3)计算落地籽粒损失率，按公式(4)计算夹带籽粒损失率，按公式(5)计算总损失率。

$$S_L = \frac{W_L}{W_Q + W_L + W_J} \times 100 \quad\text{·············}(3)$$

式中：

S_L——落地籽粒损失率，单位为百分号(%)；

W_J——夹带籽粒质量的数值，单位为克(g)；

W_Q——籽粒箱全部籽粒质量的数值，单位为克(g)；

W_L——落地籽粒质量的数值，单位为克(g)。

$$S_J = \frac{W_J}{W_Q + W_L + W_J} \times 100 \quad\text{·············}(4)$$

式中：

S_J——夹带籽粒损失率，单位为百分号(%)。

$$S_z = S_L + S_J \quad\text{······························}(5)$$

式中：

S_z——总损失率，单位为百分号(%)。

6.1.5 籽粒含杂率

将每个行程籽粒箱籽粒倒出，从中随机选取籽粒样品 3 份，每份样品质量不少于 1 000 g，用四分法将每份样品分成 4 份小样，每份样品取 1 份小样分别称出样品质量和杂物(包括茎叶和茎秆等)质量。按公式(6)计算籽粒含杂率。

$$Z_E = \frac{W_E}{W_Y} \times 100 \quad\text{······················}(6)$$

式中：

Z_E——籽粒含杂率，单位为百分号（%）；

W_E——杂物质量的数值，单位为克（g）；

W_Y——小样质量的数值，单位为克（g）。

6.1.6 籽粒破损率

将每个行程籽粒箱籽粒倒出，从总随机选取籽粒样品 3 份，每份样品质量不少于 1 000 g，用四分法将每份样品分成 4 份小样，每份样品取 1 份小样称出去除杂物（包括茎叶和茎秆等）籽粒质量和破损籽粒质量。按公式（7）计算籽粒破损率。

$$Z_P = \frac{W_P}{W_{YH}} \times 100 \quad \cdots\cdots\cdots\cdots\cdots\cdots\cdots\cdots\cdots\cdots\cdots\cdots\cdots\cdots \quad (7)$$

式中：

Z_P——籽粒破损率，单位为百分号（%）；

W_P——破损籽粒质量的数值，单位为克（g）；

W_{YH}——小样去除杂质后的籽粒总质量的数值，单位为克（g）。

6.1.7 离地间隙

将收获机置于坚实平坦水平的地面上，测量收获机最低点至地面的距离，共测 3 次，取平均值。

6.1.8 割台提升速度

将收获机置于坚实平坦的地面上，发动机油门加到最大位置，测量割台从最低位置升至最高位置时的距离和时间，共测 3 次，计算割台提升速度，取平均值。

6.1.9 割台静沉降

将割台升至最高位置，熄灭发动机，测量割台初始位置高度，停留 30 min 后测定割台的高度，计算沉降量。测量时应分别测割台的左、中、右 3 点，结果取最大值。

6.1.10 轴承温升

空载运转前测量各传动轴上轴承座的温度，作为初始温度，在额定转速下空转 30 min 后，测量各传动轴上轴承座对应位置的温度，作为终止温度，计算轴承温升。选择 3 处轴承进行测量，以温升最高的轴承温升作为收获机的轴承温升。

6.1.11 噪声测定

噪声测定按 JB/T 6268 的规定执行。

6.1.12 制动性能测定

制动性能测定按 GB/T 14248 的规定执行。

6.2 安全要求

按照 5.2 的规定逐项检查。

6.3 装配和外观质量

按照 5.3 的规定逐项检查。

6.4 使用有效度的测定

采用定时结尾法，在实际作业状况下考核 1 台样机，样机作业时间为 120 h，生产试验按照 GB/T 5667 的规定进行。如在可靠性考核期间，发生重大事故或致命故障（指发生人身伤亡事故、因质量原因造成机具不能正常工作、经济损失重大的故障），生产试验不再继续进行，可靠性考核结果不合格。按公式（8）计算使用有效度。

$$K = \frac{\sum T_z}{\sum T_z + \sum T_g} \times 100 \quad \cdots\cdots\cdots\cdots\cdots\cdots\cdots\cdots\cdots\cdots\cdots\cdots \quad (8)$$

式中：

K——使用有效度，单位为百分号（%）；

T_Z ——可靠性考核期间的作业时间的数值,单位为小时(h);

T_g ——可靠性考核期间的故障排除时间的数值,单位为小时(h)。

6.5 使用说明书审查

按照5.6的规定逐项检查。

6.6 三包凭证审查

按照5.7的规定逐项检查。

6.7 铭牌审查

按照5.8的规定逐项检查。

7 检验规则

7.1 检验项目及不合格分类

检验项目按其对产品质量影响的程度分为 A、B 两类,不合格项目分类见表4。

表4 检验项目及不合格分类表

项目	序号	检验项目		对应的质量要求的条款号
A	1	安全要求	运动件防护	5.2.1
			安全标志	5.2.2
			安全防护	5.2.3
			安全装备	5.2.4
	2	总损失率		5.1
	3	籽粒含杂率		5.1
	4	使用有效度		5.5
	5	噪声		5.1
	6	制动性能		5.1
	7	籽粒破损率		5.1
B	1	纯工作小时生产率		5.1
	2	割台提升速度		5.1
	3	割台静沉降		5.1
	4	三包凭证		5.7
	5	操作方便性		5.4
	6	轴承温升		5.1
	7	装配和外观质量		5.3
	8	离地间隙		5.1
	9	使用说明书		5.6
	10	铭牌		5.8

7.2 抽样方案

抽样方案按 GB/T 2828.11—2008 中表 B.1 的规定制订,见表5。

表5 抽样方案

检验水平	O
声称质量水平(DQL)	1
检查总体(N)	10
样本量(n)	1
不合格品限定数(L)	0

7.3 抽样方法

根据抽样方案确定,抽样基数为10台,抽样数量为1台,样机应在生产企业近12个月内生产的合格产品中随机抽取(其中,在用户和销售部门抽样时不受抽样基数限制)。

7.4 判定规则

7.4.1 样机合格判定

对样机中 A、B 各类检验项目逐项检验和判定,当 A 类不合格项目数为 0(即 A=0)、B 类不合格项目数不大于 1(即 B≤1),判定样机为合格品,否则判定样机为不合格品。

7.4.2 综合判定

若样机为合格品(即样本的不合格数不大于不合格品数限定数),则判通过;若样机为不合格品(即样本的不合格数大于不合格品限定数),则判不通过。

附 录 A
(规范性)
产品规格确认表

产品规格确认表见表 A.1。

表 A.1 产品规格确认表

序号	项目	单位	规格
1	型号名称	/	
2	配套发动机额定功率	kW	
3	配套发动机额定转速	r/min	
4	整机外形尺寸(长×宽×高)	mm×mm×mm	
5	工作幅宽	mm	
6	分禾器喂入通道数量	个	
7	拉茎辊型式	/	□锥辊式 □钉齿式 □其他:
8	葵盘处理方式	/	□抛撒 □集箱
9	拨禾喂入部件型式	/	□旋转辊式 □旋转刮板式 □链条式 □其他:
10	拨禾喂入轮直径	mm	
11	割台升降方式	/	□液压 □其他:
12	脱粒机构型式	/	□纹杆式 □钉齿式 □其他:
13	清选型式	/	□风选 □筛选 □其他:
14	风机叶轮直径	mm	
15	驾驶室型式	/	□无或简易 □普通 □密封
16	驱动方式	/	□两驱 □四驱
17	制动器型式	/	□盘刹 □鼓刹 □轴刹 □其他:
注:内容按收获机实际情况进行填写,不适用的项目打“/”。			

ICS 65.060.35
CCS B 91

NY

中华人民共和国农业行业标准

NY/T 3886—2021

绞盘式喷灌机　质量评价技术规范

Technical specification of quality evaluation for traveller irrigation machine

2021-05-07 发布　　　　　　　　　　　　　　　2021-11-01 实施

中华人民共和国农业农村部 发布

前　言

本文件按照 GB/T 1.1—2020《标准化工作导则　第 1 部分：标准化文件的结构和起草规则》的规定起草。

请注意本文件的某些内容可能涉及专利。本文件的发布机构不承担识别专利的责任。

本文件由农业农村部农业机械化管理司提出。

本文件由全国农业机械标准化技术委员会农业机械化分技术委员会(SAC/TC 201/SC 2)归口。

本文件起草单位：黑龙江农垦农业机械试验鉴定站、大连艺洁灌溉机械有限公司、江苏新格排灌设备有限公司、安徽省农业机械试验鉴定站。

本文件主要起草人：柳春柱、牛文祥、顾冰洁、范淼、慈元艺、常相铖、李仿舟、修德龙、刘小汉、杜吉山、邢左群、贺佳贝、卢宝华。

绞盘式喷灌机 质量评价技术规范

1 范围

本文件规定了绞盘式喷灌机的术语和定义、结构型式和型号编制规则、基本要求、质量要求、检测方法和检验规则。

本文件适用于绞盘式喷灌机(以下简称喷灌机)的质量评定。

2 规范性引用文件

下列文件中的内容通过文中的规范性引用而构成本文件必不可少的条款。其中,注日期的引用文件,仅该日期对应的版本适用于本文件;不注日期的引用文件,其最新版本(包括所有的修改单)适用于本文件。

GB/T 2828.11—2008 计数抽样检验程序 第11部分:小总体声称质量水平的评定程序

GB/T 3091—2015 低压流体输送用焊接钢管

GB/T 5667 农业机械 生产试验方法

GB/T 9480 农林拖拉机和机械、草坪和园艺动力机械 使用说明书编写规则

GB 10395.18—2010 农林机械 安全 第18部分:软管牵引绞盘式喷灌机

GB 10396 农林拖拉机和机械、草坪和园艺动力机械 安全标志和危险图形 总则

GB/T 13306 标牌

GB/T 21400.1—2008 绞盘式喷灌机 第1部分:运行特性及实验室和田间试验方法

3 术语和定义

本文件没有需要界定的术语和定义。

4 结构型式和型号编制规则

4.1 结构型式

喷灌机的结构型式分为:软管牵引绞盘式喷灌机(Ⅰ型)、钢索牵引绞盘式喷灌机(Ⅱ型)、自走式软管牵引绞盘喷灌机(Ⅲ型)。

4.1.1 喷灌机驱动方式

a) 电动机驱动;

b) 水涡轮驱动;

c) 内燃机驱动;

d) 液压马达驱动。

4.1.2 喷灌机传动方式

a) 带轮传动;

b) 链条传动;

c) 齿轮传动;

d) 液压传动。

4.2 型号编制规则

喷灌机的型号由大写汉语拼音字母和阿拉伯数字组成,其表示方法如下:

```
8 P JP □—□□
```
- 驱动方式：水涡轮不标注；电动机为D；内燃机为N；液压为Y
- 卷管长度，单位为米（m）
- 卷管公称直径，单位为毫米（mm）
- 特征代号：绞盘式
- 小类分类代号：喷灌机中喷字的汉语拼音首字母
- 大类分类代号：排灌机械

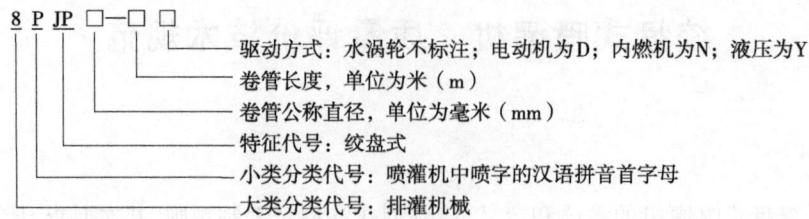

示例：8PJP50—150N 表示卷管外径为 50 mm、卷管长度为 150 m、内燃机驱动的绞盘式喷灌机。

5 基本要求

5.1 质量评价所需的文件资料

对喷灌机进行质量评价所需文件资料应包括：

a) 产品规格确认表（见附录A）；

b) 企业产品执行标准或产品制造验收技术条件；

c) 产品使用说明书；

d) 产品三包凭证；

e) 产品照片4张（正前方、正后方、正前方两侧45°各1张），产品铭牌照片1张；

f) 配套动力为内燃机时，提供符合国家环保部门相关要求的排气污染物检验报告复印件或环保信息社会公开文件复印件。

5.2 主要技术参数核对与测量

依据产品使用说明书、铭牌和其他技术文件，对样机的主要技术参数按表1进行核对或测量。

表 1 主要技术参数核对与测量项目及方法

序号	项 目		单位	检查方法
1	产品型号名称		/	核对
2	结构型式		/	核对
3	驱动方式		/	核对
4	导向装置型式		/	核对
5	绞盘架型式		/	核对
6	外形尺寸(长×宽×高)		mm	测量
7	绞盘滚筒	直径	mm	测量
		宽度	mm	测量
8	喷枪(头)车	结构型式	/	核对
		轮胎规格	/	核对
9	配水软管	材质	/	核对
		外径	mm	测量
		壁厚	mm	测量
		长度	mm	测量
10	喷头＊	型式	/	核对
		型号	/	核对
		喷头数量	个	核对
		离地高度	mm	测量
11	喷枪＊	型号	/	核对
		离地高度	mm	测量
注1："＊"指该项目适用时核对或测量。 注2：样机应是在硬化检测场地上的实际状态。喷头离地高度应为喷头最低点距地面的垂直距离，喷枪的离地高度是指喷枪连接盘最低点距地面的垂直距离。				

5.3 试验条件

5.3.1 试验水源的水量应满足喷灌机额定工况的入机流量要求,水质符合使用说明书的要求。

5.3.2 试验地应无障碍物,地表条件、地形坡度符合使用说明书要求。试验地的面积能满足性能试验项目检测的需要。

5.3.3 试验过程中的环境温度应在 4 ℃～45 ℃范围内,试验中的最大风速应不超过 5.4 m/s。

5.3.4 试验样机应为企业近 12 个月内生产的合格产品,按照使用说明书的要求调整到正常工作状态。

5.4 主要仪器设备

试验用仪器设备应经过检定合格或校准,并在有效期内,仪器设备的测量范围和准确度要求应不低于表 2 的规定。

表 2　试验用主要仪器设备测量范围和准确度要求

序号	被测参数名称	测量范围	准确度要求
1	温度	0 ℃～100 ℃	1 ℃
2	时间	0 h～24 h	0.5 s/d
3	压力	0 MPa～1.6 MPa	0.4 级
4	绝缘电阻	0 MΩ～500 MΩ	10 级
5	长度	0 mm～25 mm	0.02 mm
		0 m～100 m	Ⅱ级
6	风速	0 m/s～10 m/s	3%

6 质量要求

6.1 性能要求

喷灌机的主要性能指标应符合表 3 的规定。

表 3　主要性能指标要求

序号	项　目	性能指标	对应的检测方法条款
1	喷灌机入机压力,MPa	不小于使用说明书明示值	7.1.1
2	喷枪(头)工作压力,MPa	不小于使用说明书明示值	7.1.5
3	喷枪(头)射程,m	不小于使用说明书明示值	7.1.8
4	灌溉条带宽度,m	不小于使用说明书明示值	7.1.2
5	横向水量分布均匀系数	≥85%	7.1.3
6	喷枪(头)车移动速度,m/h	不小于使用说明书明示值	7.1.6
7	喷枪(头)车移动速度不均匀性	≤10%	7.1.7
8	灌水强度,mm/h	不小于使用说明书明示值	7.1.4

6.2 安全要求

6.2.1 安全防护

6.2.1.1 喷枪及其操纵机构高度应符合 GB 10395.18—2010 中 4.2 的规定。

6.2.1.2 软管导向系统的挤压、剪切危险及安全防护装置应符合 GB 10395.18—2010 中 4.3 的规定。

6.2.1.3 绞盘的挤压、剪切危险及安全防护装置应符合 GB 10395.18—2010 中 4.4 的规定。

6.2.1.4 外露传动齿轮、链条、链轮、皮带、皮带轮、摩擦传动装置等动力传动部件,应有安全防护装置。

6.2.1.5 发动机排气部件应有防护,排气方向应避开所有操纵位置上的操作者。

6.2.2 安全信息

6.2.2.1 外露旋转部件附近应设置安全警示标志,配水软管回收处应有设置防缠卷安全警示标志,安全警示标志应符合 GB 10396 的规定。

6.2.2.2　使用说明书应至少包含以下内容：

　　a)　GB 10395.18—2010 中 6.1 的规定；

　　b)　安全警示标志应在使用说明书中重现并予以说明。

6.2.3　安全性能

6.2.3.1　喷灌机的工作稳定性应符合 GB 10395.18—2010 中 4.5 的规定。

6.2.3.2　喷灌机最大入机压力应不超过 1.0 MPa。

6.2.4　安全装置

6.2.4.1　喷灌机绞盘架应既能锁定在工作位置又能锁定在运输位置，或由位于横扫区外的持续式操纵装置控制绞盘架的转动。

6.2.4.2　喷灌机上应配备软管固定装置。

6.2.4.3　喷枪(头)车应有自动停机保护装置，当工作压力低于下限值时可自动停止行走及喷灌作业，且安全可靠，并能实现手动操作。

6.2.4.4　配有电机、电气装置的喷灌机，其金属机壳(机架)应有可靠的接地装置，绝缘电阻不小于 20 MΩ。

6.2.4.5　配有液压马达的喷灌机，液压马达及管路、元器件应有防高压流体喷射危险的安全防护装置。

6.3　装配和外观质量

6.3.1　检查铸件表面是否光滑，不得有积瘤、裂纹、砂眼、气孔、疏松等铸造缺陷。

6.3.2　钢管表面质量应符合 GB/T 3091—2015 中 5.7 的规定。

6.3.3　在整机机架上均布施加 1 倍整机质量的负载，历时 10 min，机架应无明显变形。

6.3.4　在整机回转支承上均布施加 1 倍整机质量的负载，回转应转动灵活，无卡滞、咬死等现象。

6.3.5　在喷灌机正常工作和规定的 PE 管长度条件下缠卷 PE 管，稳固支架应无明显变形。

6.4　操作方便性

6.4.1　喷灌机的控制仪表应安装在便于观察和操作的位置，面盘应整洁，字迹应清晰。

6.4.2　喷灌机应设有 PE 管剩余水排出的吹气联接头，确保在冬季时可将管内剩余水排出。

6.5　可靠性

喷灌机的可靠性使用有效度应不低于 90%。

6.6　使用说明书

使用说明书应规定喷灌机的主要技术参数及使用介质的要求，并按照 GB/T 9480 的规定编写，至少应包括以下内容：

　　a)　产品特点及主要用途；

　　b)　安全警示标志并明确其粘贴位置；

　　c)　安全注意事项；

　　d)　产品执行标准及产品技术参数；

　　e)　结构特征及工作原理；

　　f)　安装、调试和使用方法；

　　g)　维护和保养说明；

　　h)　常见故障及排除方法。

6.7　三包凭证

三包凭证至少应包括以下内容：

　　a)　产品名称、型号规格、购买日期、出厂编号；

　　b)　制造商名称、联系地址、电话；

　　c) 销售者和修理者的名称、联系地址、电话;

　　d) 三包项目;

　　e) 三包有效期(包括整机三包有效期,主要部件质量保证期及易损件和其他零部件质量保证期,其中整机三包有效期和主要部件质量保证期不得少于12个月);

　　f) 主要部件名称;

　　g) 销售记录(包括销售者、销售地点、销售日期、购机发票号码);

　　h) 修理记录(包括送修时间、交货时间、送修故障、修理情况、换退货证明);

　　i) 不承担三包责任的情况说明。

6.8 铭牌

在喷灌机醒目的位置应有铭牌,其规格应符合 GB/T 13306 的规定。其内容应清晰可见,铭牌应至少包括以下内容:

　　a) 产品名称、型号;

　　b) 喷灌机主要技术参数;

　　c) 产品执行标准号;

　　d) 生产日期、出厂编号;

　　e) 制造商名称、地址。

7 检测方法

7.1 性能试验

7.1.1 喷灌机入机压力

整机调整到正常工作压力,在距离进水口 20 cm 处测定静水压并记录。

7.1.2 灌溉条带宽度

按使用说明书规定选取一种喷枪(头)所对应的一种喷枪(头)车的移动速度进行,测量绞盘式喷灌机喷枪(头)车相邻两次行走轨迹之间的距离。

7.1.3 横向水量分布均匀系数

按使用说明书规定选取一种喷枪(头)所对应的一种喷枪(头)车的移动速度进行,按照 GB/T 21400.1—2008 中按 8.3 的规定测定,按 GB/T 21400.1—2008 中 8.4.2 的规定计算。

7.1.4 灌水强度

按使用说明书规定选取一种喷枪(头)所对应的一种喷枪(头)车的移动速度进行,按照 GB/T 21400.1—2008 中 8.3 的规定测定,按 GB/T 21400.1—2008 中 8.4.1 和 8.4.2.2 的规定计算。

7.1.5 喷枪(头)工作压力

整机调整到正常工作压力,在距离喷枪(头)进水口 20 cm 处测定静水压并记录。

7.1.6 喷枪(头)车移动速度

按卷管卷绕层数确定测量区段数,每层等间距取 3 个区段,各区段长度为 5 m。测量通过每个区段的时间,计算所有区段的行走速度,取平均值为测定值。

7.1.7 喷枪(头)车移动速度不均匀性

从 7.1.6 中选取区段行走速度的最大值与最小值,按公式(1)计算喷枪(头)车移动速度不均匀性。

$$\varepsilon_v = \frac{V_{max} - V_{min}}{V_{avg}} \times 100 \quad \cdots\cdots\cdots\cdots\cdots\cdots\cdots\cdots\cdots\cdots\cdots\cdots\cdots \quad (1)$$

式中:

ε_v ——行走速度不均匀性,单位为百分号(%);

V_{max} ——最大行走速度的数值,单位为米每小时(m/h);

V_{min} ——最小行走速度的数值,单位为米每小时(m/h);

V_{avg} ——喷枪(头)车移动速度的数值,单位为米每小时(m/h)。

7.1.8 喷枪(头)射程

测量时,调整工作压力至试验压力,喷枪(头)车静止,每隔90°测量一点,共测量3点,测量30 min,取平均值。测量从喷头中心线到最远处灌水强度为1 mm/h那一点的距离(精确到10 cm),按使用说明书明示射程的2/3处喷射方向向外摆放雨量筒,沿3个方向,雨量筒间隔0.5 m。

7.2 安全要求检查

按照6.2的规定检查,其中任一项不合格,判安全要求不合格。

7.3 装配和外观质量检查

按照6.3的规定检查,其中任一项不合格,判装配和外观质量不合格。

7.4 操作方便性检查

按照6.4的规定检查,其中任一项不合格,判操作方便性不合格。

7.5 可靠性试验

7.5.1 采用定时结尾法,在实际作业状况下考核1台样机,每台样机作业时间为120 h,生产试验按照GB/T 5667的规定进行。如果,在可靠性考核期间,发生重大故障(因质量原因造成机具不能正常工作、经济损失重大的故障)或致命故障(指发生人身伤亡事故),生产试验不再继续进行,可靠性考核结果不合格。使用有效度按公式(2)计算。

$$K = \frac{\sum T_z}{\sum T_z + \sum T_g} \times 100 \quad \cdots\cdots\cdots\cdots\cdots\cdots\cdots\cdots (2)$$

式中:

K ——使用有效度,单位为百分号(%);

T_z ——样机作业时间的数值,单位为小时(h);

T_g ——样机故障排除时间的数值,单位为小时(h)。

7.5.2 故障分级

故障分级见表4。

表4 故障分级

故障级别	故障分级原则	故障示例
致命故障	导致机具功能完全丧失、危及作业、人身安全或引起重要总成报废	绞管断裂、减速器总成损坏等
严重故障	导致功能严重下降,不能正常作业的	轮胎、排管丝杠、传动系统等主要零部件损坏等
一般故障	明显影响机具使用功能,可在较短时间内可以排除的故障	联接管件漏水、易损件损坏
轻微故障	其他不影响机具工作的故障	传动件、紧固件松动等

7.6 使用说明书审查

按照6.6的规定检查,其中任一项不合格,判使用说明书不合格。

7.7 三包凭证审查

按照6.7的规定检查,其中任一项不合格,判三包凭证不合格。

7.8 铭牌审查

按照6.8的规定检查,其中任一项不合格,判铭牌不合格。

8 检验规则

8.1 不合格项目分类

检验项目按其对产品质量影响的程度分为A、B、C三类,检验项目及不合格分类见表5。

表 5　检验项目及不合格分类

不合格分类		检验项目		对应的质量要求条款
项目	序号			
A	1	安全要求	安全防护	6.2.1
			安全信息	6.2.2
			安全性能	6.2.3
			安全装置	6.2.4
	2	灌溉条带宽度		6.1
	3	使用有效度		6.5
	4	横向水量分布均匀系数		6.1
B	1	喷枪(头)车移动速度		6.1
	2	喷枪(头)车移动速度不均匀性		6.1
	3	喷灌机入机压力		6.1
	4	喷枪(头)工作压力		6.1
	5	喷枪(头)射程		6.1
	6	灌水强度		6.1
	7	装配和外观质量		6.3
	8	操作方便性		6.4
	9	使用说明书		6.6
	10	三包凭证		6.7
	11	铭牌		6.8

8.2　抽样方案

抽样方案按 GB/T 2828.11—2008 中表 B.1 的规定制订,见表 6。

表 6　抽样方案

检验水平	O
声称质量水平(DQL)	1
检查总体(N)	10
样本量(n)	1
不合格品限定数(L)	0

8.3　抽样方法

根据抽样方案确定,抽样基数为 10 台,抽样数量为 1 台,样机应在生产企业近 12 个月内生产的合格产品中随机抽取(其中,在用户和销售部门抽样时不受抽样基数限制)。

8.4　判定规则

8.4.1　样机合格判定

对样机中 A、B、C 各类检验项目逐项检验和判定,当 A 类不合格项目数为 0(即 A=0)、B 类不合格项目数不大于 1(即 B≤1)时,判定样机为合格品,否则判定样机为不合格品。

8.4.2　综合判定

若样机为合格品(即样本的不合格数不大于不合格品限定数),则判通过;若样机为不合格品(即样本的不合格数大于不合格品限定数),则判不通过。

附 录 A
（规范性）
产品规格确认表

产品规格确认表见表 A.1。

表 A.1 产品规格确认表

序号	项目	单位	设计值
1	型号名称	/	
2	结构型式	/	□Ⅰ型　　□Ⅱ型　　□Ⅲ型
3	驱动机构型式	/	□电动机驱动　　□水涡轮驱动 □内燃机驱动　□液压马达驱动　□其他
4	导向系统型式	/	
5	绞盘架型式	/	
6	外形尺寸(长×宽×高)	mm×mm×mm	
7	结构质量	kg	
8	入机压力	MPa	
9	绞盘滚筒直径	mm	
10	绞盘滚筒宽度	mm	
11	水量分布均匀系数	/	
12	喷枪(头)车结构型式	/	
13	喷枪(头)车轮胎规格	/	
14	配水软管材质	/	
15	配水软管外径	mm	
16	配水软管壁厚	mm	
17	配水软管长度	m	
18	喷头型式*	/	
19	喷头型号*	/	
20	喷头数量	个	
21	离地高度	mm	
22	喷枪型号*	/	
23	离地高度	mm	

注1："*"指该项目适用时核对或测量。

注2：样机应是在硬化检测场地上的实际状态。喷头离地高度应为喷头最低点距地面的垂直距离，喷枪的离地高度是指
喷枪连接盘最低点距地面的垂直距离。

ICS 65.060.30
B 91

NY

中华人民共和国农业行业标准

NY/T 3887—2021

油菜毯状苗移栽机　作业质量

Operating quality for rape blanket seedling transplanter

2021-05-07 发布
2021-11-01 实施

中华人民共和国农业农村部 发布

前　言

本文件按照 GB/T 1.1—2020《标准化工作导则　第 1 部分:标准化文件的结构和起草规则》的规定起草。

请注意本文件的某些内容可能涉及专利。本文件的发布机构不承担识别专利的责任。

本文件由农业农村部农业机械化管理司提出。

本文件由全国农业机械标准化技术委员会农业机械化分技术委员会(SAC/TC 201/SC 2)归口。

本文件起草单位:农业农村部南京农业机械化研究所、农业农村部农业机械试验鉴定总站。

本文件主要起草人:汤庆、宋英、吴崇友、吴俊、冯健、张敏、蒋兰、金梅、江涛、王刚。

油菜毯状苗移栽机 作业质量

1 范围

本文件规定了油菜毯状苗机械化移栽的术语和定义、作业条件、作业质量、检测方法和检验规则。

本文件适用于油菜毯状苗移栽机的作业质量评定。

2 规范性引用文件

下列文件中的内容通过文中的规范性引用而构成本文件必不可少的条款。其中,注日期的引用文件,仅该日期对应的版本适用于本文件;不注日期的引用文件,其最新版本(包括所有的修改单)适用于本文件。

GB/T 5262—2008 农业机械试验条件 测定方法的一般规定

3 术语和定义

下列术语和定义适用于本文件。

3.1

毯状苗 blanket seedling

一种在秧盘内培育的、根系相互交织将育苗土壤或基质连接形成毯状的秧苗。

3.2

穴距 hole spacing

栽植行内相邻两穴中心点沿苗行中心线上的距离。

3.3

秧苗空穴 seedling cavitation

在油菜毯状苗取秧面积对应的区域内无有效秧苗。

3.4

露苗 seedling exposed

栽植作业后,秧苗基质(土)层未完全栽入土壤中,有 1/2 及以上裸露在覆土表面上。

3.5

漏栽 missing planting

理论上应栽植秧苗的地方而实际上没有。

3.6

埋苗 seedling covered

栽植作业后,秧苗心叶被土壤埋没 1.5 cm 以上而影响其正常生长。

3.7

伤苗 damage seedling

栽植作业后,一穴中所有苗株根颈部有折伤、刺伤和切断的现象。

3.8

重栽 multiples

理论上应当栽植一穴秧苗的地方而实际上栽植了 2 穴或 2 穴以上秧苗。

3.9

栽植深度 planting depth

从秧苗与覆土表面交点到秧苗基质(土)层上表面的垂直距离。

4 作业条件

4.1 秧苗

秧苗基质(土)层厚度不小于15 mm,绝对含水率45%~65%;秧苗密度不小于3 000 株/m²,苗高80 mm~120 mm,苗龄不小于30 d,绿叶数3片~4片;秧苗在苗片上直立、均布,秧苗空穴率不大于10%;苗片盘根好,双手托起时不断裂。

4.2 田块

4.2.1 移栽作业旱地田块土壤绝对含水率15%~20%,稻茬地田块土壤绝对含水率15%~30%。

4.2.2 前茬作物应使用带秸秆粉碎装置的联合收获机收获,收获后应在土壤适耕状态下使用带反转灭茬功能的秸秆还田机将秸秆翻埋,地表平整,不得有大土块、石块等障碍物。

4.2.3 采用作畦栽植方式,畦面宽度应大于作业幅宽30 cm以上(两侧各留15 cm以上),畦面沟底宽度15 cm~25 cm。

4.3 机具和人员

油菜毯状苗移栽机应按产品说明书要求及时进行保养、调整机具,保持其良好技术状态。作业机手应有农机作业经验,能够熟练操作油菜毯状苗移栽机。

5 作业质量

在满足规定的作业条件下,油菜毯状苗移栽机的作业质量指标应符合表1的规定。

表1 作业质量指标

序号	项目	质量指标要求	检测方法对应的条款号
1	栽植合格率,%	≥80	6.2.3
2	漏栽率,%	≤8	6.2.3
3	栽植深度合格率,%	≥75	6.2.3

6 检测方法

6.1 简易方法

6.1.1 检测用仪器设备采用服务双方认可的钢板尺、卷尺等。

6.1.2 作业条件可由服务双方凭经验确认是否满足要求,其中秧苗空穴率按6.2.2e)测定。

6.1.3 各项作业质量指标检测按6.2.3的规定执行。

6.2 专业方法

6.2.1 仪器设备

检测用仪器设备应经过计量检定或校准,且在有效期内。

6.2.2 作业条件测定

从待移栽的秧盘中随机取样3盘,进行以下测定:

a) 从每盘秧苗中随机取样20株,测定苗高、叶龄、绿叶数,计算其平均值,并测定每盘的基质(土)厚度。

b) 基质(土)绝对含水率的测定:每盘按照GB/T 5262—2008中4.2规定的5点法选取测点,采用土壤水分测定仪测定,取平均值。

c) 田块土壤绝对含水率的测定:按照GB/T 5262—2008中4.2规定的5点法选取测点,采用土壤水分测定仪测定,取平均值。

d) 秧苗密度测定:秧苗密度按照1 m²内多少株秧苗来计算,从3盘中分别数出苗株数,取平均值。秧苗密度单位为株/m²。

e) 秧苗空穴率测定:秧盘上的总穴数按公式(1)计算,秧苗空穴率按公式(2)计算。

$$E = \frac{S}{AB} \quad\cdots\cdots\cdots\cdots\cdots\cdots\cdots\cdots\cdots\cdots\cdots\cdots\cdots\cdots\cdots\cdots\cdots\cdots\cdots \quad (1)$$

$$K = \frac{h}{E} \times 100 \quad\cdots\cdots\cdots\cdots\cdots\cdots\cdots\cdots\cdots\cdots\cdots\cdots\cdots\cdots\cdots \quad (2)$$

式中：

E ——秧盘上的总穴数数值，单位为穴；

S ——秧盘面积数值，单位为平方厘米（cm²）；

A ——油菜毯状苗移栽机的横向移距数值，单位为厘米（cm）；

B ——油菜毯状苗移栽机的纵向取秧量数值，单位为厘米（cm）；

K ——秧苗空穴率数值，单位为百分号（%）；

h ——秧盘上的空穴数数值，单位为穴。

6.2.3 作业质量测定

6.2.3.1 以一个完整的作业田块为测区，测区面积 3 335 m² 及以上时，按照 GB/T 5262—2008 中 4.2 规定的 5 点法选取测点；测区面积小于 3 335 m² 时，在对角线上均布选取 3 点作为测点。

6.2.3.2 在每个测点附近选取 3 个栽植行，分别连续测定的穴数不少于 120 穴，不得重复统计计算；如某穴秧苗确定为埋苗后，不得再确定为伤苗、重栽，测定结果取平均值。

6.2.3.3 在检测中，根据理论穴距 X_r 的大小确定合格穴距、重栽情况和漏栽穴数：

a) 相邻两穴的穴距 X_i 在 $0 < X_i \leqslant 0.5X_r$ 范围内时，重栽 1 穴；

b) 相邻两穴的穴距 X_i 在 $0.5X_r < X_i \leqslant 1.5X_r$ 范围内为合格穴距；

c) 相邻两穴的穴距 X_i 在 $1.5X_r < X_i \leqslant 2.5X_r$ 范围内时，漏栽 1 穴；

d) 相邻两穴的穴距 X_i 在 $2.5X_r < X_i \leqslant 3.5X_r$ 范围内时，漏栽 2 穴；

e) 相邻两穴的穴距 X_i 在 $3.5X_r < X_i \leqslant 4.5X_r$ 范围内时，漏栽 3 穴。以此类推。

6.2.3.4 漏栽率

漏栽率按公式（3）计算。

$$L = \frac{N_{LZ}}{N} \times 100 - K \quad\cdots\cdots\cdots\cdots\cdots\cdots\cdots\cdots\cdots\cdots\cdots\cdots\cdots \quad (3)$$

式中：

L ——漏栽率数值，单位为百分号（%）；

N_{LZ} ——漏栽穴数数值，单位为穴。

其中设计穴数，按式（4）计算。

$$N = \mathrm{int}\left(\frac{l}{X_r}\right) + 1 \quad\cdots\cdots\cdots\cdots\cdots\cdots\cdots\cdots\cdots\cdots\cdots\cdots \quad (4)$$

式中：

N ——设计穴数数值，单位为穴；

l ——测定段的长度数值，单位为厘米（cm）。

6.2.3.5 栽植合格率

在一个栽植行测定区间内，露苗、埋苗、伤苗和重栽为栽植不合格，栽植合格的穴数所占设计穴数的百分比为栽植合格率，按公式（5）计算。

$$Q = \frac{N_{HG}}{N} \times 100 \quad\cdots\cdots\cdots\cdots\cdots\cdots\cdots\cdots\cdots\cdots\cdots\cdots\cdots \quad (5)$$

式中：

Q ——栽植合格率数值，单位为百分号（%）；

N_{HG} ——合格穴数数值，单位为穴。

6.2.3.6 栽植深度合格率

秧苗基质（土）层上表面等高于覆土表面的，其栽植深度按零计。在一个栽植行测定区间内，以当地农

艺要求的栽植深度 D(应不小于 1 cm)为标准,所栽秧苗深度在 $D\pm1$(单位:cm)之内为合格,栽植深度合格穴数所占设计穴数的百分比为栽植深度合格率,按公式(6)计算。

$$H = \frac{N_D}{N} \times 100 \quad\cdots\cdots\cdots\cdots\cdots\cdots\cdots\cdots\cdots\cdots\cdots\cdots\cdots\cdots\cdots\cdots\cdots\cdots\cdots\cdots\cdots\cdots\cdots \quad (6)$$

式中:

H ——栽植深度合格率数值,单位为百分号(%);

N_D ——栽植深度合格穴数数值,单位为穴。

7 检验规则

7.1 作业质量考核项目

作业质量考核项目见表2。

表 2 作业质量考核项目表

序号	检测项目名称
1	栽植合格率
2	漏栽率
3	栽植深度合格率

7.2 判定规则

对所有考核项目进行逐项检测。所有项目全部合格,则判定油菜毯状苗移栽机作业质量合格;否则为不合格。

ICS 65.060.01
CCS B 90

NY

中华人民共和国农业行业标准

NY/T 3888—2021

水稻机插秧同步侧深施肥作业技术规范

Technical specification for synchronous side deep fertilization and
mechanized rice transplanting

2021-05-07 发布

2021-11-01 实施

中华人民共和国农业农村部 发布

前　言

本文件按照 GB/T 1.1—2020《标准化工作导则　第 1 部分：标准化文件的结构和起草规则》的规定起草。

请注意本文件的某些内容可能涉及专利。本文件的发布机构不承担识别专利的责任。

本文件由农业农村部农业机械化管理司提出。

本文件由全国农业机械标准化技术委员会农业机械化分技术委员会(SAC/TC 201/SC 2)归口。

本文件起草单位：农业农村部农业机械化技术开发推广总站、江苏省农业机械推广站、四川省农业机械推广站、黑龙江省农业机械化技术推广站。

本文件主要起草人：王超、涂志强、张璐、张小军、刘波、姜宜琛、郝延杰、迟德龙、徐峰、曹洪玮、杜友、马姝岑、程胜男、张树阁、张园。

水稻机插秧同步侧深施肥作业技术规范

1 范围

本文件规定了水稻机插秧同步侧深施肥技术的术语和定义、作业条件、作业程序、安全要求及维护保养要求。

本文件适用于水稻插秧同步侧深施肥机械作业,其他水稻种植模式侧深施肥机械作业可参照执行。

2 规范性引用文件

下列文件中的内容通过文中的规范性引用而构成本文件必不可少的条款。其中,注日期的引用文件,仅该日期对应的版本适用于本文件;不注日期的引用文件,其最新版本(包括所有的修改单)适用于本文件。

GB/T 23348 缓释肥料

HG/T 4215 控释肥料

HG/T 3931 缓控释肥料

NY/T 989 机动插秧机 作业质量

3 术语和定义

下列术语和定义适用于本文件。

3.1

水稻机插秧同步侧深施肥技术 technique of synchronous side deep fertilization and mechanized rice transplanting

水稻机械化插秧作业时,与插秧机配套的侧深施肥装置在秧苗一侧同步完成开沟、施肥、覆泥等作业,实现在秧苗侧深处定位、定量、均匀施肥的技术。

3.2 作业条件

3.3 肥料

3.3.1 肥料宜选用缓释肥、控释肥、缓控释肥。缓释肥料应符合 GB/T 23348 的规定、控释肥料应符合 HG/T 4215 的规定、缓控释肥料应符合 HG/T 3931 的规定。

3.3.2 肥料应为球状颗粒,粒径 2 mm～5 mm,颗粒均匀,密度一致。

3.3.3 肥料理化性状应稳定,不易吸湿,不易发黏,不易结块,不易碎裂。

3.4 田块

3.4.1 根据茬口、土壤性状采用适宜的耕整方式,耕整后地表平整,无残茬、杂草等,田块内高低落差不大于 30 mm。

3.4.2 前茬作物秸秆切碎均匀抛撒还田,联合收获机收割留茬高度不大于 15 cm,秸秆切碎长度不大于 10 cm,秸秆切碎合格率不小于 90％,抛撒均匀度不小于 80％。高留茬和粗大秸秆应用秸秆粉碎还田机进行粉碎后再耕整田块。

3.4.3 采用犁翻整地的,秸秆残茬埋覆深度 12 cm～25 cm,漂浮率不大于 5％,8 cm 耕层内无明显杂物;采用旋耕整地的,秸秆残茬混埋深度 6 cm～18 cm,漂浮率不大于 10％,6 cm 耕层内无明显杂物。

3.4.4 整地后应适当沉实,达到手指划田面成沟可缓慢恢复状态即可,或采用下落式锥形穿透计测定土壤坚实度,锥尖陷深为 50 mm～100 mm。泥脚深度不大于 300 mm,田面水深 10 mm～30 mm。

3.4.5 泥浆沉实时间根据土壤性状和气候条件确定,一般北方一季稻区沙土泥浆沉实1 d～2 d,壤土沉实3 d～5 d,黏土沉实5 d～7 d;南方稻麦、稻油轮作区沙土泥浆沉实 1 d 左右,壤土沉实 1 d～2 d,黏土沉实 2 d～3 d。

3.4.6 沉实过度的地块宜采用带有松土平整装置的插秧机或者重新耕整后插秧作业。

3.5 秧苗

3.5.1 播种前应清除秧田土或育秧用淤泥中的石块和硬物。

3.5.2 根据插秧机要求选用规格化毯状带土秧苗,一般苗高 100 mm～250 mm、叶龄 2 叶～4.5 叶,秧根盘结,土块不松散。

3.5.3 秧块宽比秧箱内档宽小 1 mm～3 mm,土厚 15 mm～25 mm,土壤含水率 35%～55%,秧块均匀度合格率大于 85%,空格率小于 5%。

3.5.4 秧苗起运时应减少秧块搬动次数,保证秧块尺寸。

3.5.5 防止秧苗枯萎,应做到随起、随运、随插。

3.6 操作人员

3.6.1 应经过专业技术培训,熟悉所操作机型的结构、特点、使用、维护保养等。

3.6.2 应仔细阅读使用说明书。

3.6.3 禁止在饮酒、服用安定类药物、疲劳等状态下作业。

3.6.4 作业时应穿戴适合的服装,以免引起伤害。

3.7 作业准备

3.7.1 机具技术状态应良好,并按使用说明书的规定进行调整和保养。

3.7.2 检查和调整各传动件、栽插臂和其他运动部件。

3.7.3 检查和调整秧针、秧叉、秧箱、导轨、秧门等部件及各部件间隙。

3.7.4 检查发动机燃油、机油和各转动、摩擦部位的润滑油。

3.7.5 将插秧机变速杆放置于"空挡"(中立)位置。启动发动机,观察各部件运转是否正常。

3.7.6 作业前,应检查施肥装置运转是否正常,排肥通道是否顺畅,并进行暖机运转,机具各运行部件应转动灵活,无碰撞卡滞现象。

3.7.7 应除去肥料中的结块,并均匀装填到肥箱中,盖上箱盖。肥料中应防止混入杂质。

4 作业程序

4.1 插秧调节

4.1.1 根据秧苗、田块的情况,按农艺要求调节纵向取苗量和横向取苗次数,选择适宜的取苗量,并确定株距挡位。

4.1.2 在田中试插一段后,根据农艺要求及时调整插秧深度。

4.2 施肥量调节

4.2.1 依据水稻品种特性、目标产量、稻田地力和肥料类型,按当地农艺要求科学调节施肥量。

4.2.2 应按照机具说明书调节施肥量,调节时应考虑到肥料性状及田块滑移率对施肥量的影响,调节完毕应进行试排肥确认实际施肥量。

4.2.3 试排肥应采用实地作业测试,正常作业 50 m 以上,根据实际排肥量进行修正。作业条件变化时应监控施肥量,适时微调。

4.3 插秧同步侧深施肥作业

4.3.1 作业时,应避免雨雪天气,风力不宜超过 4 级。

4.3.2 首次装秧时,将秧箱移到最左或最右侧,放置在秧箱上的秧块应展平,底部紧贴秧箱,然后将压苗器压下,压紧程度达到秧块能在秧箱上滑动而不上下跳动。秧块超出秧箱时,应拉出秧箱延伸板,防止秧块弯曲断裂。

4.3.3 根据田块形状,选择合适的栽插路线。机插秧和侧深施肥同步进行,作业起始阶段应缓慢前行 5 m 后,按照正常速度作业;中途停车、转弯掉头应缓慢减速。

4.3.4 作业时,应拨开下一行插秧一侧的划印器,在表土上边划印边插秧;转行时,插秧机中间标杆应对准划印器划出的线,同时拨开下一行插秧一侧的划印器。作业时把侧对行器对准已插好的秧苗行,保证邻接行距与标准行距一致。首行插秧是作业的基准,应保持其直线性。

4.3.5 当插秧机转向换行时,应断开插秧离合器,收回划印器,降低速度,抬起插植部件,待转向后插植部件与前趟秧苗平齐时再继续插秧作业。

4.3.6 肥料应定位、定量、均匀地施在距离秧苗一侧,施肥深度 4 cm~6 cm,秧苗与肥料距离 3 cm~6 cm,泥土应将肥料完全覆盖。

4.3.7 作业过程中,应及时补充秧苗和肥料,并适时检查排肥是否正常。补秧时,补充秧块与剩余秧块之间应紧密接合,不留空隙。秧箱内各行都有秧块时,补秧不必把秧箱移动至最左或最右侧。秧箱上只要有一行没有秧块时即停机,将各行剩余秧苗取出,秧箱移到最左或最右侧,重新补给。小雨(雪)天气补肥时应避免肥箱进水或受潮。

4.3.8 水稻机插秧的作业质量指标应符合 NY/T 989 的规定。

4.3.9 当天作业完成后,应排空肥箱及排肥管中的肥料。

5 安全作业要求

5.1 起步时应注意插秧机周围情况,确保安全。

5.2 作业中禁止无关人员靠近机具。

5.3 过沟和田埂时,插秧机应升起插植部件,直线、垂直、缓慢行驶;特别是在已装填肥料的情况下,应注意机具重心,避免侧翻。

5.4 发生肥料堵塞等作业故障,应提升作业部件,有效切断侧深施肥作业部件动力、关闭发动机并拔出主开关钥匙后,再进行清理。

5.5 在土壤负荷过大情况下作业时,插秧机需断开插秧离合器手柄。如需转移,注意不能推拉导轨、秧箱等薄弱部分,以免损伤机具。

5.6 插秧机在道路上行驶时,应注意导轨两侧的保护,防止碰撞折损。

5.7 下坡行驶时,禁止脱开主离合器手柄滑行。

6 维护保养要求

6.1 常规保养

6.1.1 作业结束后用水冲洗,避免空气滤清器进水。

6.1.2 及时进行各部位的检查和处理。

6.1.3 加注或补充燃油和润滑油。

6.1.4 作业间隙及停机状态下应保持肥箱和输送管路等作业部件的干爽,做好防潮防湿。

6.1.5 每天结束作业后,应做好肥箱、滤网、排肥部件、排肥管、开沟部件等的清洁。

6.2 入库保养

6.2.1 在发动机中速运转状态下用水清洗污物后,应继续运转 2 min~3 min。按规定更换机油。

6.2.2 应完全放出燃油箱内的燃油。

6.2.3 插植叉应放在最下面位置(压出苗的状态)。

6.2.4 主离合器手柄和插秧离合器手柄为"断开",液压手柄为"下降",燃油旋塞为"关"。

6.2.5 注意防止灰尘进入液压油。

6.2.6 清洗干净后,插秧机应存放在灰尘少、湿度低、避光、无腐蚀性物质的场所。

6.2.7 零配件和工具与插秧机一起保管。

———————————

ICS 65.060.01
CCS B 90

NY

中华人民共和国农业行业标准

NY/T 3889—2021

甘蔗全程机械化生产技术规范

Technical specification for mechanized production of sugarcane

2021-05-07 发布

2021-11-01 实施

中华人民共和国农业农村部 发布

前　言

本文件按照GB/T 1.1—2020《标准化工作导则　第1部分：标准化文件的结构和起草规则》的规定起草。

请注意本文件的某些内容可能涉及专利。本文件的发布机构不承担识别专利的责任。

本文件由农业农村部农业机械化管理司提出。

本文件由全国农业机械标准化技术委员会农业机械化分技术委员会(SAC/TC 201/SC 2)归口。

本文件起草单位：广西壮族自治区农业机械化服务中心。

本文件主要起草人：黎波、叶长青、朱志宏、刁其朗、黄晓斌、李曼莎、莫清贵、吴英满、张秀云、何勇、杨易、韦玲云、黄才志、程鹏、易建贵、姚秋喜、莫彧、曾鸣、黄春、王丽春、刘灵知。

甘蔗全程机械化生产技术规范

1 范围

本文件规定了甘蔗全程机械化生产的术语和定义、宜机化改造、耕整地、种植、田间管理、收获、蔗叶蔗梢处理、宿根管理等主要作业环节的技术要求,以及安全要求。

本文件适用于全国甘蔗产区糖料蔗生产。

2 规范性引用文件

下列文件中的内容通过文中的规范性引用而构成本文件必不可少的条款。其中,注日期的引用文件,仅该日期对应的版本适用于本文件;不注日期的引用文件,其最新版本(包括所有的修改单)适用于本文件。

GB 10395.1 农林机械 安全 第 1 部分:总则

GB 10396 农林拖拉机和机械、草坪和园艺动力机械 安全标志和危险图形 总则

NY/T 499 旋耕机 作业质量

NY/T 1646 甘蔗深耕机械 作业质量

NY/T 2845 深松机 作业质量

NY/T 2902 甘蔗联合收获机 作业质量

3 术语和定义

下列术语和定义适用于本文件。

3.1

宜机化改造 transformation for mechanization

采用工程措施,对分散、不规则的蔗地进行合并、推高填低、捡石埋石、平地及对进出地块的路肩及排灌沟渠等进行改造的活动。

3.2

甘蔗收集搬运机械 collection and transport machinery of sugarcane

将田间收获后的甘蔗收集搬运至集中点或糖厂的机械。

3.3

甘蔗除杂设备 edulcoration equipment of sugarcane

将田间收获后的原料甘蔗中的非制糖杂物在入榨前进行清除的机器。

4 宜机化改造

4.1 地块改造

4.1.1 应重点选择道路通达、土层深厚、集中连片、排灌基础好的地块进行宜机化改造,优先选择已经规模化流转的地块。

4.1.2 合理选用挖掘机、推土机、平地机、拖拉机等机械设备进行土方施工。充分考虑自然条件,因地制宜,土方就地就近挖填转运。

4.1.3 地块按小并大、短并长、弯变直的原则整治,以条带状分布为主,延长机械作业线路,减少作业折返频次。对有尖角、弯月形等影响农业机械作业的异形地块,用开挖回填、截弯取直进行整理。

4.1.4 改造后蔗地宜为连片,适合机械化连续作业。改造后采用大规模高效生产模式的,改造后地块最大坡度宜≤10%;采用其他生产模式的,改造后地块最大坡度宜≤20%。

4.1.5 挖填作业前应先将整治地块表土(地表 0 cm～30 cm 的土壤)堆集备用,待挖填作业完成后回填表土以保持耕层地力。

4.2 捡石埋石

4.2.1 捡石后地表及地面以下无影响机械作业的石块。

4.2.2 地块整治中清理出的砾石宜就近集堆深埋处理,埋石深度≥50 cm。

4.3 平地

平地后地块表面应平顺,无坑洼,无凹凸起伏。

4.4 田间道路

4.4.1 田间道路宽度≥4 m,路面与路肩接缝处高度差≤20 cm,路肩呈斜坡状,路肩坡度≤15%。

4.4.2 相邻地块间、地块与道路间应互联互通,满足大中型农业机械进出方便。

4.5 灌排沟渠

4.5.1 沟渠布置应与地块道路布置相结合,根据地块坡向和相邻地块排灌水流向合理布局。

4.5.2 沟渠修建应满足农业机械通行需要。

5 耕整地

5.1 深松耕

5.1.1 根据不同区域土壤条件、土层厚度、田块规模、甘蔗种植方式等因素,合理选择深松耕机械和作业工艺。

5.1.2 作业前应结合农田的地形、土壤条件划分耕地地段,地段的长度与宽度应便于机械操作,并合理选择深松耕技术。

5.1.3 深耕深度一般在 35 cm 以上。宜选择 100 kW 以上的拖拉机悬挂 3 铧犁或 4 铧犁进行深耕作业,以逐渐增加犁底层耕翻深度为原则;深松深度一般在 45 cm 以上。宜选择 100 kW 以上的拖拉机悬挂 3 齿或 4 齿深松铲进行深松作业。

5.1.4 深松耕宜在每次新植甘蔗前进行,甘蔗深耕机械作业质量应符合 NY/T 1646 的规定,甘蔗深松机械作业质量应符合 NY/T 2845 的规定。

5.2 碎土

5.2.1 合理使用耙地方法及耙地次数。深耕深松前可以用重耙清理耕前植被,深耕深松后可以先重耙破碎垡片,后轻耙平地。重耙耙深 16 cm～20 cm,轻耙耙深 10 cm～12 cm。

5.2.2 耙地时相邻两行间应有 10 cm～20 cm 的重叠量,避免漏耙。

5.2.3 耙地宜横向、纵向交错进行,以达到更好的碎土、灭茬效果。

5.2.4 碎土耙平质量应满足作业深度相对误差<10%,作业深度稳定性≥80%,碎土率>55%,耙茬率≥80%,无漏耙。

5.2.5 深耕深松后可采用旋耕机进行碎土,旋耕作业要求应符合 NY/T 499 的要求。

5.3 起垄

低洼地形或排水不良、地下水位较高的地块可选择起垄种植,整地作业完成后进行起垄作业。垄高、垄宽、垄距应符合当地农艺要求。

5.4 粉垄

需要在甘蔗种植区域对规定深度内的土壤完全碎土,可直接采用粉垄机作业。粉垄作业深度应≥30 cm。

5.5 土壤改良

5.5.1 当土壤 pH≤5.5 时,可施用滤泥或者施撒石灰等进行土壤改良,把土壤 pH 提高到 6.1～7.7,以促进作物对肥料养分的吸收。

5.5.2 滤泥施用方法:待滤泥干燥并发酵完毕后,平地前采用挖掘机或者推土机均匀摊铺滤泥于土壤表面,或采用撒肥机、施肥机均匀施放于甘蔗种植区域。

5.5.3 石灰施用方法:采用撒肥机、施肥机均匀施放于甘蔗种植区域。

6 种植

6.1 品种选择

应选择具有高产高糖和抗逆性、宿根性强等特性,并适应当地环境和满足制糖工艺要求。优先推广增产、增糖率高且适合机收的优良品种。

6.2 植前种茎准备

选用健康种茎。采用段种式联合种植机播种的可用联合收割机采收蔗种,根据品种梢部芽情调整切梢器高度,调节收割机切段刀砍种长度;也可以使用整秆蔗种切段机预先加工好段种式蔗种,种芽损伤率应≤5%。采用整秆式联合种植机播种的,可根据种植机承载量、单位地块行长及下种量,预先将适量蔗种置于田间便于装卸处,以提高作业效率。

6.3 种植规格

以轮不压垄为原则,采用宽行距、宽播幅种植,蔗垄中心行距≥1.2 m。采用等行距种植方式的,播种幅宽宜为25 cm～40 cm;采用宽窄行种植方式的,窄行间距宜为40 cm～50 cm。

6.4 机械种植

6.4.1 下种期

春植蔗在2月初至3月下旬种植、秋植蔗在8月～10月、冬植蔗在11月初至翌年1月下旬。

6.4.2 开植沟

植沟深20 cm～30 cm,沙质土、重耙平整地块和旱季开植沟宜偏深,开植沟深度合格率≥80%。

6.4.3 施肥施药

根据机械配置情况和种植农艺要求,植前可施撒基肥;根据机械配置情况和种植农艺要求,植前可施洒农药防治地下害虫。基肥施氮量占全生育期施量的15%～25%,施磷量占全生育期施量的80%,施钾量占全生育期施量的15%～25%;宜使用不需混拌、不易潮结、便于机械下料顺畅的肥料和杀虫剂类型。

6.4.4 下种量

每公顷下种量一般为10万个～12万个芽,采用宽行稀植模式的下种量根据农艺要求可适当减少。蔗种要与土壤紧密接触,无架空;机械伤芽率≤5%;漏播率≤5%。

6.4.5 覆土

覆土厚度5 cm～8 cm,露芽率≤3%,土质偏少或土壤颗粒直径偏大,植后旱、寒期较长的,覆土厚度可达10 cm～15 cm。

6.4.6 压实

配套与播幅宽度相同或略宽的加圆柱形压实辊进行压实,逢雨季浅覆土,可不须压实。

6.4.7 封闭处理

在覆盖地膜前可使用蔗田专用芽前除草剂进行封闭除草处理。

6.4.8 盖膜

如遇低温需盖膜,盖膜时土壤相对含水量宜在70%以上;如水分不足,应淋水后盖膜。膜面尽量多露光,膜周盖土密实,不漏空。

7 田间管理

7.1 中耕管理及追肥

7.1.1 中耕小培土及追肥

若甘蔗苗期受寒、旱、涝害影响或基肥用量偏少,长势较差或有脱肥现象,可在甘蔗分蘖初期采用犁铲式或旋耕式中耕追肥机械进行中耕小培土作业。追肥施氮量占全生育期施量的 15％～25％,施钾量占全生育期施量的 15％～25％,肥料均匀撒施,培土覆盖,培土高度宜为 3 cm～4 cm。

7.1.2 中耕大培土及追肥

在甘蔗分蘖盛期至拔节初期进行中耕大培土作业,以作业时拖拉机底盘及培土机机架不伤蔗梢为原则,宜采用犁铲式或旋耕式机械进行,耕层深厚松碎或沙质土也可采用圆盘犁式机械进行。全生育期所需剩余养分可在大培土时全部施入,肥料均匀撒施,培土覆盖,培土高度宜为 8 cm～20 cm。填实蔗丛基部,避免蔗丛中部空陷,垄面均匀平顺。

7.2 灌溉

根据蔗地条件选择垄灌、沟灌、管灌、喷灌、滴灌等灌溉方式。

7.3 植保

7.3.1 加强监测预警,应根据甘蔗病虫鼠草害实际发生情况或植保部门的预测预报,确定防治时间、农药品种和用量及防治措施。

7.3.2 未进行芽前封闭除草或封闭失败时,可在苗期使用除草剂进行除草补救。

7.3.3 植保作业应提高药液喷洒的均匀性和对靶性,提高农药利用率和病虫害防治效果,减少对环境的污染。

8 收获

8.1 联合收获

8.1.1 选取植期相同、成熟度一致、产量水平相当、品种特征(如脱叶性、抗倒伏性、蔗茎组织松脆度)相近的连片地块集中作业;预先清理田间石块等有损机具的杂物和障碍物,回收田间可移动式滴灌管(带),填实明暗凹坑深沟,铲平土包;田间应有 6 m 以上转弯调头空间,如空间不足,须先行收割田头甘蔗以留出转弯调头空间。

8.1.2 应根据地块大小、行距、种植带宽度、地头转弯掉头空间等综合因素选择适用的收获机和田间收集搬运机。

8.1.3 收获机作业时,应选择安全高效作业路线。

8.1.4 驾驶员在启动机器、作业中转向、倒车时,应注意周围情况,确保安全。无关人员严禁进入收获作业场地。

8.1.5 收获机作业质量应符合 NY/T 2902 的规定。

8.2 分段收获

8.2.1 分段收获应包括割倒(含割铺、割堆、割捆等)、除杂(含剥叶)、田间收集搬运(含集条)多种机具组合模式进行作业。

8.2.2 选取植期相同、成熟度一致、产量水平相当、品种特征(如脱叶性、抗倒伏性、蔗茎组织松脆度)相近的连片地块集中作业;自走式甘蔗割倒机械作业前,预先清理田间石块等有损机具的杂物和障碍物,回收田间可移动式滴灌管(带),填实明暗凹坑深沟,铲平土包;田间应有足够转弯调头空间,如空间不足,须先行收割田头甘蔗以留出转弯调头空间。

8.2.3 收割作业时驾驶员应注意周围情况,确保安全。无关人员严禁进入作业场地。

8.2.4 作业质量应符合切割高度合格率≥90％、宿根破头率≤10％、蔗茎合格率≥95％、含杂率≤4％、总损失率≤4％。

8.3 田间转运

8.3.1 甘蔗田间收集搬运机的选用应与收获机械相配套。收集厢接料卸料式甘蔗田间收集搬运机配套带集料斗的或带升运器的切段式甘蔗收获机。抓具收集式甘蔗田间收集搬运机配套整杆式甘蔗收获机、带收集袋的切断式甘蔗收获机或其他分段式收获机械。

8.3.2 甘蔗田间收集搬运机卸料高度≥3.5 m,卸料角≥30°。

8.4 除杂

8.4.1 对于采用一步法制糖工艺的糖厂,甘蔗收获后含杂率>5%的,宜先采用除杂设备将含杂率降至≤5%后,再进入压榨工序。除杂损失率应≤1%。

8.4.2 对于泥在杂质中占比较高且粘在蔗茎上不易分离的原料蔗,宜采用水浴式除杂设备。

8.4.3 对于含有较大泥块、沙石杂质的原料蔗宜采用辊齿式除杂设备。

8.4.4 对于含蔗叶较多的原料蔗宜采用振动式、滚筒式、风选式进行除杂设备。

8.4.5 对于蔗叶杂质多且仍在蔗茎上未脱离的原料蔗宜采用剥离式除杂设备。

9 蔗叶蔗梢处理

9.1 在甘蔗生长整齐度和倒伏状况合适的情况下,可以在甘蔗收获前用专门的蔗梢收割机收割、收集蔗梢作为饲料。

9.2 提倡蔗叶蔗梢还田。在收获后,宜用蔗叶粉碎还田机就地粉碎蔗叶蔗梢,也可以用打(压)捆机将蔗叶蔗梢残茎清出蔗园进行资源化处理。

10 宿根管理

10.1 平茬

收割后宿根根茬若高于地面30 mm以上的,宜在收割后15 d内采用平茬机进行平茬作业,平茬作业宜入土3 cm左右,以利于宿根低位芽的萌发。平茬作业和破垄松蔸作业可同时完成。

10.2 破垄松蔸

宿根蔗出苗可见行时,择气温回暖和晴好天气采用犁铲式、旋耕式破垄机进行破垄松蔸,耕层深厚、较疏松或沙质土也可采用圆盘式破垄机进行。破垄耕深≥20 cm。

10.3 施肥施药

破垄可同时结合追肥作业,肥料均匀撒施,覆土盖肥。施肥量可按施氮量占全生育期施量的30%~40%;施磷量占全生育期施量的80%;施钾量占全生育期施量的20%~30%。宜使用不需混拌、不易潮结、便于机械下料顺畅的肥料和杀虫剂类型。

11 安全要求

11.1 机具操作人员应经过培训合格,并严格按照机具使用说明书和安全操作规程进行调整、作业和维护。

11.2 作业机具应满足相关产品标准,安全要求应符合GB 10395.1、GB 10396的规定。

ICS 65.060.30
CCS B 91

NY

中华人民共和国农业行业标准

NY/T 3890—2021

免耕播种机质量调查技术规范

Technical specification for quality investigation on no-tillage seeder

2021-05-07 发布

2021-11-01 实施

中华人民共和国农业农村部 发布

前　言

本文件按照 GB/T 1.1—2020《标准化工作导则　第 1 部分：标准化文件的结构和起草规则》的规定起草。

请注意本文件的某些内容可能涉及专利。本文件的发布机构不承担识别专利的责任。

本文件由农业农村部农业机械化管理司提出。

本文件由全国农业机械标准化技术委员会农业机械化分技术委员会(SAC/TC 201/SC 2)归口。

本文件起草单位：农业农村部农业机械试验鉴定总站、黑龙江省农业机械试验鉴定站、内蒙古自治区农牧业机械质量监督管理站。

本文件主要起草人：王心颖、彭彬、李宏、杨晓彬、张贵、王国占、陈谦、宋为民、郭海杰、温旭歌。

免耕播种机质量调查技术规范

1 范围

本文件规定了免耕播种机质量调查的术语和定义、调查对象、调查内容、用户调查方法、评价方法和调查报告的编制。

本文件适用于在用免耕播种机的质量调查。

2 规范性引用文件

下列文件中内容通过文中的规范性引用而构成本文件必不可少的条款。其中,注日期的引用文件,仅该日期对应的版本适用于本文件;不注日期的引用文件,其最新版本(包括所有的修改单)适用于本文件。

GB/T 20865—2017 免(少)耕施肥播种机

NY/T 2084—2011 农业机械质量调查技术规范

3 术语和定义

GB/T 20865—2017 和 NY/T 2084—2011 界定的以及下列术语和定义适用于本文件。

3.1

免耕播种机质量调查 quality investigation on no-tillage seeder

通过向用户收集产品使用信息,对在用免耕播种机的安全性、可靠性、适用性和售后服务状况(以下简称"三性一状况")进行质量评价的活动。

3.2

免耕播种作业 no-tillage sowing

前茬作物收获后,免耕播种机在未经耕整有作物秸秆或残茬覆盖的田地上,不实行任何土壤耕作的条件下,或进行少量旋耕作业(动土率不大于 40%)的同时进行的播种或施肥播种作业。

3.3

动土率 disturbed soil rate

同一行程开沟宽度占工作幅宽的百分比。

3.4

质量投诉 quality complain

用户依法向市场监督管理部门、农业机械化主管部门(农机质量投诉监督机构)或者消费者权益保护组织等反映在用农机产品质量问题和诉求的行为。

4 调查对象

4.1 区域的确定

根据调查动因及目的,确定免耕播种机质量调查区域,可以是一个或多个省(自治区、直辖市)、市、县组成。

注1:调查区域通常在免耕播种机保有量较大、质量投诉较多、相关政策或项目实施较为集中的区域中确定。

注2:同一型号的机具不宜集中在一个区域调查。

4.2 产品的确定

4.2.1 被调查产品应同时满足以下条件:

a) 购买 1 年以上但不超过 3 年,同批次调查产品宜为同年购买;

b) 使用满一个作业季节,且作业时间不少于 80 h;

c) 从事免耕播种的作业量(或作业时间)占比不低于 60%;

    d) 其他要求(如享受农机购置补贴等)。

4.2.2 在确定的调查区域内,根据作业机具分布和保有量,确定被调查免耕播种机的规格型号,按照一定比例或一定数量随机抽取调查样本,形成调查产品名录。每个型号调查样本量不少于 10 台,调查产品基数少于 10 台时应全数调查。

    注:除指定产品外,一次调查中同一企业生产的产品一般不多于 2 个型号。

4.3 用户的确定

4.3.1 根据调查产品名录和样本数量,在调查区域购机用户中随机抽取等量用户,并按调查样本量的 20％备样,形成调查用户名录。当实际被调查用户所用产品不满足 4.2.1 的要求或被调查用户不能提供调查信息时,应在备样中补充用户样本。

4.3.2 被调查者应年满 18 周岁,具有独立民事行为能力,且应是被调查产品的操作者或了解被调查产品使用状况的所有者。

5 调查内容

5.1 企业调查

5.1.1 企业基本情况调查

    通过向企业发函(必要时可实地确认),对被调查免耕播种机生产企业的基本情况进行调查。调查内容可包括企业名称、地址、性质、规模、质量体系认证情况、售后服务能力、主导产品、上一年度免耕播种机产销量等。企业基本情况调查表见附录 A 中的表 A.1。

5.1.2 产品基本情况调查

    通过向企业发函(必要时可实地确认),对被调查免耕播种机的基本情况进行调查。调查内容可包括产品型号名称、推广鉴定证书编号、投产时间、主要生产方式、主要销售地区、前 3 年的年产销量及销售额、出口情况、社会保有量、参考价格、依据标准、主要技术规格、产品功能特点等。免耕播种机的产品基本情况调查表见附录 B 中的表 B.1。

5.2 用户调查

5.2.1 用户调查内容主要包括"三性一状况"的 4 个方面,免耕播种机的用户调查按附录 C 中的表 C.1 的规定执行。

5.2.2 安全性调查主要了解用户对安全标志的警示作用、危险部位的安全防护效果和安全操作使用说明的指导作用等方面的满意度,并详细调查表 1 中安全标志和安全防护等情况。调查中应同时了解免耕播种机是否发生过质量安全事故。

表 1 安全性调查项目

序号		调查项目
1	安全标志	升降机构(如有)有无安全标志
		划行器(如有)有无安全标志
		链轮传动机构有无安全标志
		有搅拌器或绞刀运动的种(肥)箱有无安全标志
		在驾驶员可视的明显位置处有无播种时不可倒退标志
		工作台(如有)附近有无禁止非操作者乘坐标志
		工作部件超过 4 m 高时,是否设置防止高压线缠绕标志
2	安全防护措施	装载台(如有)台面是否防滑
		道路运输时,划行器(如有)能否牢固锁定
		种(肥)箱盖有无固定装置
		播种机单独停放时有无保持稳定的措施
		工作台防滑脚踏板(如有)是否便于工作人员操作
		扶手(如有)是否便于工作人员操作
		外露的传动(旋转)部件有无防护罩

5.2.3 可靠性调查主要了解用户对机具发生故障频次和处理故障难易程度（或费时长短）等方面的满意度，并详细调查免耕播种机发生故障情况（轻微故障除外），包括故障发生部位、故障现象、发生时间、处理情况、故障原因等。故障调查结果记入附录 D 中的表 D.1。免耕播种机故障按表 2 分类，由调查人参照附录 E 中的表 E.1～表 E.11 判断。

表 2　免耕播种机故障分类

故障类型	故障基本特征
致命故障	导致功能完全丧失或造成重大经济损失的故障；危及作业安全、导致人身伤亡或引起重要总成（系统）报废
严重故障	导致功能严重下降或经济损失显著的故障；主要零部件损坏，关键部位的紧固件损坏
一般故障	导致功能下降或经济损失增加的故障；一般的零部件和标准件损坏或脱落，通过调整或更换便可修复
轻微故障	引起操作人员操作不便但不影响工作的故障；可在较短时间内用配备的工具维修或更换易损件排除的故障；在正常维护保养中更换价值较低的零件和标准件

5.2.4 适用性调查包括用户对免耕播种机土壤质地适用情况、秸秆覆盖量适用情况、种子品种适用情况、堵塞情况、播种质量情况、作业地动土情况、种肥间距适用情况等方面的满意度，并具体了解"进行免耕作业时间占比""免耕播种机能否在使用说明书适用范围内作业"情况。

5.2.5 售后服务状况调查包括用户对安装调试、配件供应、服务承诺兑现、售后服务及时性、服务人员解决问题能力和服务人员态度等方面的满意度，同时了解免耕播种机质量投诉及其处理情况。

6　用户调查方法

6.1 用户调查开始时，调查员应询问、记录被调查人的基本情况，包括用户姓名、从事免耕播种机操作年限、联系地址、联系电话、培训情况等。

6.2 通过现场查看、询问用户等方式，核对确认被调查产品的有关情况，至少包括以下内容：
  a) 基本信息，包括产品型号名称、生产企业、出厂编号、生产日期等；
  b) 技术参数，包括产品配套动力、结构型式、排种器结构型式、排种器（排肥器）总数等；
  c) 购机信息，包括购机日期、产销企业是否提供三包凭证、推广鉴定标志等；
  d) 使用信息，包括产品累计作业时间和作业量、从事免耕播种作业时间和作业量等。

6.3 调查人员按照用户调查表（表 C.1）的内容，逐项询问、记录用户对所用产品在"三性一状况"方面的满意度情况。调查应见人见机，调查人员、被调查人和被调查产品应合影留存。

6.4 对用户反映的质量问题，尤其对有质量投诉或发生过质量安全事故的产品，应详细询问，并应收集相关图片、投诉资料等相关证据。

6.5 询问用户对所用产品有无再次购买意愿、有无其他质量问题及改进建议，并记录。

6.6 调查内容填写完成经用户确认后，调查人和用户应在用户调查表上签字。

7　评价方法

7.1　评价指标

7.1.1　评价指标体系及各指标权重

7.1.1.1 对免耕播种机质量调查结果以总体满意指数评价（包括产品总体满意指数和"三性一状况"4 个单项总体满意指数）。对调查中某一型号机具的调查结果以综合满意指数和"三性一状况"4 个单项满意指数评价。对某一型号产品的评价指标体系由三级指标构成：
  a) A 级指标：综合满意指数，用以表征某一型号免耕播种机的整机质量评价结果；
  b) B 级指标：包括该型号免耕播种机的"三性一状况"4 项指标；
  c) C 级指标：对应 4 项 B 级指标分别展开的具体指标。

7.1.1.2 免耕播种机质量调查评价指标体系及各指标权重见表 3。

表 3　免耕播种机质量调查指标体系及各指标权重

A 级指标	B 级指标		C 级指标	
	名称	权重 b	名称	权重 c
综合满意指数 I_A	安全性满意指数 I_{B1}	0.26	危险部位的安全防护效果 C_{11}	0.44
			安全标志的警示作用 C_{12}	0.28
			安全操作使用说明的指导作用 C_{13}	0.28
	可靠性满意指数 I_{B2}	0.25	机具发生故障频次 C_{21}	0.56
			处理故障难易程度(或费时长短)C_{22}	3.44
	适用性满意指数 I_{B3}	0.29	土壤质地适用情况 C_{31}	0.13
			秸秆覆盖量适用情况 C_{32}	0.16
			种子品种适用情况 C_{33}	0.10
			堵塞情况 C_{34}	0.19
			播种质量情况 C_{35}	0.18
			作业地动土情况 C_{36}	0.13
			种肥间距适用情况 C_{37}	0.11
	售后服务满意指数 I_{B4}	0.20	机具的配件供应 C_{41}	0.19
			产品安装调试情况 C_{42}	0.15
			服务承诺兑现情况 C_{43}	0.16
			售后服务的及时性 C_{44}	0.21
			售后服务人员解决问题的能力 C_{45}	0.17
			售后服务人员的态度 C_{46}	0.12

7.1.2　综合满意指数(I_{Am})

以综合满意指数 I_{Am}(第 m 个型号免耕播种机 A 级指标得分,$m=1,2,\cdots,M$)评价用户对该型号免耕播种机的整体满意程度。

7.1.3　单项满意指数(I_{Bim})

以单项满意指数 I_{Bim}(第 m 个型号免耕播种机 B 级指标得分,$i=1,2,3,4$)分别评价用户对该型号免耕播种机的安全性、可靠性、适用性和售后服务状况的满意程度。

7.1.4　产品总体满意指数(I_{AZ})

以产品总体满意指数 I_{AZ}(取全部 M 个型号免耕播种机的 I_{Am} 的算术平均值)评价用户对全部被调查免耕播种机的总体满意程度。

7.1.5　单项总体满意指数(I_{BiZ})

以单项总体满意指数 I_{BiZ}(取全部 M 个型号免耕播种机的 I_{Bim} 的算术平均值,$i=1,2,3,4$)分别评价用户对全部被调查免耕播种机的安全性、可靠性、适用性和售后服务状况的总体满意程度。

7.2　用户满意度评价

7.2.1　每位用户对被调查型号免耕播种机的各 C 级指标分别进行 5 级评价,即:很不满意(很差)、不满意(差)、一般、满意(好)、很满意(很好),各等级对应的分值分别为 1、2、3、4、5。

7.2.2　几种特殊情况的处理规则:

a)　安全性:

1)　对于安全标志,使用中"自行脱落",计为"无";人为撕毁,计为"有"。

2)　对于安全防护装置,使用中"自行掉落"和"选装件未购",均计为"无";"人为拆卸",计为"有"。

3)　对于"安全操作使用说明的指导作用",因用户未看使用说明书,计为"满意"。

b)　可靠性:对"使用中未发生过故障"的,"机具发生故障频次"的满意度计为"很满意","处理故障难易程度(或费时长短)"的满意度计为"满意"。

c)　售后服务状况:对"尚未购买过配件"的,"机具的配件供应情况"的满意度计为"满意";对"未发生售后服务"的,"服务承诺兑现情况""售后服务的及时性""售后服务人员解决问题的能力""售后服务人员的态度"的满意度计为"满意"。

7.3 计算各级指标评价分值

按公式(1)、公式(2)和公式(3)分别计算第 m 个型号免耕播种机单项 C 级指标评价分值 E_{Cijm}、单项 B 级指标评价分值 E_{Bim} 和 A 级指标的评价分值 E_{Am}。

$$E_{Cijm} = \frac{1}{N_m} \sum_{k_m=1}^{N_m} X_{Cijk_m} \quad\cdots\cdots\cdots (1)$$

式中：

E_{Cijm} ——用户对第 m 个型号免耕播种机 C_{ij} 的评价分值（取算术平均值）；

N_m ——第 m 个型号免耕播种机的调查用户总数；

X_{Cijk_m} ——第 k_m 个用户对该机 C_{ij} 的评价分值，$k_m=1,2,\cdots,N_m$；

C_{ij} ——第 i 项 B 级指标（B_i）中的第 j 项 C 级指标，$i=1,2,3,4$。

$$E_{Bim} = \sum_{j=1}^{q_i} c_{ij} \cdot E_{cijm} \quad\cdots\cdots\cdots (2)$$

式中：

E_{Bim} ——用户对第 m 个型号免耕播种机 B_i 的评价分值（取 E_{Cijm} 的加权平均值）；

q_i ——各 B 级指标中 C 级指标的数量，$q_{1(安全性)}=3$，$q_{2(可靠性)}=2$，$q_{3(适用性)}=7$，$q_{4(售后服务状况)}=6$；

c_{ij} ——赋予 C_{ij} 的权重。

$$E_{Am} = \sum_{i=1}^{4} b_i \cdot E_{Bim} \quad\cdots\cdots\cdots (3)$$

式中：

E_{Am} ——用户对第 m 个型号免耕播种机综合评价分值；

b_i ——赋予 B_i 的权重；

B_{im} ——第 m 个型号免耕播种机的 B_i。

7.4 计算满意指数

7.4.1 按公式(4)将评价分值 E_{Am} 换算为被调查型号免耕播种机的综合满意指数 I_{Am}，按公式(5)将评价分值 E_{Bim} 换算为被调查型号免耕播种机的安全性综合满意指数 I_{B1m}、可靠性综合满意指数 I_{B2m}、适用性综合满意指数 I_{B3m} 和售后服务状况综合满意指数 I_{B4m}。

$$I_{Am} = \frac{E_{Am}-E_{min}}{E_{max}-E_{min}} \times 100 = \frac{E_{Am}-1}{4} \times 100 \quad\cdots\cdots\cdots (4)$$

式中：

I_{Am} ——用户对第 m 个型号免耕播种机综合满意指数；

E_{min} ——用户满意度评价分值的最小值，$E_{min}=1$；

E_{max} ——用户满意度评价分值的最大值，$E_{max}=5$。

$$I_{Bim} = \frac{E_{Bim}-E_{min}}{E_{max}-E_{min}} \times 100 = \frac{E_{Bim}-1}{4} \times 100 \quad\cdots\cdots\cdots (5)$$

式中：

I_{Bim} ——用户对第 m 个型号免耕播种机"三性一状况"4 项指标的满意指数。

7.4.2 按公式(6)计算免耕播种机质量调查产品总体满意指数 I_{AZ}，按公式(7)计算免耕播种机质量调查"三性一状况"单项总体满意指数 I_{BZ}。

$$I_{AZ} = \frac{1}{M} \sum_{m=1}^{M} I_{Am} \quad\cdots\cdots\cdots (6)$$

式中：

I_{AZ} ——免耕播种机质量调查产品总体满意指数；

M ——调查的免耕播种机型号总数。

$$I_{Bim} = \frac{1}{M} \sum_{m=1}^{M} I_{Bim} \quad\cdots\cdots\cdots (7)$$

式中：

I_{Bi}——免耕播种机质量调查"三性一状况"单项总体满意指数。

7.5 评价标准

将满意指数分为 5 档：[0,40)为"很不满意"，[40,60)为"不满意"，[60,75)为"一般"，[75,90)为"满意"，[90,100]为"很满意"。

8 调查报告的编制

8.1 调查报告内容

调查报告内容包括（但不限于）：

a) 调查实施情况。包括调查任务及来源、调查对象（调查区域、调查产品、调查用户等）和实施方式等。

b) 调查企业和调查产品的基本情况。依据 5.1 的调查结果进行统计分析。

c) 用户调查结果。描述调查用户基本情况，分析免耕播种机调查的总体满意指数和"三性一状况"单项总体满意指数，每个型号免耕播种机的综合满意指数和"三性一状况"单项综合满意指数，以及故障发生、质量安全事故、质量投诉等情况。

d) 质量问题及原因分析。包括"三性一状况"分别存在的问题，分析典型案例，并附相关图片资料。

e) 改进措施建议。可从政府质量监管、生产企业产品和服务质量改进、对用户的宣传和培训指导等方面提出。

8.2 调查报告编制要求

8.2.1 调查报告内容应全面、完整，满足 8.1 的要求。

8.2.2 调查结果描述应客观、准确，调查结论应基于实际调查情况分析得出。

8.2.3 满意指数等调查结果宜列表统计汇总，并按满意指数高低顺序排列。

8.2.4 对调查结果和质量问题应按"三性一状况"分别描述。

8.2.5 调查发现的重点问题、典型表现应有调查取得的图片、实际案例予以支持。

8.3 调查报告内容编排

免耕播种机质量调查报告内容编排格式见附录 F。

附 录 A
（资料性）
企业基本情况调查表

企业基本情况调查表见表 A.1。

表 A.1 企业基本情况调查表

企业名称：_____（公章）　　　　　　　填表日期：_____年___月___日

联 系 人：_____　　　　　　　　　　　联系电话：_____

企业曾用名			注册资金 （万元）		营业收入 （万元）	
企业性质	□国有企业　　□集体企业　　□联营企业　　□股份合作制企业　□私营企业 □合伙企业　　□有限责任公司　□股份有限公司　□其他：_____					
企业地址						
企业规模	人	是否建立质量 管理体系	□是　□否	是否通过 ISO9000 质量 体系认证	□是　　□否	
免耕播种机产品	投产时间		年	上一年度销量		台
	___年生产能力		台	上一年度销售额		万元
免耕播种机主要产品型号						

	加工中心数量		套	总装线		条	部装线		条
生产、质量保障和服务能力	主要部件自制能力	□机架　　　□风机　　　□排种器　　　□排肥器　　　□播种开沟器　　□施肥开沟器 □破茬清垄部件　□覆土器　　□镇压器　　□播种限深部件　　□种箱　　□肥箱							
	负压/真空试验台	□有　　□无			排种器校验试验台		□有　　□无		
	售后服务能力	本企业直接三包维修点_____个,委托销售单位三包维修点_____个,其他形式_____个 企业专职三包维修服务人员_____人							
		三包维修点分布省份_____个		三包维修点是否覆盖所有销售地区			□是 □否		
		是否建立出厂记录制度	□是　□否	是否建立呼叫中心			□是 □否		
		是否对购机者实施培训	□是　□否	对购机者培训有无制度和教材			□是 □否		
		是否建立培训记录台账	□是　□否						
		是否对三包服务人员培训	□是　□否	对三包服务人员培训有无制度和教材			□是 □否		

附 录 B

（资料性）

免耕播种机产品基本情况调查表

免耕播种机产品基本情况调查表见表B.1。

表 B.1 免耕播种机产品基本情况调查表

企业名称：＿＿＿＿＿＿＿（公章）　　　　　　　填表日期：＿＿＿年＿＿月＿＿日

联 系 人：＿＿＿＿＿＿　　　　　　　　　　　　联系电话：＿＿＿＿＿＿＿＿＿＿＿

产品型号名称					推广鉴定证书编号		
投产时间	年	社会保有量		台	参考价格		元
主要销售地区							
年生产量	年	台	年	台	年		台
年销售量	年	台	年	台	年		台
年销售额	年	万元	年	万元	年		万元
是否有出口	□是 □否	出口地区			出口数量		台
产品依据标准	□企业标准，代号和名称：						
	□国家/行业/地方/团体标准，代号和名称：						
产品生产方式	□来件组装　　□部分来件组装（□50％以下　□50％以上）　　□自制件组装						
	采购成本占整机成本的比例＿＿＿％						

产品主要技术规格	产品结构型式	□悬挂式 □牵引式　□其他＿＿＿＿＿		结构质量	kg
	排种器型式	□槽轮式 □气力式 □指夹式 □其他＿＿＿		;□金属材料 □非金属材料	
	配套动力范围	kW	作业速度范围		km/h
	作业小时生产率	hm²/h	行距		mm
	工作行数	行	作业幅宽		mm
	排种器驱动方式		排种器数量		个
	排肥器型式		排肥器数量		个
	排肥器驱动方式		种/肥箱容积		L
	播种开沟器型式		开沟器数量		个
	施肥开沟器型式		破茬清垄工作部件型式		个
	排种监测系统	□有　　□无			

产品功能特点	
目前国内免耕播种机发展现状、存在的主要问题及政策建议	

注1：此表由生产企业按免耕播种机型号填写。
注2：在选项□内打"√"。
注3：不适用栏目打"/"。

182

附 录 C

（规范性）

免耕播种机用户调查表

免耕播种机用户调查表见表 C.1。

表 C.1 免耕播种机用户调查表

调查单位：_____ 调查表编号：_____

调查日期：____年___月___日 调查人签字：_____

购机者姓名				联系电话		
用户情况	姓名		年 龄 _____岁	从事免耕播种机操作年限		_____年
	文化程度	大学及以上　　大专　　中专　　高中　　初中　　小学及以下				
	联系地址			联系电话		
	用户类型	农机合作社　农机大户　作业公司　自用　其他：_____				
	培训情况	□未培训　□上机前简单培训　□专业培训(可多选)			若有培训,对培训满意程度 □好 □一般 □差	
		培训提供方为(可多选)：□生产企业　　□经销商　　□农机管理部门　　□其他机构：_____				
	是否看过使用说明书(□未提供)		□是　　　□否	是否看得懂使用说明书		□是　　　□否

产品情况	型号名称			出厂编号	
	生产企业				
	出厂日期	_____年___月		购机日期	_____年___月
	机器结构型式	□悬挂式 □牵引式 □其他_____		排肥器总数	个
	排种器结构型式	□槽轮式 □气力式 □指夹式 □其他_____		排种器总数	个
	机器是否使用满一个作业季节	□是 □否	总作业时间：_____h,总作业量：_____hm² 其中,从事免耕播种作业:□不足50% □50%～60% □60%～70% □70%～80% □80%～90% □90%以上		
	生产企业或经销商是否提供三包凭证	□是　　　□否	配套动力_____kW		行距_____mm
	机身上有无农业机械试验鉴定标志	□无 □有(标志编号：_____; 与证书编号：□一致　　□不一致)			

安全性 B₁	安全标志	永久性标志	升降机构(□不适用)	□有　　□无　　□已脱落
			划行器(□不适用)	□有　　□无　　□已脱落
			链轮传动机构	□有　　□无　　□已脱落
			有搅拌器或绞刀运动的种肥箱(□不适用)	□有　　□无　　□已脱落
		在驾驶员可视的明显位置,设置播种时不可倒退标志		□有 □有(人为撕毁) □无(出厂未贴) □无(自行脱落)
		工作台附近,设置禁止非操作者乘坐标志(□不适用)		□有 □有(人为撕毁) □无(出厂未贴) □无(自行脱落)
		工作部件超过4m高时,设置防止高压线缠绕标志(□不适用)		□有 □有(人为撕毁) □无(出厂未贴) □无(自行脱落)
	安全防护	装载台台面是否防滑(□不适用)		□是 □否
		道路运输时,划行器是否能牢固锁定(无划行器□)		□是 □否
		种(肥)箱盖有无固定装置		□有 □无
		播种机单独停放时有无保持稳定的措施		□有 □无

表 C.1（续）

安全性 B₁	安全防护	工作台有无防滑脚踏板(□不适用)	□有　□无	脚踏板的长度是否便于工作人员操作	□是　□否
		有无扶手(□不适用)	□有　□无	扶手的长度是否便于工作人员操作	□是　□否
		外露的传动/旋转部件是否有防护罩	□有 □有(人为拆卸)　部位：_____ □无(出厂未装)　部位：_____ □无(自行掉落)　部位：_____ □无(选装件,未购)　部位：_____		
	危险部位的安全防护效果 C_{11}		□很满意　□满意　□一般　□不满意　□很不满意		
	安全标志的警示作用 C_{12}		□很满意　□满意　□一般　□不满意　□很不满意		
	安全操作使用说明的指导作用 C_{13}(□未看)		□很满意　□满意　□一般　□不满意　□很不满意		
可靠性 B₂	机器是否发生过故障(轻微故障不计入)		□是　　　□否		
	机具发生故障频次 C_{21}	□未发生故障	□很满意　□满意　□一般　□不满意　□很不满意		
	处理故障难易程度(或费时长短) C_{22}		□很满意　□满意　□一般　□不满意　□很不满意		
适用性 B₃	前茬作物	□玉米 □小麦 □其他_____	耕作方式	□免耕播种 □少耕播种 □其他_____	
	是否能在使用说明书适用范围内作业(□未提供 □未看)		□是 □否,不能作业的具体表现：_____		
	土壤质地	□沙土 □壤土 □黏土 □其他_____	土壤质地适用情况 C_{31}	□很满意 □满意 □一般 □不满意 □很不满意	
	播种前秸秆情况	□高留茬 □抛洒还田 □混埋 □焚烧　□其他_____	秸秆覆盖量适用情况 C_{32}	□很满意 □满意 □一般 □不满意 □很不满意	
	种子品种	□玉米 □小麦 □其他_____	种子品种适用情况 C_{33}	□很满意 □满意 □一般 □不满意 □很不满意	
	堵塞情况 C_{34}		□很满意　□满意　□一般　□不满意　□很不满意		
	播种质量情况 C_{35}		□很满意　□满意　□一般　□不满意　□很不满意		
	作业地动土情况 C_{36}		□很满意　□满意　□一般　□不满意　□很不满意		
	种肥间距适用情况 C_{37}		□很满意　□满意　□一般　□不满意　□很不满意		
售后服务状况 B₄	生产企业或经销商的售后联系方式是否有效(□未联系过)	□是 □否	生产企业或经销商是否进行人员或电话回访	□是□否	
	三包期外配件是否容易购买(□未购买过)	□是 □否	发生售后维修的,三包凭证上是否记录维修信息(□未曾维修过)	□是□否	
	机具的配件供应情况 C_{41}(□未购买过配件)		□很满意　□满意　□一般　□不满意　□很不满意		
	产品安装调试情况 C_{42}　□未曾调试(□企业拒绝)		□很满意 □满意 □一般 □不满意 □很不满意		
	服务承诺兑现情况 C_{43}	□未发生售后服务	□很满意 □满意 □一般 □不满意 □很不满意		
	售后服务的及时性 C_{44}		□很满意 □满意 □一般 □不满意 □很不满意		
	售后服务人员解决问题的能力 C_{45}		□很满意 □满意 □一般 □不满意 □很不满意		
	售后服务人员的态度 C_{46}		□很满意 □满意 □一般 □不满意 □很不满意		
投诉情况	质量投诉： □有 □无	投诉渠道	□投诉机构：_____		
		投诉问题、发生原因等情况描述			
		投诉处理结果			
		投诉处理满意度	□满意　　□基本满意　　□不满意		

表 C.1（续）

质量安全事故	事故过程及原因 （□未发生）	
	事故处理情况	
用户建议	下次还会购买同一个企业的产品吗？　□会　□不会　□不一定 若不会,原因为(可多选)： □安全性,具体是： □可靠性,具体是： □适用性,具体是： □售后服务状况,具体是： □其他：	
	您认为该产品存在的问题及改进建议(可多选)：□无 □安全性： □可靠性： □适用性： □售后服务状况： □其他：	
	签字前请确认调查表中填写内容属实。 　　　　　　　　　　　　　　　　　　　　　　　用户签名：	

附 录 D

（规范性）

免耕播种机故障调查表

免耕播种机故障调查表见表 D.1。

表 D.1 免耕播种机故障调查表

调查单位：_____ 调查表编号：_____

调查日期：_____年___月___日 调查人签字：_____

故障发生情况（可多选）	故障发生部位	发生时间	表现形式	处理情况	故障类型		
	□开沟部分				□致命	□严重	□一般
					□致命	□严重	□一般
	□施肥部分				□致命	□严重	□一般
					□致命	□严重	□一般
	□播种部分				□致命	□严重	□一般
					□致命	□严重	□一般
	□镇压/覆土部分				□致命	□严重	□一般
					□致命	□严重	□一般
	□机架部分				□致命	□严重	□一般
					□致命	□严重	□一般
	□破茬清垄部分				□致命	□严重	□一般
					□致命	□严重	□一般
□无故障	□传动机构				□致命	□严重	□一般
					□致命	□严重	□一般
	□液压系统				□致命	□严重	□一般
					□致命	□严重	□一般
	□风机部分				□致命	□严重	□一般
					□致命	□严重	□一般
	□监控部分				□致命	□严重	□一般
					□致命	□严重	□一般
	□其他				□致命	□严重	□一般
					□致命	□严重	□一般
签字前请确认调查表中填写内容属实。							
						用户签名：	

附　录　E
（资料性）
免耕播种机故障模式及分类示例

免耕播种机故障模式及分类示例见表E.1～表E.11。

表E.1　开沟部分

序号	故障部位名称	故障表现形式	故障类型
1	开沟器总成	丧失功能、报废	致命故障
2	开沟部件	断裂、变形、不正常磨损	严重故障
3	开沟器支架	断裂、变形	严重故障
4	开沟器轴	弯曲、裂纹、折断	严重故障
5	开沟部件	通过性差（拖堆、夹泥、堵塞）、弯曲、开沟深度不足；转动卡滞	一般故障
6	开沟部件轴承	损坏	一般故障
	开沟器轴	螺纹滑扣	一般故障
7	开沟器支架	开焊	一般故障
8	弹簧	折断、调节失效	一般故障

表E.2　施肥部分

序号	故障部位名称	故障表现形式	故障类型
1	排肥器总成	丧失功能、报废	致命故障
2	排肥轴	折断、弯曲、裂纹	严重故障
3	排肥器	壳体裂纹、变形、不正常磨损	严重故障
4	排肥部件	外槽轮断齿、绞龙片损坏；排肥软管损坏漏肥、排肥硬管施肥口角度有偏差	一般故障

表E.3　播种部分

序号	故障部位名称	故障表现形式	故障类型
1	排种器总成	丧失功能、报废	致命故障
2	排种器	转动不灵活、卡滞，严重漏播、重播	严重故障
3	排种盘	变形、开裂、平面度超过偏差	严重故障
4	限深装置	失效，播种深度不能调整，播种深度不达标	严重故障
5	指夹、勺轮	指夹折断、弹簧折断、勺轮损坏	严重故障
6	排种器壳体	变形或开裂	严重故障
7	排种器轴	折断、变形	严重故障
8	播种单体四连杆	变形	严重故障
9	排种器传动齿轮	断齿	一般故障
10	排种器轴承	损坏	一般故障
11	排种管	变形、固定不牢、株距不均匀	一般故障
12	限深轮	轮胎破损、轴承卡滞、支臂变形、拖堆	一般故障
13	排种轴头与离合器	连接销折断	一般故障

表E.4　镇压/覆土部分

序号	故障部位名称	故障表现形式	故障类型
1	镇压、覆土器轴	折断、变形	严重故障
2	镇压、覆土器胶轮	橡胶脱落、辐盘开裂	一般故障
3	弹簧	变形失效、折断	一般故障
4	轴承	损坏	一般故障
5	支架	变形	一般故障

表 E.5 机架部分

序号	故障部位名称	故障表现形式	故障类型
1	机架	断裂、变形	严重故障
2	牵引架（悬挂架）	断裂、变形	严重故障
3	机架连接件	连接松动、开焊	一般故障

表 E.6 破茬清垄部分

序号	故障部位名称	故障表现形式	故障类型
1	破茬装置	折断、变形	严重故障
2	清垄装置	折断、变形	严重故障
3	破茬装置	破碎效果不好,通过性差;秸秆切刀损坏、轴承损坏	一般故障
4	清垄装置	清垄不彻底、拨草轮拥堵、轴承损坏	一般故障
5	支架	变形、开裂	一般故障

表 E.7 传动机构

序号	故障部位名称	故障表现形式	故障类型
1	地轮装置、传动轮装置、传动轴、轴承座	变形、断裂等形式损坏	严重故障
2	口肥排肥器电机	烧毁	严重故障
3	变速器	损坏	严重故障
4	排种离合器	不结合、分离不彻底	严重故障
5	链条	同一部位多次损坏,严重影响作业	严重故障
6	差速器	损坏	严重故障
7	口肥排肥器电机	碳刷接触不良、运转卡滞等	一般故障
8	轴承	损坏	一般故障
9	链条	损坏	一般故障
10	链条张紧机构	张力不足、变形或折断	一般故障
11	地轮、传动轮	漏气、打滑、拖堆	一般故障
12	地轮支架	变形、开裂	一般故障

表 E.8 液压系统

序号	故障部位名称	故障表现形式	故障类型
1	油缸、油管	爆裂、活塞杆折断	严重故障
2	接头	漏油	一般故障
3	油缸	泄压、漏油、不工作、不同步	一般故障
4	油管	漏油	一般故障

表 E.9 风机

序号	故障部位名称	故障表现形式	故障类型
1	风机壳体	断裂或风机总成报废	致命故障
2	风机叶片	断裂或开裂	致命故障
3	轴承座	损坏	严重故障
4	风机	漏气、风力不足、排种不均匀	严重故障
5	气压表	不归零、读数不正确	一般故障
6	风机轴承	漏油、卡滞	一般故障
7	连接件	松动、整机振动	一般故障

表 E.10 监控部分

序号	故障部位名称	故障表现形式	故障类型
1	监控器	报警失效、按键失效、计数不准、不存储数据等	一般故障
2	排种管传感器	持续报警或不报警	一般故障

表 E.11 其他

序号	故障部位名称	故障表现形式	故障类型
1	划行器	损坏	一般故障

附 录 F
（资料性）
免耕播种机质量调查报告内容编排格式

F.1 调查概况

F.1.1 调查任务情况

概述调查任务来源、调查承担机构、调查时间等。

F.1.2 调查依据

列明免耕播种机质量调查实施方案等执行依据。

F.1.3 调查范围和对象

概述质量调查的区域，调查样本条件、数量及分布情况，分析调查样本的代表性。

F.1.4 调查内容和方法

概述用户调查的基本内容、具体方法、用户满意指数计算方法和用户满意度评价分值分档标准等。

F.2 调查对象基本情况

F.2.1 生产企业基本情况

综述被调查企业的类型和规模，免耕播种机的研发能力、生产制造能力、销售情况、质量保障能力和售后服务能力等情况。

F.2.2 产品基本情况

重点描述调查产品的结构型式和主要技术特点，被调查机具作业情况等。

F.2.3 调查用户基本情况

统计用户（机手）的类型、年龄、操作机具年限、接受培训等情况，分析用户主要特点，分析用户对机具操作使用水平和对质量调查的配合能力。

F.3 用户调查结果

F.3.1 综合评价

报告本次调查产品总体满意指数 I_A，给出相应的满意度档次结论，列出最高值和最低值，可以图表分析用户对各档次产品占比。描述用户表示下次还会购买同一企业的产品的情况。

F.3.2 "三性一状况"调查结果

分别报告免耕播种机安全性、可靠性、适用性和售后服务状况单项综合满意指数，给出相应的满意度档次结论，列出最高值和最低值。可对"三性一状况"安全标志和安全防护情况、故障发生情况及各三级指标调查结果列表统计。

F.4 调查反映的问题及分析

结合调查结果，引用相关的统计数据和图片资料，从产品安全性、可靠性、适用性、售后服务状况 4 个方面综合分析免耕播种机存在主要问题并分析原因。

F.5 措施与建议

针对免耕播种机产品存在的问题，着眼大局，从政策调控、质量监管、产品设计制造、售后服务、对用户的培训指导等方面提出具有可操作性的措施与建议。

ICS 65.060.01
CCS B 90

NY

中华人民共和国农业行业标准

NY/T 3891—2021

小麦全程机械化生产技术规范

Technical specification for mechanized production of wheat

2021-05-07 发布
2021-11-01 实施

中华人民共和国农业农村部 发布

前　言

本文件按照 GB/T 1.1—2020《标准化工作导则　第 1 部分：标准化文件的结构和起草规则》的规则起草。

请注意本文件的某些内容可能涉及专利。本文件的发布机构不承担识别专利的责任。

本文件由农业农村部农业机械化管理司提出。

本文件由全国农业机械标准化技术委员会农业机械化分技术委员会（SAC/TC 201/SC 2）归口。

本文件起草单位：河北省农机化技术推广总站、中国科学院遗传与发育生物学研究所农业资源研究中心、保定市农机化技术推广站。

本文件主要起草人：孙彦玲、宋林平、闫子双、冯佐龙、李少华、吴波、李敬东、郑龙、王亚楠、姚振刚、李建波、徐萍、耿利星、杨红梅。

小麦全程机械化生产技术规范

1 范围

本文件规定了小麦全程机械化生产的术语和定义,以及操作要求、技术路线、品种选择、耕整地、施底肥、播种、镇压、田间管理、收获、秸秆处理、烘干等的技术要求。

本文件适用于小麦生产机械化作业。

注:冬小麦平播平作产区主要包括北部冬麦区、黄淮冬麦区、长江中下游冬麦区、西南冬麦区、西北冬麦区。北部冬麦区包括河北长城以南、山西中部和东南部、陕西长城以南的北部地区、辽宁辽东半岛以及宁夏南部、甘肃陇东地区。黄淮冬麦区包括河北中南部、山东、河南大部、江苏北部、安徽北部、山西中南部以及陕西关中地区。长江中下游冬麦区包括江苏和安徽两省淮河以南、湖北以及河南信阳。西南冬麦区包括重庆、四川、贵州、云南4省(直辖市)。西北冬麦区包括甘肃、宁夏、青海、新疆全部及陕西北部、内蒙古河套土默川地区。春麦区主要包括东北地区的黑龙江、吉林、辽宁大部,内蒙古、甘肃和宁夏部分地区,新疆北疆地区。

2 规范性引用文件

下列文件中的内容通过文中的规范性引用而构成本文件必不可少的条款。其中,注日期的引用文件,仅该日期对应的版本适用于本文件;不注日期的引用文件,其最新版本(包括所有的修改单)适用于本文件。

GB 4404.1　粮食作物种子　第1部分:禾谷类

NY/T 499　旋耕机　作业质量

NY/T 500　秸秆粉碎还田机　作业质量

NY/T 650　喷雾机(器)　作业质量

NY/T 739　谷物播种机械　作业质量

NY/T 740　田间开沟机械　作业质量

NY/T 742　铧式犁　作业质量

NY/T 995　谷物(小麦)联合收获机械　作业质量

NY/T 996　小麦精少量播种机　作业质量

NY/T 1121.22　土壤检测　第22部分:土壤田间持水量的测定　环刀法

NY/T 1276　农药安全使用规范　总则

NY/T 1411　小麦免耕播种机　作业质量

NY/T 1631　方草捆打捆机　作业质量

NY/T 2085　小麦机械化保护性耕作技术规范

NY/T 2463　圆草捆打捆机　作业质量

NY/T 2845　深松机　作业质量

3 术语和定义

下列术语和定义适用于本文件。

3.1

种肥同播　simultaneous sowing and fertilizing

种子和化肥由同一台机具同时播入田间的一种作业模式。

3.2

基本苗　basic seedling

作物播种后在田间单位土地面积上长出的幼苗数量。

4 操作要求

4.1 作业使用的机具应技术状态完好；所选拖拉机与机具配套合理。

4.2 作业机具应按使用说明书进行相关检查、保养与维修。

4.3 作业前应将机具按农艺要求进行相应调整，试作业达到要求后方可进行正式作业。

4.4 作业机手应经过技术培训，具备相关资格要求，熟练掌握机具检查、使用、保养等相关技术。

4.5 作业过程中操作人员应随时观察机具作业状态，定期检查作业质量，发现异常及时排除。

4.6 机具选择要与土地经营规模、作业模式相匹配，作业次序要保证各环节紧密协调、环环相扣，形成统一协调的机械化生产闭环。

5 技术路线

5.1 黄淮麦区小麦全程机械化作业技术路线见图1。

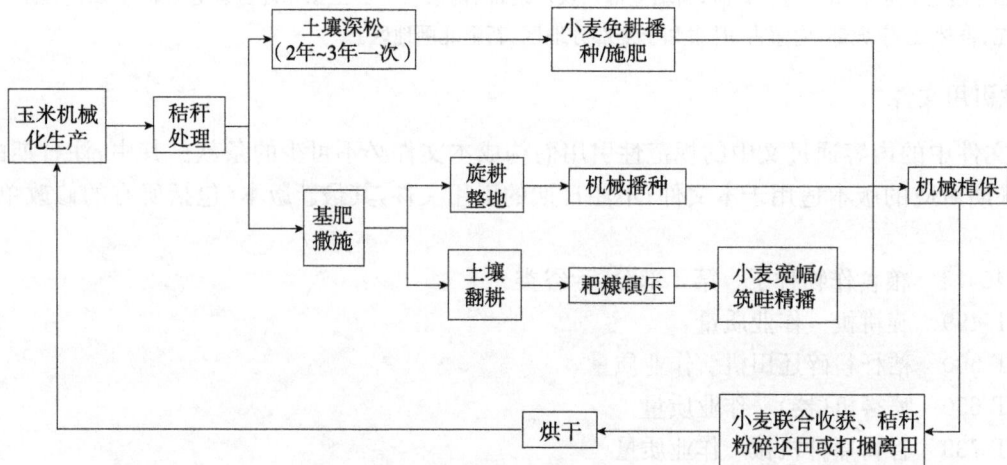

图1 黄淮麦区小麦全程机械化作业技术路线

5.2 长江中下游冬麦区小麦全程机械化作业技术路线见图2。

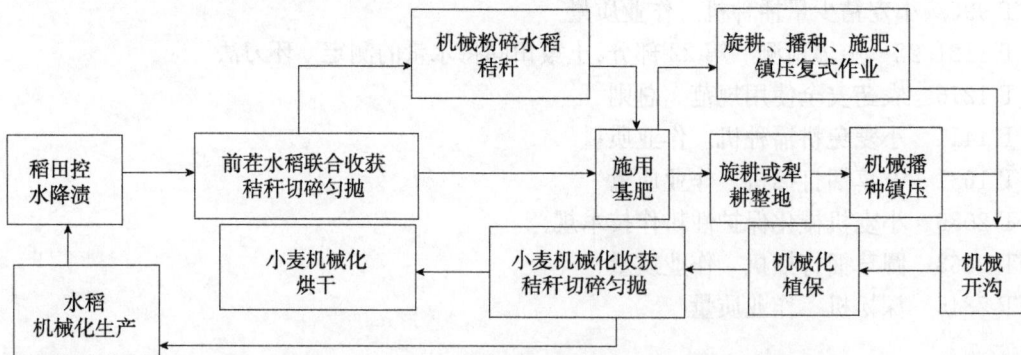

图2 长江中下游冬麦区小麦全程机械化作业技术路线

5.3 东北春麦区小麦全程机械化作业技术路线见图3。

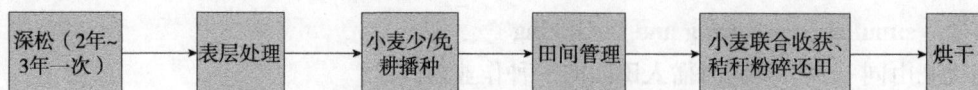

图3 东北春麦区小麦全程机械化作业技术路线

6 品种选择

6.1 宜选用通过国家或省级审定且由当地农业部门推广的、适宜于机械化作业的小麦品种。

6.2 小麦种子质量应符合 GB 4404.1 的规定,且发芽率应不小于 95%。

6.3 对种子进行包衣、拌种作业时,宜根据农药剂型和作业量等因素选用适宜型号的种子包衣机、拌种机。

6.4 小麦种子宜进行包衣处理。未包衣的种子,播种前应根据当地常年病虫害发生情况,有针对性地选择防治药剂拌种处理。

7 耕整地

7.1 作业时间与方式

7.1.1 应根据当地的种植模式、农艺要求、土壤条件和地表秸秆覆盖状况等因素,合理选择机械耕整地的作业时间与作业方式。

7.1.2 北部冬麦区、黄淮冬麦区、长江中下游冬麦区、西南冬麦区、西北冬麦区耕整地应在播种当年秋季进行;春小麦地区耕整地宜在春季进行,深松等部分作业项目可在上一年秋季进行。

7.1.3 多项作业分步进行时,应合理选择作业顺序、有序衔接,前面的作业项目应为后续作业打好基础。

7.1.4 一般选用旋耕或犁耕进行耕整地作业,连年旋耕地块宜 2 年或 3 年深松一次,铧式犁深耕作业地块宜 3 年深松一次。

7.2 前茬秸秆处理

7.2.1 耕整地前,需对前茬作物秸秆进行处理。秸秆粉碎还田的,宜采用秸秆粉碎还田机、根茬粉碎还田机、灭茬旋耕机、埋茬旋耕整地机作业,秸秆粉碎还田机作业质量应符合 NY/T 500 的要求。

7.2.2 前茬作物秸秆回收处理的,应地表干净、无散乱秸秆,残茬高度应不大于 8 cm。作业质量符合 NY/T 1631 和 NY/T 2463 的规定。

7.2.3 保护性耕作的地区,收获后作物残茬应均匀覆盖地表。可采用秸秆还田、表土作业等方式对残茬进行处理。采用留根茬处理时,小麦、小杂粮留根茬高度应不小于 15 cm;玉米留根茬高度应不小于 20 cm。

7.3 深松整地

7.3.1 深松深度应为 25 cm～40 cm;采用凿(铲)式深松机作业时,相邻两铲间距不大于 2.5 倍深松深度。

7.3.2 宜采用凿式深松机、翼铲式深松机、振动深松机、鹅掌式深松、曲面深松犁等机具,作业质量应符合 NY/T 2845 的规定。

7.3.3 深松作业后应及时进行后续作业或保墒作业。采用秋季深松第二年春季整地播种小麦的地块,深松机上应加装碎土、合墒等装置。

7.4 犁耕

7.4.1 耕深应符合当地农艺要求,北部冬麦区、黄淮冬麦区及其他适宜地区耕深应不小于 20 cm,东北春麦地区耕深应不小于 25 cm。

7.4.2 犁耕作业质量应符合 NY/T 742 的要求,地表以下植被覆盖率应不小于 85%。

7.4.3 土壤绝对含水量大于 30% 时,可视情况翻耕后晒垡,适宜时再进行耙地、整地作业。

7.5 旋耕

7.5.1 旋耕机作业质量应符合 NY/T 499 的要求,旋耕深度应不小于 12 cm。作业一遍达不到作业质量要求时,应进行第二遍作业。

7.6 表土作业

7.6.1 表土作业为保护性耕作地区选择性作业。前茬作物收获后,对残茬进行检查,当地表残茬覆盖量为 0.6 kg/m²、地表平整度不小于 10 cm 或实施深松作业后应进行表土作业。在风大地区应采取表土作业以固定残茬。

7.6.2 表土作业根据残茬处理方式,宜在秋季残茬粉碎还田后或春季播种前进行;实施深松作业后,应立即进行表土作业。作业深度为 3 cm~8 cm。当残茬量较大时,作业深度可增加到 8 cm~12 cm,作业后的地表平整度不大于 5 cm,地表残茬覆盖量为 0.3 kg/m²~0.6 kg/m²。

7.7 整地后开沟

7.7.1 开沟深度应符合当地农艺要求。田外沟一般沟距 80 cm~100 cm、沟深 60 cm~80 cm。

7.7.2 应根据当地情况选择适宜型号的开沟机进行作业。作业质量应符合 NY/T 740 的要求。

7.8 耕整地联合作业

7.8.1 有条件地区宜采用联合作业机械,一次作业达到备播状态。

7.8.2 常用机械有犁耕耙压整地联合作业机、深松旋耕施肥联合作业机、深松旋耕联合整地机、施肥旋耕联合作业机械。

7.9 配套动力

7.9.1 应根据耕整地方式、耕作深度、土壤比阻、机具规格等,合理选配不同型号的拖拉机。

7.9.2 保护性耕作机具和复合式耕整地作业机具,宜用功率 120 马力及以上的四轮驱动拖拉机进行动力匹配。

8 施底肥

8.1 施肥方式

8.1.1 有播前撒施和种肥同播两种施肥方式,推荐选用复式作业机具种肥同播。

8.2 播前施肥

8.2.1 将底肥在耕整地作业前或在耕整地作业同时施入待播地中。耕整地前施肥的地块,需及时进行翻耕或旋耕作业。

8.2.2 化肥宜深施,可采用撒肥机作业后再用铧式犁或旋耕机作业,亦可采用带有施肥装置的耕整机具联合作业的方式进行。

8.2.3 施肥机构应能准确控制施肥量,不重不漏,分布均匀。施肥量按当地农艺要求确定。

8.3 种肥同播

8.3.1 肥料应施于种子的侧下方或正下方,肥料与种子之间的空间距离应不小于 5 cm;肥带宽度宜不小于 3 cm。冬小麦产区宜采用深施肥;春小麦产区可适当浅施,施肥深度为 7 cm~10 cm。

8.3.2 施肥作业质量一般要求排肥量准确、均匀性好,施肥深度一致,种肥间距适宜。谷物播种机械、小麦精少量播种机、小麦免耕播种机、小麦保护性耕作机械化作业时,作业质量应分别符合 NY/T 739、NY/T 996、NY/T 1411、NY/T 2085 的要求。

8.3.3 施肥装置应具备不小于 60 kg/亩的施肥能力。

9 播种

9.1 播期

9.1.1 应根据小麦品种、气候、地力水平、土壤墒情等合理确定播种日期。

9.1.2 冬小麦适宜播种日期为:
  a) 一般北部冬麦区 9 月底至 10 月上旬。
  b) 黄淮冬麦区 10 月上旬至中旬。
  c) 长江中下游冬麦区 10 月下旬至 11 月上旬。

d) 西南冬麦区 10 月下旬至 11 月上旬。

e) 西北冬麦区旱地小麦一般在 9 月下旬、水浇地小麦 10 月中上旬。适宜播种日平均气温，冬性种为 16 ℃～18 ℃,半冬性品种为 14 ℃～16 ℃,春性品种为 12 ℃～14 ℃。

9.1.3 春小麦适宜播期平均气温 2 ℃～4 ℃,一般为土壤表层白天解冻 4 cm～6 cm、夜晚仍然冻结时顶凌播种。播期宜在 3 月中下旬至 4 月下旬。

9.2 墒情

9.2.1 小麦播种时,土壤绝对含水率宜为 12%～22%。

9.2.2 土壤含水率过低时,北部冬麦区、黄淮冬麦区和有条件的春小麦地区宜播前造墒,保证足墒播种;播前未能造墒时,播后应及时浇蒙头水。土壤含水率过高时,可在进行耕整地作业后晾晒一段时间,待墒情适宜时再进行播种。沙土地地区不宜浇蒙头水。

注:蒙头水指小麦播种后,因墒情不足影响种子发芽或出苗的情况下,而进行的浇水灌溉。

9.3 播种量

9.3.1 应符合当地农艺要求,根据品种差异、播种日期和地力水平合理确定播种量,并控制亩基本苗数量。

9.3.2 冬小麦适宜播种量如下:

a) 北部冬麦区亩基本苗 20 万株～30 万株、播种量 12 kg/亩～19 kg/亩。

b) 黄淮冬麦区北部和中部亩基本苗 15 万株～25 万株、播种量 9 kg/亩～16 kg/亩。

c) 黄淮南部亩基本苗 15 万株～18 万株、播种量 9 kg/亩～11.5 kg/亩。播种时日均温度低于 15 ℃以后,每推迟 1 d 播种,增加亩基本苗 1 万株、0.6 kg/亩,但最多不宜超过 35 万株。

d) 长江中下游冬麦区亩基本苗 12 万株～16 万株、播种量 7 kg/亩～10 kg/亩;迟于适宜播期的适当增加播种量,每晚播 1 d 增加 0.5 万株、0.3 kg/亩,最多不超过预期穗数的 80%。

e) 西南冬麦区亩基本苗 15 万株～20 万株、播种量 9 kg/亩～13 kg/亩。

f) 西北冬麦区旱地小麦亩产 250 kg 以上的亩基本苗 20 万株～30 万株、播种量 12 kg/亩～19 kg/亩,亩产 150 kg～200 kg 的亩基本苗 15 万株～20 万株、播种量 9 kg/亩～13 kg/亩。水浇地亩产 300 kg～400 kg 的亩基本苗 25 万株～30 万株、播种量 15 kg/亩～19 kg/亩,亩产 400 kg～500 kg 的亩基本苗 22 万株～32 万株、播种量 13.5 kg/亩～20 kg/亩。

g) 春小麦地区宜合理密植,亩基本苗 40 万株～60 万株、播种量 25 kg/亩～37.5 kg/亩。

9.3.3 播种量计算公式见附录 A。

9.4 播种作业

9.4.1 播种作业有条播、穴播、撒播、复合式播种等方式,有条件的地区推荐使用复式播种作业机具,复合作业可减少相应耕整地环节。

9.4.2 北部冬麦区和黄淮冬麦区,采用条播机等行距条播,有条件的地区也可选用一次完成施肥、播种、镇压等联合作业的播种机作业。行距可根据当地农艺要求适当调整,中等行距为 15 cm,宽窄行在 10 cm～25 cm。

9.4.3 长江中下游冬麦区,稻麦两茬种植时,水稻收获较早、腾茬及时、墒情适宜、土壤适耕状态好的地块可采用少(免)耕条播机联合作业,一次完成浅旋、开沟、播种、覆土、镇压等工序,行距为 25 cm;耕整地质量高、墒情适宜、肥力好的地块宜选用条播机扩行条播;土壤黏湿地块宜选用小麦摆播机进行机械撒播;茬口需抢茬播种时,宜选用旋耕播种机联合作业。

9.4.4 西南冬麦区一般选用条播机作业,行距 20 cm、种子带宽 4 cm 左右;也可选用穴播机作业,行距 20 cm、穴距 10 cm。免耕麦田应在播前 7 d 进行化学除草,每亩用灭生性除草剂 200 mL 兑水 30 kg 喷雾。

9.4.5 西北冬麦区可采用条播机作业,行距 15 cm～20 cm,旱地小麦取下限,水浇地取上限。

9.4.6 春小麦地区应根据当地情况而定。宜采用常规 15 cm 行距单条播种,也可采用 30 cm 双条播种等方式。

9.4.7 冬小麦播种深度一般 3 cm～5 cm;春小麦区可适当浅播,在 3 cm～4 cm。墒情好时取下限,墒情差时取上限。

9.4.8 播种作业速度宜 4 km/h～8 km/h 匀速行驶,应播量精确、下种均匀、无漏播、无重播,覆土均匀严密。实行保护性耕作的地块,播种时应保证种子与土壤接触良好。谷物播种机械、小麦精少量播种机、小麦免耕播种机、小麦保护性耕作机械化作业时,作业质量应分别符合 NY/T 739、NY/T 996、NY/T 1411、NY/T 2085 的要求。

9.4.9 长江中下游冬麦区播种后应采用圆盘开沟机及时开沟。开沟深度 25 cm～35 cm、沟距 3 m～4 m,作业质量应符合 NY/T 740 的规定。

9.4.10 保护性耕作地区应根据当地的农艺适时播种,宜采用小麦免耕播种机或用带状旋耕播种施肥机一次完成开沟、播种、施肥、覆土、镇压等工序的播种作业,作业质量应符合 NY/T 1411 的规定,宜进行播后镇压。施肥量应符合当地农艺要求。

9.4.11 有条件的地区可选用复式播种作业机具进行播种,具体如下:

    a) 北部冬麦区、黄淮冬麦区、西南冬麦区复式播种作业宜采用小麦旋耕施肥播种联合作业机、小麦深松旋耕施肥播种一体机等复式作业机具。作业时宜增加播量 1 kg/亩～2 kg/亩,并适当降低作业速度。

    b) 长江中下游冬麦区复式播种作业宜采用带有开沟装置的旋耕播种复式作业机,中挡匀速作业,播种深度 3 cm～5 cm,要求播量精确、下种均匀,无漏(重)播,覆土均匀严密,播后镇压效果良好(如土壤湿度较大或黏重土壤,亦可不需镇压)。

    c) 西北冬麦区复式播种作业宜采用小麦免耕播种机或用带状旋耕播种施肥机一次完成开沟、播种、施肥、覆土、镇压等工序的播种作业。

9.4.12 西北冬麦区年降水量在 200 mm～450 mm 的干旱、半干旱地区种植宜使用全膜覆土穴播作业,一次完成整地、施肥、覆膜、覆土、穴播等多项作业。

9.5 播种机械

应根据当地农艺要求、种植模式等情况选择适宜的播种机械。宜采用小麦条播机、小麦匀播机、小麦施肥播种机、小麦旋耕施肥播种机、小麦免耕施肥播种机、小麦深松旋耕施肥播种机等播种作业。

9.6 配套动力

9.6.1 应根据播种作业行数、项目、土壤类型、工作阻力等合理选择配套拖拉机。

9.6.2 小麦条播机、小麦匀播机、小麦施肥播种机可配套选用中型拖拉机,小麦旋耕施肥播种机、小麦免耕施肥播种机、小麦深松旋耕播种机宜选用大于 120 马力的大型四轮驱动拖拉机。

10 镇压

10.1 镇压时间

10.1.1 冬小麦播种镇压宜一次性完成。保护性耕作地区土块较多较大、田间秸秆持有量大且土壤含水率低的情况下,应在播后立即镇压,并适当提高镇压强度。若小麦播种时逢低温阴天,镇压可适当延后。也可根据田间土壤持水量确定,当 0 cm～20 cm 表层土中轻壤土相对含水率不大于 85%、中壤土、重壤土相对含水率不大于 80% 时适宜镇压作业。土壤田间持水量测定按照 NY/T 1121.22 的规定执行。

10.1.2 冬小麦越冬镇压宜选择入冬后土壤表层出现反复的冻消时进行。

10.1.3 冬小麦播种过深、土壤湿度大、苗黄苗弱、生长受挫时不宜镇压。早晨、晚上和阴天时不宜镇压,应选择晴天、中午前后进行镇压。

10.2 镇压强度

10.2.1 镇压强度一般按碌碡镇压器水平方向上每米重量计,分为轻度镇压、中度镇压、重度镇压 3 个等级,具体指标见表1。

表 1　镇压器重量指标

单位为千克每米

轻度镇压	中度镇压	重度镇压
<100	100～150	>150

10.2.2 镇压强度宜根据土壤性质、土壤含水率及秸秆持有量确定。长江中下游冬麦区在播后墒情适宜的条件下,镇压强度以轻度镇压为宜;北方冬麦区、黄淮冬麦区秸秆不还田麦田轻壤土采取重度镇压,中壤土采取中度镇压,重壤土采取轻度镇压。秸秆还田麦田镇压强度见表2。

表 2　秸秆还田麦田的镇压强度要求

单位为百分号

镇压强度	0 cm～40 cm 土壤相对含水量		
	轻壤土	中壤土	重壤土
轻度镇压	>80	>75	>75
中度镇压	70～80	65～75	65～75
重度镇压	<70	<65	<65

10.3　镇压器

宜采用牵引式碾轮镇压器(如平面轮、凸面轮、凹面轮和锥形轮)、自走式液压折叠小麦镇压器。

10.4　作业要求

镇压作业宜在 2 km/h～5 km/h 范围内匀速进行,要求强度均匀,镇压后地表平整,无裂纹、无大土块,达到上实下虚。

11　田间管理

11.1　灌溉

11.1.1 灌溉作业应按当地农艺要求进行。具体时间按下列要求:

　　a)　北部冬麦区、黄淮冬麦区、长江中下游冬麦区、西南冬麦区、西北冬麦区在小麦越冬期、拔节期、抽穗期、灌浆期,应根据田间持水量情况适时灌溉;

　　b)　春小麦地区宜在拔节期、抽穗期根据田间持水量情况适时灌溉。

11.1.2 应根据当地条件选择畦灌、沟灌、管灌、喷灌、滴灌等灌溉方式。灌溉时可安装施肥泵采取水肥一体化作业。水肥一体化作业时,前 5 min～10 min 及最后 10 min 用清水灌溉。

11.1.3 宜采用卷盘式喷灌机、地埋伸缩式喷灌设备、桁架式淋灌机、水肥一体化滴灌设备等进行节水灌溉。

11.2　追肥

11.2.1 应根据小麦各期的长势情况,确定苗期、越冬期、返青期、拔节期、孕穗期的时间和追肥量。

11.2.2 北部冬麦区、黄淮冬麦区应根据地力基础和小麦产量目标确定肥料用量、时期及底追比例,宜采用测土配方施肥。一般产量目标 400 kg～500 kg,在起身期或拔节期每亩施用 N、P_2O_5、K_2O 分别为 6 kg～7 kg、3 kg～4 kg、3 kg～5 kg;产量目标 500 kg～600 kg,在拔节期或在拔节期、孕穗期两次施用 N、P_2O_5、K_2O 分别为 10.6 kg～12 kg、5.3 kg～6.6 kg、4.6 kg～6 kg。

11.2.3 长江中下游冬麦区在拔节期小麦基部第一节间接近定长、叶龄余数 2.5 前后,每亩施用复合肥(氮、磷、钾均为 15%)20 kg～25 kg、尿素 5 kg～8 kg 为宜;抽穗期在旗叶露尖至破口期、叶龄余数为 0.5 前后,每亩施用尿素 5 kg～8 kg。

11.2.4 春小麦地区,在三叶期一般每亩施用尿素 15 kg 或碳铵 45 kg,可用播种机行间施肥,深度3 cm～5 cm;追肥后宜配合灌水。在拔节期、抽穗期宜依据苗情再次追肥,追肥量不超过总追肥量的30%;开花至成熟期可喷施叶面肥。

11.2.5 可采用水肥一体化模式或喷施。

11.3 排水

11.3.1 长江中下游冬麦区应备好以排水为主的田间沟渠,合理配置外三沟和内三沟,做到"三沟"配套、沟沟相连、排水通畅。

注:内三沟指毛沟、腰沟、墒沟,内三沟相联配套,沟渠相通,有利于排水。外三沟指排水沟、降水沟、隔水沟,因在农田外,统称外三沟。

11.3.2 冬春两季应注意清沟理墒,保持沟系畅通、排水顺畅,达到雨止田干的要求。

11.4 植保

11.4.1 应根据当地小麦病虫草害发生规律,确定病、虫防治日期、合理选用农药品种及用量,采取综合防治措施。

11.4.2 北部冬麦区、黄淮冬麦区应在起身拔节期和抽穗期两个关键时期进行防治。

11.4.3 长江中下游冬麦区宜在播种后出苗前封闭化除,在越冬前气温较高或返青后气温回暖、日均温达到 5 ℃～8 ℃时,对需要防治的麦田,再根据草相选用适宜的除草剂及时化除。

11.4.4 西南冬麦区免耕麦田应在播前除草基础上于 3 叶～4 叶期再进行一次化学除草。西北冬麦区在杂草较多时,也可进行化学除草。

11.4.5 应根据地块大小合理选择植保机械。较小地块可选用背负式喷雾喷粉机,较大地块宜选用自走式喷秆喷雾机或小型农用无人航空植保机,大型农场可选用农业航空植保机作业。

11.4.6 植保作业的用药应符合 NY/T 1276 的规定。作业质量一般要求药量准确,雾滴大小一致,不重不漏、覆盖均匀,应符合 NY/T 650 的规定。

12 收获

12.1 收获作业应在小麦进入蜡熟末期或完熟初期、籽粒含水率不大于 25% 时进行。

12.2 收获作业应结合当地情况选择适宜的小麦联合收割机,应带有秸秆粉碎及抛洒装置。长江中下游冬麦区宜视情况选用履带式小麦联合收割机。有条件地区宜选用大型高效的小麦联合收割机。

12.3 作业时,割茬高度应不大于 15 cm,收割损失率不大于 2%。小麦联合收割机作业质量应符合 NY/T 995 的规定。

12.4 长江中下游冬麦区收获前应做好田间排水及机具通行条件准备。

13 秸秆处理

13.1 小麦收获后的秸秆应进行粉碎还田或回收处理。

13.2 自带秸秆还田装置的小麦联合收割机,茎秆切碎长度应不大于 10 cm,茎秆抛洒均匀率不小于 90%。

13.3 对秸秆还田质量有较高要求时,应使用专用秸秆粉碎还田机再次进行作业。作业质量应符合 NY/T 500 的规定。

13.4 秸秆回收宜选用秸秆打捆机。作业后割茬高度应不大于 8 cm,要求地表干净、无散落秸秆,打捆机作业成捆率不小于 95%,草捆密度不小于 100 kg/m³。

14 烘干

14.1 收获后的小麦含水率不小于 13% 时应进行干燥处理。

14.2 宜根据当地能源资源、烘干量等具体情况,选用移动式、固定式等不同类型、不同规格的粮食干燥机。

附　录　A

（规范性）

小麦播种量计算公式

小麦播种量按公式（A.1）和公式（A.2）计算。

$$m = \frac{0.01 \times s \times k}{f \times c} \quad \cdots\cdots\cdots\cdots\cdots\cdots\cdots\cdots\cdots\cdots\cdots\cdots\cdots\cdots\cdots\cdots \text{（A.1）}$$

式中：

m ——每亩播种量的数值，单位为千克（kg）；

s ——每亩播下种子计划出苗数；

k ——千粒重的数值，单位为克（g），随机数出 3 份 1 000 粒种子，分别称其重量，求其平均值；

f ——发芽率，单位为百分号（%）；

c ——田间出苗率。播期正常，墒情合适，整地质量较好，一般出苗率按 80% 计算；整地质量差、墒情差或土壤过湿，一般出苗率按 60%～70% 计算。

$$f = \frac{a}{b} \times 100 \quad \cdots\cdots\cdots\cdots\cdots\cdots\cdots\cdots\cdots\cdots\cdots\cdots\cdots \text{（A.2）}$$

式中：

a ——发芽种子粒数；

b ——供试种子粒数。

ICS 65.060.01
CCS B 90

NY

中华人民共和国农业行业标准

NY/T 3892—2021

农机作业远程监测管理平台数据
交换技术规范

Technical specification of data exchange for remote monitoring platform
of agricultural machinery operation

2021-05-07 发布

2021-11-01 实施

中华人民共和国农业农村部 发布

前　言

本文件按照 GB/T 1.1—2020《标准化工作导则　第 1 部分：标准化文件的结构和起草规则》的规定起草。

请注意本文件的某些内容可能涉及专利。本文件的发布机构不承担识别专利的责任。

本文件由农业农村部农业机械化管理司提出。

本文件由全国农业机械标准化技术委员会农业机械化分技术委员会(SAC/TC 201/SC 2)归口。

本文件起草单位：北京农业智能装备技术研究中心、农芯科技(北京)有限责任公司、北京农业信息技术研究中心、农业农村部农业机械化技术开发推广总站、中国农业机械化科学研究院、北京市农业机械试验鉴定推广站、黑龙江惠达科技发展有限公司、江苏北斗卫星应用产业研究院有限公司。

本文件起草人：孟志军、赵春江、杜经纬、陈立平、陈竞平、苏春华、伟利国、梅鹤波、罗长海、吴春江、张光强、王培、尹彦鑫、魏学礼、秦五昌、郭树霞、刘旺、安红艳、盛顺、胡浩、吴紫晗、韩兴宇、陈伏州、陈伟、陈启东、马姝岑。

农机作业远程监测管理平台数据交换技术规范

1 范围

本文件规定了农机作业远程监测管理平台之间进行数据交换过程中所需遵守的规范,包括术语和定义、一般性规范、数据传输方式、功能实现流程、数据接口定义、参数和常量定义等内容。

本文件适用于农机作业远程监测管理平台之间的数据交换。

2 规范性引用文件

下列文件中的内容通过文中的规范性引用而构成本文件必不可少的条款。其中,注日期的引用文件,仅该日期对应的版本适用于本文件;不注日期的引用文件,其最新版本(包括所有的修改单)适用于本文件。

GB/T 2260 中华人民共和国行政区划代码

NY/T 1640 农业机械分类

3 术语和定义

下列术语和定义适用于本文件。

3.1

农机作业远程监测管理平台 remote moni toring platform for agricultural machinery operation

具有作业数据实时显示、作业轨迹回放、作业面积计算、作业质量分析、重复作业检测与分析、作业数据统计汇总、数据导出和报表打印等功能的综合性信息处理平台(以下简称平台)。

3.2

上级平台 superior platform

数据流入的平台。

3.3

下级平台 inferior platform

数据流出的平台。

3.4

农机定位信息 agricultural machinery location information

由作业监测终端从导航卫星接收并发送到监测管理平台的,与该农机当前位置有关的信息的统称,包括农机的经纬度、速度、方向等。

3.5

农机作业信息 agricultural machinery operation information

能够表征农机作业类型、作业状态、作业数量和作业质量的相关参数。例如,耕整地、播种、收获等作业类型信息;作业面积、作业地块面积、作业时长、作业里程等作业数量信息;漏播率、重播率、深松达标比等作业质量信息。

3.6

农机作业轨迹信息 agricultural machinery operation track information

农机在一段时间内连续运行所产生的多个轨迹点位的集合,每个轨迹点位包括经纬度、时间、速度、方向、作业状态等信息。

3.7

农机作业地块信息 agricultural machinery operation plot information

由农机作业轨迹信息解析生成的,能够表征作业地块地理位置、面积、边界轮廓等的信息。

3.8

农机作业图像信息 agricultural machinery operation image information

农机在作业过程中利用图像采集设备采集的作业图像,也包括采集时间、经纬度等信息。

4 一般性规范

4.1 接口基础功能

提供数据接口服务的平台应具备如下接口功能:

a) 应提供必要的用户身份验证方式,同时应为使用数据服务的平台分配正确的权限;

b) 应在数据接口服务的返回结果中给出必要且准确的提示信息;

c) 数据对接的双方平台应有一定的技术措施核查传输数据的准确性和完整性。

4.2 数据安全

数据对接的双方应采取必要的措施保证数据安全:

a) 双方传输的数据应经过加密后进行网络传输;

b) 接口服务提供方应配备必要的软硬件设施以保证接口服务正常运行、数据安全存储、用户隐私安全等,同时对于数据重传、数据补传、数据变更等情况有相应的处理方案;

c) 接口服务使用方应规范使用接口服务,保证自身账户信息不被泄露。

4.3 作业农机的区域归属

4.3.1 作业农机的区域归属分为省市、地市、区县、乡镇、服务组织 5 个级别,各级别有对应的区划代码。

4.3.2 服务组织为作业农机区域归属的具体级别,分为 3 种类型:

a) 行政村:对于从属于个人的农机,将农机归属的行政村指定为其服务组织,区划代码使用对应的行政村代码,按照 GB/T 2260 的规定执行;

b) 合作社:区划代码使用统一社会信用代码;

c) 公司型服务组织:区划代码使用统一社会信用代码。

4.3.3 省市、地市、区县、乡镇区划代码按照 GB/T 2260 的规定执行。

4.3.4 数据接口提供方依据国家统计局发布的最新版全国行政区划信息建立相应的区划信息库,并定期维护更新。

5 数据传输方式

5.1 传输格式

平台间数据通信方式采用 HTTPS 协议,数据协议格式采用 JSON(JavaScript Object Notation),字符编码使用 UTF-8。

5.2 传输模式

根据平台数据交换过程中的数据交换发起者的区别,分为如下两种数据传输模式,模式选择根据实际业务需求确定。

a) 模式 A:上级平台发起,调用下级平台的数据接口服务,获取下级平台数据。模式 A 如图 1 所示。

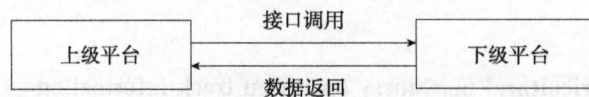

图 1 模式 A

b) 模式 B:下级平台发起,调用上级平台的数据接口服务,主动向上级平台推送。模式 B 如图 2 所示。

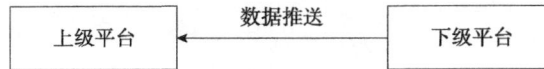

图2 模式B

5.3 参数加密

5.3.1 加密算法

    a) 加密算法:AES;

    b) 加密模式:ECB;

    c) 补码方式:PKCS5Padding;

    d) 密钥长度:128;

    e) 加密结果编码方式:Base64;

    f) 字符集:UTF-8。

5.3.2 加密方式

    a) 对接口请求参数中业务数据进行加密。

示例1:

```
{
    "usr": "testusr",
    "pwd": "testpwd",
    "para": "LscQhABl66pHxeb"
}
```

    b) 对接口返回结果中的业务数据进行加密。

示例2:

```
{
    "code": "1",
    "msg": "success",
    "result": "LscQhABl66pHxeb"
}
```

6 功能实现流程

6.1 模式A

6.1.1 开发数据接口服务

    下级平台开发数据接口服务。

6.1.2 账号及密钥分配

    下级平台为上级平台分配账户,并根据实际需求赋予相应的权限。用户权限包括:

    a) 区域权限:接口用户在指定时间范围内,对指定区域的农机作业数据拥有获取权限;

    b) 接口权限:允许用户访问的接口和使用时限。

6.1.3 开发数据对接程序(服务)

    上级平台开发数据对接程序(服务)。

6.1.4 参数加密及接口访问

    上级平台对请求参数中的业务数据进行加密,并使用账号信息连接数据接口服务,获得加密的业务数据。

6.1.5 数据解密

    上级平台对加密数据进行解密得到所需的业务数据。

6.2 模式B

6.2.1 开发数据接口服务

上级平台开发数据接口服务。

6.2.2 账号及密钥分配

上级平台为下级平台分配账户,并根据实际需要赋予相应的权限。用户权限包括:

a) 区域权限:接口用户在指定时间范围内,对指定区域的农机作业数据拥有推送权限;

b) 接口权限:允许用户访问的接口和使用时限。

6.2.3 开发数据对接程序(服务)

下级平台开发数据对接程序(服务)。

6.2.4 参数加密及接口访问

下级平台对除账户信息外的业务数据参数进行加密,并使用账户信息连接数据接口服务。

6.2.5 定时上传

上级平台与下级平台协定不同数据类型的上传频率,下级平台按规定的频率上传数据至上级平台。

6.2.6 结果返回

上级平台接收并解密得到所需的业务数据,同时返回调用结果状态信息。

7 数据接口定义

7.1 接口通用要求

7.1.1 接口请求类型

数据接口请求类型均为 POST。

7.1.2 账户信息参数

账户信息参数形式由数据接口提供方确定,有用户名密码形式、令牌形式等。

a) 用户名密码形式:

```
{
    "usr": "testusr",
    "pwd": "testpwd"
}
```

b) 令牌形式:

```
{
    "token": "LscQhABl66pHxeb"
}
```

7.1.3 各数据接口的请求参数中都需包含用户账户信息,请求参数表中不再列出此项。

7.2 通用接口

7.2.1 用户配置信息查询接口

用户使用该接口查询用户配置信息以及接口状态,接口方法名为 userinfo,接口请求参数和返回结果分别见表1和表2。

表 1 用户配置信息查询接口请求参数

参数名称	参数类型	必填与否	参数说明
……	……	……	……
注:该接口请求参数仅包含用户账户信息,具体参数格式由数据接口提供方确定。			

表 2 用户配置信息查询接口返回结果

参数名称	类型	参数说明
result	int	服务状态码(见表29)
msg	string	返回信息
user	object	用户配置信息

表 2（续）

参数名称		类型	参数说明
userstatus		string	用户状态(正常、禁用、异常等)
usrname		string	用户名称
regionauthor		object	区域权限
	level	string	区划级别名称(省市、地市、区县)
	name	string	区域名称
	start	string	区域数据权限开始时间(UTC＋8北京时区,例:2020-01-01)
	end	string	区域数据权限截止时间(UTC＋8北京时区,例:2020-11-12)
	isenable	int	是否可用(0 为不可用,1 为可用)
apiauthor		object	接口权限
	apiname	string	接口名称
	expiredat	string	到期时间,格式 yyyy-MM-dd
	url	string	接口链接地址
	isenable	int	是否可用(0 为不可用,1 为可用)

7.2.2 区划信息查询接口

用户使用该接口查询行政区划信息。接口方法名为 adivision,接口请求参数和返回结果分别见表 3 和表 4。

表 3 区划信息查询接口请求参数

参数名称		参数类型	是否必填	参数说明
para		object	是	查询参数
	dlevel	int	是	查询区划级别(见表 30)
	dcode	string	是	查询区划代码

表 4 区划信息查询接口返回结果

参数名称						参数类型	参数说明
result						int	服务状态码(见表 29)
msg						string	返回信息
divsn						object	区划信息
	code					string	省市代码
	name					string	省市名称
	city					object	地市列表
		code				string	地市代码
		name				string	地市名称
		county				object	区县列表
			code			string	区县代码
			name			string	区县名称
			town			object	乡镇列表
				code		string	乡镇代码
				name		string	乡镇名称
				vill		object	服务组织列表
					code	string	服务组织代码
					name	string	服务组织名称

7.2.3 农机信息查询接口

用户使用该接口查询已注册的农机信息。接口方法名为 aminfo,接口请求参数和返回结果分别见表 5 和表 6。

表 5 农机信息查询接口请求参数

参数名称		参数类型	是否必填	参数说明
para		object	否	查询参数
	dlevel	int	否	查询区划级别(见表30)
	rcode	string	否	查询区划代码
	amno	string	否	农机编号

表 6 农机信息查询接口返回结果

参数名称		参数类型	参数说明
result		int	服务状态码(见表29)
msg		string	返回信息
vmeinfo		object	农机、车载终端信息
	vmemodel	string	车载终端型号
	vmeid	string	车载终端编号(车载终端唯一识别码)
	amno	string	农机编号(农机唯一识别码)
	mc	string	农机大类代码
	sc	string	农机小类代码
	ptype	string	农机品目代码
	amnum	string	农机型号
	enginepower	float	发动机功率(kw)
	proname	string	所属省市
	cityname	string	所属地市
	countyname	string	所属区县
	townname	string	所属乡镇
	villname	string	所属服务组织
	ownername	string	机主姓名
	ownertelnum	string	机主电话

7.3 模式 A 接口

7.3.1 农机定位信息查询接口

用户使用该接口查询农机的最新定位信息。接口方法名为 amlocation,接口请求参数和返回结果分别见表 7 和表 8。

表 7 农机定位信息查询接口请求参数

参数名称		参数类型	必填与否	参数说明
para		object	是	参数信息
	vmeid	string	否	车载终端编号(不传此参数时,查询用户拥有权限的全部农机信息)
	jobinfo	int	否	是否请求作业信息数据(0 为不请求;1 为请求,默认为 0)

表 8 农机定位信息查询接口返回结果

参数名称		参数类型	参数说明
result		int	服务状态码(见表29)
msg		string	返回信息
ampos		object	农机定位数据
	vmeid	string	车载终端编号
	ptime	string	定位时间(UTC 时区,例:2017-09-08 13:12:23)
	lon	double	经度(WGS84 坐标系)
	lat	double	纬度(WGS84 坐标系)
	elevation	double	海拔(m)
	speed	double	GPS 速度(km/h)
	course	double	航向(0~360)
	jobtype	int	作业类型编码(见表31)
	job	object	作业状态信息
		para	—	作业状态参数编号(见表29)
		......		

7.3.2 农机轨迹信息查询接口

用户使用该接口查询农机某一天的轨迹数据。接口方法名为amtrack,接口请求参数和返回结果分别见表9和表10。

表9 农机轨迹信息查询接口请求参数

参数名称		参数类型	必填与否	参数说明
para		object	是	参数信息
	vmeid	string	是	车载终端编号
	jobdate	string	是	作业日期(UTC+8北京时区,例:2020-11-01)
	jobtype	int	否	作业类型编码(见表31)
	jobinfo	int	是	是否请求作业状态数据(0为不请求,1为请求,默认为0)

表10 农机轨迹信息查询接口返回结果

参数名称			参数类型	参数说明
result			int	服务状态码(见表29)
msg			string	返回信息
amtrace			object	农机轨迹数据
	ptime		string	定位时间(UTC时区,例:2017-09-08 13:25:36)
	lon		double	经度(WGS84坐标系)
	lat		double	纬度(WGS84坐标系)
	elevation		double	海拔(m)
	speed		double	速度(km/h)
	course		double	航向(0~360)
	haspic		int	是否已采集图像(0为无图像,1为有图像)
	jobtype		int	作业类型编码(见表31)
	job		object	作业状态信息
		para	—	作业信息参数编号(见表31)
		......		

7.3.3 农机作业信息查询接口

用户使用该接口查询农机作业量数据。接口方法名为workload,接口请求参数和返回结果分别见表11和表12。

表11 农机作业信息查询接口请求参数

参数名称		参数类型	必填与否	参数说明
para		object	是	参数信息
	vmeid	string	否	车载终端编号
	rlevel	int	否	查询区划级别(见表30)
	rcode	string	否	查询区划代码
	jobdates	string	是	查询起始日期(UTC+8北京时区,例:2020-10-01)
	jobdatee	string	是	查询截止日期(UTC+8北京时区,例:2020-11-01)
	jobtype	int	否	作业类型编码(见表31)
	qtype	int	是	1为查询农机作业记录,2为查询统计值

表12 农机作业信息查询接口返回结果

参数名称	参数类型	参数说明
result	int	服务状态码(见表29)
msg	string	返回信息
workload	object	农机作业信息

表 12（续）

参数名称	参数类型	参数说明
vmeid	string	车载终端编号
jobdate	string	作业日期（UTC+8 北京时区，例：2020-11-02）
jobtype	int	作业类型编码（见表 31）
crop	string	作物名称
jobtool	string	机具名称
jobarea	double	作业面积（hm²）
jobhour	double	作业时长（h）
jobwidth	int	作业幅宽（cm）
workdist	double	作业里程（m）
jobareang	double	不合格作业面积（hm²）
plotarea	double	作业地块面积（hm²）
overlaparea	double	当天自重叠区面积（hm²）
histoverlaparea	double	历史重叠区面积（hm²）
leakarea	double	当天自遗漏区面积（hm²）

7.3.4 农机作业图像信息查询接口

用户使用该接口获取农机作业过程中采集的图像信息。图像数据以 Base64 编码格式并通过 GZIP 算法压缩后进行传输。接口方法名为 imginfo，接口请求参数和返回结果分别见表 13 和表 14。

表 13 农机作业图像信息查询接口请求参数

参数名称	参数类型	必填与否	参数说明
para	object	是	参数信息
vmeid	string	是	车载终端编号
imgtime_s	string	是	查询起始时间（UTC+8 北京时区，例：2017-09-08 13:00:00）
imgtime_e	string	是	查询截止时间（UTC+8 北京时区，例：2017-09-08 23:00:00）

表 14 农机作业图像信息查询接口返回结果

参数名称	类型	参数说明
result	int	服务状态码（见表 29）
msg	string	返回信息
img	object	农机作业图像信息
imgtime	string	图像采集时间（UTC 时区，例：2017-09-08 13:25:36）
lon	double	经度（WGS84 坐标系）
lat	double	纬度（WGS84 坐标系）
length	int	图像数据长度（单位：字节，原始图像大小，非编码后大小）
imgctx	string	图像数据（Base64 编码）

7.3.5 农机作业地块信息查询接口

用户使用该接口查询作业地块信息。接口方法名为 plotinfo，接口请求参数和返回结果分别见表 15 和表 16。

表 15 农机作业地块信息查询接口请求参数

参数名称	参数类型	必填与否	参数说明
para	object	是	参数信息
vmeid	string	是	车载终端编号
jobday	string	是	作业日期（UTC+8 北京时区，例：2019-03-15）

表 16 农机作业地块信息查询接口返回结果

参数名称	参数类型	参数说明
result	int	服务状态码(见表 29)
msg	string	返回信息
plot	object	农机作业地块信息
jobtype	int	作业类型编码(见表 31)
plotarea	double	作业地块面积(hm²)
workprov	string	作业地块地理位置所属省市(例:"山东省")
workcity	string	作业地块地理位置所属地市(例:"潍坊市")
workcounty	string	作业地块地理位置所属区县(例:"临朐县")
worktown	string	作业地块地理位置所属乡镇(例:"龙岗镇")
workplace	string	作业地块地理位置(例:"山东省潍坊市临朐县龙岗镇刘王庄")
plotboundry	string	WKT 格式地块边界数据,Polygon 类型(WGS84 坐标系)

7.4 模式 B 接口

7.4.1 农机注册接口

用户使用该接口进行农机注册。接口方法名为 regvme,接口请求参数和返回结果分别见表 17 和表 18。

表 17 农机注册接口请求参数

参数名称	参数类型	是否必填	参数说明
vmeinfo	object	是	农机信息
vmemodel	string	是	车载终端型号
vmeid	string	是	车载终端编号(车载终端唯一识别码)
amno	string	是	农机编号(农机唯一识别码)
mc	string	是	农机大类代码
sc	string	是	农机小类代码
ptype	string	是	农机品目代码
amnum	string	是	农机型号
enginepower	float	是	发动机功率(kW)
procode	string	是	所属省代码
citycode	string	是	所属地市代码
countycode	string	是	所属区县代码
towncode	string	否	所属乡镇代码
villcode	string	是	所属服务组织代码
ownername	string	是	机主姓名
ownertelnum	string	是	机主电话

表 18 农机注册接口返回结果

参数名称	参数类型	参数说明
result	int	服务状态码(见表 29)
msg	string	返回信息

7.4.2 农机定位信息推送接口

用户使用该接口接收农机最新的位置、作业状态信息,支持批量推送。接口方法名为 ampos,接口请求参数和返回结果分别见表 19 和表 20。

表 19 农机定位推送接口请求参数

参数名称	参数类型	是否必填	参数说明
ampos	object	是	农机定位信息

表 19（续）

参数名称		参数类型	是否必填	参数说明
vmeid		string	是	车载终端编号
ptime		string	是	定位时间(UTC时区,例:2017-09-08 13:00:00)
lon		double	是	经度(WGS84 坐标系)
lat		double	是	纬度(WGS84 坐标系)
elevation		double	是	海拔(m)
speed		double	是	速度(km/h)
course		double	是	航向(0～360)
jobtype		int	是	作业类型编码(见表 31)
job		object	否	作业状态信息
	para	—	—	作业信息参数编号(见表 31)
			……	

表 20　农机定位推送接口返回结果

参数名称	参数类型	参数说明
result	int	服务状态码(见表 29)
msg	string	返回信息

7.4.3　农机作业信息推送接口

用户使用该接口接收农机的作业信息,农机作业以天(d)为单位,1 d 内同一台农机同一作业类型只有一条作业记录。接口支持批量上传。接口方法名为 amjob,接口请求参数和返回结果分别见表 21 和表 22。

表 21　农机作业信息推送接口请求参数

参数名称		参数类型	是否必填	参数说明
amjob		object	是	农机作业信息
	vmeid	string	是	车载终端编号
	jobdate	string	是	作业日期(UTC+8 北京时区,例:2017-09-08)
	jobtype	int	是	作业类型编码(见表 31)
	crop	string	否	作物名称
	jobtool	string	否	机具名称
	jobarea	double	是	作业面积(hm²)
	jobhour	double	是	作业时长(h)
	jobwidth	int	是	作业幅宽(cm)
	workdist	double	否	作业里程(m)
	jobareang	double	是	不合格作业面积(hm²)
	plotarea	double	否	作业地块面积(hm²)
	overlaparea	double	否	当天自重叠区面积(hm²)
	histoverlaparea	double	否	历史重叠区面积(hm²)
	leakarea	double	否	当天自遗漏区面积(hm²)

表 22　农机作业信息推送接口返回结果

参数名称	参数类型	参数说明
result	int	服务状态码(见表 29)
msg	string	返回信息

7.4.4　农机作业地块信息推送接口

用户使用该接口接收农机作业地块边界数据。接口支持多地块批量上传。接口方法为 jobplot,接口请求参数和返回结果分别见表 23 和表 24。

表 23 农机作业地块信息推送接口请求参数

参数名称		参数类型	是否必填	参数说明
jobplot		object	是	农机作业地块信息
	vmeid	string	是	车载终端编号
	jobdate	string	是	作业日期(UTC+8 北京时区,例:2017-09-08)
	plotarea	double	是	作业地块面积(hm²)
	jobtype	int	是	作业类型编码(见表 31)
	workprov	string	是	作业地块地理位置所属省(例:"山东省")
	workcity	string	是	作业地块地理位置所属地市(例:"潍坊市")
	workcounty	string	是	作业地块地理位置所属区县(例:"临朐县")
	worktown	string	是	作业地块地理位置所属乡镇(例:"龙岗镇")
	workplace	string	是	作业地块地理位置(例:"山东省潍坊市临朐县龙岗镇刘王庄")
	plotboundry	string	是	WKT 格式地块边界数据(WGS84 坐标系)

表 24 作业地块信息推送接口返回结果

参数名称	参数类型	参数说明
result	int	服务状态码(见表 29)
msg	string	返回信息

7.4.5 农机作业轨迹推送接口

用户使用该接口接收农机行驶轨迹数据。接口方法名为 amtrack,接口请求参数和返回结果见表 25和表 26。

表 25 农机作业轨迹推送接口请求参数

参数名称			参数类型	是否必填	参数说明
amtrack			object	是	农机轨迹信息
	vmeid		string	是	车载终端编号
	ptime		string	是	定位时间(UTC 时区,例:2020-09-08 13:00:00)
	lon		double	是	经度(WGS84 坐标系)
	lat		double	是	纬度(WGS84 坐标系)
	elevation		double	是	海拔(m)
	speed		double	是	速度(km/h)
	course		double	是	航向(0~360)
	jobtype		int	是	作业类型编码(见表 31)
	job		object	否	作业状态信息
		para	—	—	作业信息参数编号(见表 31)
			......		

表 26 农机作业轨迹推送接口返回结果

参数名称	参数类型	参数说明
result	int	服务状态码(见表 29)
msg	string	返回信息

7.4.6 农机作业图像信息推送接口

用户使用该接口接收农机作业过程中采集的图像数据。支持批量上传。接口方法名为 jobimg,接口请求参数和返回结果分别见表 27 和表 28。

表 27　农机作业图像信息推送接口请求参数

参数名称	参数类型	是否必填	参数说明
img	object	是	农机作业图像信息
vmeid	string	是	车载终端编号
ptime	string	是	图像采集时间(UTC 时区,例:2020-09-08 13:25:36)
lon	double	是	经度(WGS84 坐标系)
lat	double	是	纬度(WGS84 坐标系)
imglen	int	是	图像数据长度(单位:byte,原始图像大小,非编码后大小)
imgctx	string	是	Base64 编码图像数据

表 28　农机作业图像信息推送接口返回结果

参数名称	参数类型	参数说明
result	int	服务状态码(见表 29)
msg	string	返回信息

8　参数和常量定义

8.1　服务状态码

服务状态码见表 29,可根据实际情况扩展。

表 29　服务状态码

服务状态码	说明
0	成功
1	参数错误
2	验证失败
3	无权限
4	服务异常(其他错误)

8.2　区划级别

区划级别见表 30,可根据实际情况扩展。

表 30　区划级别

级别代码	级别说明
0	省市
1	地市
2	区县
3	乡镇
4	服务组织

8.3　农机类型

农机类型大类、小类、品目代码与名称按 NY/T 1640 的规定执行。

8.4　农机作业信息参数

农机作业信息参数见表 31,可根据实际情况扩展。

表 31　农机作业信息参数

作业类型名称	作业类型编码	参数编号	参数名称	参数说明
深松作业	1	D101	作业状态	0 为非作业状态,1 为作业状态
		D102	作业幅宽,cm	
		D103	达标深度,cm	
		D104	作业深度,cm	

表 31（续）

作业类型名称	作业类型编码	参数编号	参数名称	参数说明
谷物收获作业	2	D201	作业状态	0 为非作业状态，1 为作业状态
		D202	作业幅宽，cm	
		D303	割台高度，cm	
		D404	瞬时产量，kg	
		D505	累积产量，kg	
喷洒作业	3	D301	作业状态	0 为非作业状态，1 为作业状态
		D302	作业幅宽，cm	
		D303	实时喷洒量，L/min	精度为 0.01 L/min
		D304	累积喷洒量，L	精度为 1 L，北京时区零点清零
		D305	区段数，段	
		D306	喷洒压力，MPa	精度为 0.01 MPa
		D307	各区段工作状态	低位开始，0 为关闭，1 为开启
		D308	喷头数量，个	
		D309	喷头型号	工作喷头型号
插秧作业	4	D401	作业状态	0 为非作业状态，1 为作业状态
		D402	作业幅宽，cm	
		D403	行数	插秧行数
深翻作业	5	D501	作业状态	0 为非作业状态，1 为作业状态
		D502	作业幅宽，cm	
		D503	达标深度，cm	
		D504	作业深度，cm	
秸秆还田	6	D601	作业状态	0 为非作业状态，1 为作业状态
		D602	作业幅宽，cm	
		D603	秸秆覆盖率，%	
旋耕作业	8	D801	作业状态	0 为非作业状态，1 为作业状态
		D802	作业幅宽，cm	
		D803	达标深度，cm	
		D804	作业深度，cm	
播种作业	9	D901	作业状态	0 为非作业状态，1 为作业状态（作业状态通过各类传感器反映，如种管监测，播种机升降等）
		D902	作业幅宽，cm	
		D903	监测行数	播种行数
		D904	播种段 1	1 为堵塞，2 为正常播种，3 为不下种
		D905	播种段 2	
		D906	播种段 3	
打捆作业	10	D1001	作业状态	0 为非作业状态，1 为作业状态
		D1002	捡拾幅宽，cm	
		D1003	捆数，个	北京时区零点清零
		D1004	重量，kg	精度为 0.1 kg
		D1005	含水率，%	精度为 0.1%
		D1006	系统压力，MPa	精度为 0.01 MPa

ICS 65.060.40
CCS B 91

NY

中华人民共和国农业行业标准

NY/T 3893—2021

遥控飞行喷雾机棉花脱叶催熟作业规程

Operating specification of cotton harvest aids applied by remote
control aerial sprayer

2021-05-07 发布

2021-11-01 实施

中华人民共和国农业农村部 发布

前　言

本文件按照 GB/T 1.1—2020《标准化工作导则　第 1 部分：标准化文件的结构和起草规则》的规定起草。

请注意本文件的某些内容可能涉及专利。本文件的发布机构不承担识别专利的责任。

本文件由农业农村部农业机械化管理司提出。

本文件由全国农业机械标准化技术委员会农业机械化分技术委员会（SAC/TC 201/SC 2）归口。

本文件起草单位：华南农业大学、安阳工学院、山东理工大学、河南标普农业科技有限公司、中国农业科学院棉花研究所、安阳全丰生物科技有限公司、中国农业科学院植物保护研究所、拜耳作物科学（中国）有限公司、国家航空植保科技创新联盟。

本文件主要起草人：兰玉彬、蒙艳华、王志国、马艳、胡红岩、张亚莉、刘越、袁会珠、齐枫、梁自静、李好海。

遥控飞行喷雾机棉花脱叶催熟作业规程

1 范围

本文件规定了遥控飞行喷雾机棉花脱叶催熟作业的术语和定义、作业条件、作业前准备、现场作业要求、作业后要求和紧急事故处理。

本文件适用于使用遥控飞行喷雾机开展棉花脱叶催熟作业。

2 规范性引用文件

下列文件中的内容通过文中的规范性引用而构成本文件必不可少的条款。其中，注日期的引用文件，仅该日期对应的版本适用于本文件；不注日期的引用文件，其最新版本（包括所有的修改单）适用于本文件。

NY/T 1464.26—2007 农药田间药效试验准则 第26部分：棉花催枯剂试验

3 术语和定义

下列术语和定义适用于本文件。

3.1

操控员 operator

取得操作资质，在飞行期间适时操控遥控飞行喷雾机且负责其运行的人员。

3.2

喷洒服务商 spraying service provider

提供农药喷洒服务的个人、组织或者企业。

3.3

作业警示牌 operation warning sign

放置于作业棉田四周用于提醒周边群众遥控飞行喷雾机作业期间勿闯入作业区的起警示作用的标牌。

4 作业条件

4.1 植株及棉铃成熟度要求

4.1.1 棉花植株营养生长停止、进入自然衰老期，有效棉铃已经基本处于生理性成熟。棉铃横切后可见种皮，且种皮呈棕褐色、棉籽坚硬。

4.1.2 一般情况下棉铃自然吐絮率宜不小于30%。

4.2 气象条件要求

4.2.1 大雨、霜冻时不应作业。

4.2.2 喷洒前应查看天气预报，选择施药后连续 7 d～10 d 平均气温应不低于 20 ℃，最低气温应不低于 12 ℃的气象条件。

4.3 田间调查

4.3.1 调查作业区域棉花品种、株高、种植密度、成熟度及吐絮率。

4.3.2 调查棉田的面积及周围情况，棉田周边 20 m 之内有菜地、居民饮水源、养蜂场等不应作业。

4.4 确定脱叶剂、催熟剂和作业参数

4.4.1 选择正式登记的脱叶剂、催熟剂和脱叶剂助剂。

4.4.2 根据棉铃成熟度确定脱叶剂、催熟剂的使用剂量。

4.4.3 根据棉铃吐絮率、种植密度、高度等选择脱叶剂、催熟剂、遥控飞行喷雾机喷雾参数和喷施次数。若需喷施 2 遍脱叶剂、催熟剂时，2 次喷施时间间隔为 7 d。

4.4.4 根据棉花种植密度和高度确定遥控飞行喷雾机的施药液量、飞行高度和飞行速度。遥控飞行喷雾机施药液量宜不低于 18 L/hm²，飞行高度宜距离棉株顶部 1.5 m～2.0 m，飞行速度宜为 3 m/s～5 m/s。

5 作业前准备

5.1 作业前应选择干净无杂质的清水作为施药用水，不应使用强酸强碱的水。

5.2 作业组人员应准备保护人员安全的防护服、手套、口罩。

5.3 作业组人员应根据作业日期，在作业棉田四周安置含有作业名称、作业时间、服务商名称、联系电话、注意安全的作业警示牌。

5.4 作业组人员应检查遥控飞行喷雾机的电池或燃油，确保遥控飞行喷雾机能满足作业需求。

6 现场作业要求

6.1 脱叶剂、催熟剂应现配现用，配药前应将原包装脱叶剂、催熟剂摇匀。

6.2 根据施药液量和使用剂量配制药液，将称量好的脱叶剂、催熟剂和脱叶剂助剂分别用少量水进行稀释，配药时先加入所需用水量的 1/3，按脱叶剂-脱叶剂助剂-催熟剂-飞防助剂的顺序加入配好的母液，用所需水量的 1/3 清洗盛药器皿及包装，并将清洗液一并倒入配药桶中，最后加足剩余的 1/3 清水至配置所需药液，将药液搅拌均匀后倒入遥控飞行喷雾机药箱中。

6.3 喷洒前操控员和其他作业组人员穿戴好防护服、口罩、手套。

6.4 喷洒前在作业棉田四周放置作业警示牌，确保田中无人、自然风速不大于 5 m/s 时，方可进行喷洒作业。当自然风速大于 5 m/s 时，应停止喷洒作业，遥控飞行喷雾机返回起降点，待风速符合要求后再进行喷洒作业。

6.5 作业区域喷洒完成后，应对作业区域的前后边缘区 10 m 范围进行扫边处理。

6.6 同一棉田内有 2 架或 2 架以上遥控飞行喷雾机作业时，相邻遥控飞行喷雾机之间应保持 10 m 以上的安全距离。

6.7 作业过程中操控员应站在上风处，背对阳光操控遥控飞行喷雾机，操控员和作业组人员应与遥控飞行喷雾机保持 10 m 以上安全距离。

7 作业后要求

7.1 作业组人员应按附录 A 中的规定及时记录作业情况。

7.2 喷洒剩余的药液应稀释后再喷洒到废弃区域。配药时清洗过的脱叶剂、催熟剂包装应及时回收妥善处理，不应将脱叶剂、催熟剂的空包装袋丢弃在作业区域。

7.3 及时清理配药桶及配药器皿，并将清洗液倒入废弃区域。

7.4 及时清洗遥控飞行喷雾机喷头、滤网及药箱，擦拭遥控器、充电器、电池后储存。

7.5 撤回作业警示牌，同时在作业区域设置安全警示牌，标明施药时间、安全间隔期。

7.6 作业组人员应及时更换工作服，清洗手、脸，并用清水漱口。

7.7 第一次作业 7 d 后调查棉株脱叶率和棉铃吐絮率，根据脱叶率和吐絮率确定第二次喷施脱叶剂、催熟剂的使用剂量，并开展第二次喷施。机收前，田间棉株脱叶率应不低于 90%，棉铃吐絮率应不低于 95%。棉株脱叶率和棉铃吐絮率的测定和计算按 NY/T 1464.26—2007 中 4.3.3 的规定执行。

8 紧急事故处理

8.1 作业过程中，如出现人员药物过敏、中毒现象，应立即停止作业及时就医。

8.2 操控员发现遥控飞行喷雾机发生故障且失控时,应在确认遥控飞行喷雾机周围无人且周边安全的情况下,立即关闭遥控飞行喷雾机,进行迫降。

8.3 当发生人身伤害、伤亡或重大农药泄漏事故时,应及时采取应急措施,并向相关部门报告。

附　录　A

（规范性）

遥控飞行喷雾机棉花脱叶催熟作业记录表

遥控飞行喷雾机棉花脱叶催熟作业需记录的信息见表 A.1。

表 A.1　遥控飞行喷雾机棉花脱叶催熟作业记录表

喷洒服务商				联系电话			
作业组人员	操控员： 作业组其他人员：						
作业负责人				联系电话			
作业地点						作业面积	hm²
作业地农户						联系电话	
作业日期及时间段	第一次作业时间：　　　年　　　月　　　日						
	时间段：　　　时　　　分至　　　时　　　分						
	第二次作业时间：　　　年　　　月　　　日						
	时间段：　　　时　　　分至　　　时　　　分						
棉花品种			棉花种植密度			株/hm²	
棉花株高			平均棉铃数量			个/株	
棉铃成熟度			作业前吐絮率				
脱叶剂、催熟剂名称 及使用剂量	脱叶剂： 催熟剂： 脱叶剂助剂： 飞防助剂：						
作业棉田四周作物情况	作物名称： 所处生育期： 距离作业田的距离：						
第一次作业气象因素	温度,℃		湿度,%				
	风向		风速,m/s				
第二次作业气象因素	温度,℃		湿度,%				
	风向		风速,m/s				
遥控飞行喷雾机型号		旋翼数量			旋翼直径		mm
飞行高度（距离作物冠层上部高度）		m			飞行速度		m/s
施药液量（脱叶剂＋催熟剂＋脱叶剂助剂）	L/hm²		喷头流量			mL/min	
第一次药后 7 d 调查	脱叶率		吐絮率				
第二次药后 7 d 调查	脱叶率		吐絮率				
第二次药后 14 d 调查	脱叶率		吐絮率				
备注							

记录人：　　　　　　　　　　　　　　　　　　　　　　　　　　　　联系电话：

ICS 65.040.30
CCS B 90

NY

中华人民共和国农业行业标准

NY/T 3894—2021

连栋温室能耗测试方法

Test method for energy consumption of multi-span greenhouse

2021-05-07 发布

2021-11-01 实施

中华人民共和国农业农村部 发布

前　言

本文件按照 GB/T 1.1—2020《标准化工作导则　第 1 部分:标准化文件的结构和起草规则》的规定起草。

请注意本文件的某些内容可能涉及专利。本文件的发布机构不承担识别专利的责任。

本文件由农业农村部农业机械化管理司提出。

本文件由全国农业机械标准化技术委员会农业机械化分技术委员会(SAC/TC 201/SC 2)归口。

本文件起草单位:农业农村部规划设计研究院。

本文件主要起草人:王莉、魏晓明、周长吉、富建鲁、李恺、丁小明。

连栋温室能耗测试方法

1 范围

本文件规定了连栋温室能耗测试的术语和定义、总体要求、边界划分、温室能源利用、报告期类别、计量器具要求、环境参数观测、能耗测量与计算、测试报告。

本文件适用于连栋温室能耗测试。

2 规范性引用文件

下列文件中的内容通过文中的规范性引用而构成本文件必不可少的条款。其中,注日期的引用文件,仅该日期对应的版本适用于本文件;不注日期的引用文件,其最新版本(包括所有的修改单)适用于本文件。

GB/T 2589—2020 综合能耗计算通则

GB 17167 用能单位能源计量器具配备和管理通则

GB/T 23393—2009 设施园艺工程术语

GB/T 34913—2017 民用建筑能耗分类及表示方法

GB/T 35226 地面气象观测规范 空气温度和湿度

GB/T 35227 地面气象观测规范 风向和风速

GB/T 35231 地面气象观测规范 辐射

GB/T 35232 地面气象观测规范 日照

GB/T 38692 用能单位能耗在线监测技术要求

ISO 50001:2018 能源管理体系 要求和使用指南(Energy management systems-Requirements with guidance for use)

3 术语和定义

下列术语和定义适用于本文件。

3.1

能源 energy

电、燃料、蒸汽、热、压缩空气及其他类似工质。

注:在本文件中,能源包括可再生能源在内的各种形式,可被购买、储存、处置、在设备或过程中使用及被回收利用。

[来源:ISO 50001:2018,3.5.1]

3.2

连栋温室 multi-span greenhouse

两跨及两跨以上通过天沟连接起来的温室,也称连跨温室。

[来源:GB/T 23393—2009,3.11,有修改]

3.3

连栋温室能耗 energy consumption of multi-span greenhouse

连栋温室使用过程中设备运行的能源实际用量总和,包括温室环境管理用能和温室栽培管理用能,是由外部输入的能源。

3.4

综合能耗 comprehensive energy consumption

在统计报告期内实际消耗的各种能源实物量,按规定的计算方法和单位分别折算后的总和。

[来源:GB/T 2589—2020,3.5,有修改]

3.5

耗能工质 energy-consumed medium

在生产过程中所消耗的不作为原料使用、也不进入产品,在生产或制取时需要直接消耗能源的工作物质。

[来源:GB/T 2589—2020,3.1]

3.6

边界 boundary

物理或组织的界限。

示例:一个过程;一组过程;一个场所;任一组织或全体组织管控下的多个场所。

注:组织确定其能源管理体系的边界。

[来源:ISO 50001:2018,3.1.3]

3.7

用能单位 organization of energy using

对能源消费能独立核算的企业、事业单位、机关、社会团体、其他集体和个人。

3.8

报告期 reporting period

用于计量和统计能耗所选择的特定时间段。

4 总体要求

4.1 能耗测试应通过划分边界和设置能源计量器具进行。

4.2 单座连栋温室能耗超过 GB 17167 规定的主要次级用能单位能源消耗量(或功率)限定值的,应以单座连栋温室为边界加装能源计量器具。单台或单套设备用能量超过 GB 17167 规定的主要用能设备能源消耗量(或功率)限定值的,应以单台或单套设备为边界加装能源计量器具。

4.3 能耗应采用消耗的电力、化石能源等实物量表示,并指明能源种类和数量,也可进一步按10.3规定的计算方法把不同种类的能源统一折算为综合能耗。装有能源计量器具的单座连栋温室应独立计算综合能耗。

4.4 能耗测试可根据需要加装能源计量器具,按能源利用逐项测试、多项总和测试、温室环境管理或栽培管理分类测试。

4.5 连栋温室环境管理用能是为满足温室环境调控功能需求从外部输入的电能、燃料、热能等能源,应包括所有参与环境调控的设备能耗。

4.6 连栋温室栽培管理用能是须直接利用温室空间进行的作物栽培管理过程所用设备消耗的能源,应包括与作物生长直接相关的耕整、栽植、灌溉、施肥、植保、修剪、收获、运输等作业设备能耗,无论设备是否置于温室中;不应包括虽置于温室中但作为辅助栽培生产的其他工艺设备的用能,如播种生产线、包装生产线、冷库、催芽室等设备的用能。

4.7 报告期可在第 7 章中选择。

4.8 能耗在线监测应符合 GB/T 38692 的规定。

4.9 能耗测试的同时应按照第 9 章的方法进行环境参数观测。

5 边界划分

5.1 场所划分

以独立经营主体管控下的场所作为边界,通常为 1 座连栋温室、连栋温室群、连栋温室的 1 跨或多跨等,如图 1 所示。

5.2 功能划分

为使连栋温室设施环境调控功能的用能与作物栽培管理过程中的用能区分开,进行边界划分,分为温室环境管理和温室栽培管理两部分,以各部分包括的所有用能设备为边界,如图 2 所示。

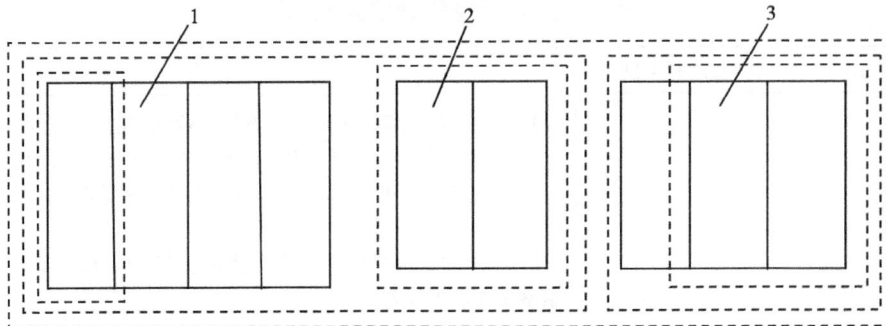

标引序号说明：
1——连栋温室(4跨)；
2——连栋温室(2跨)；
3——连栋温室(3跨)。
注：虚线表示边界。

图 1　场所划分示例

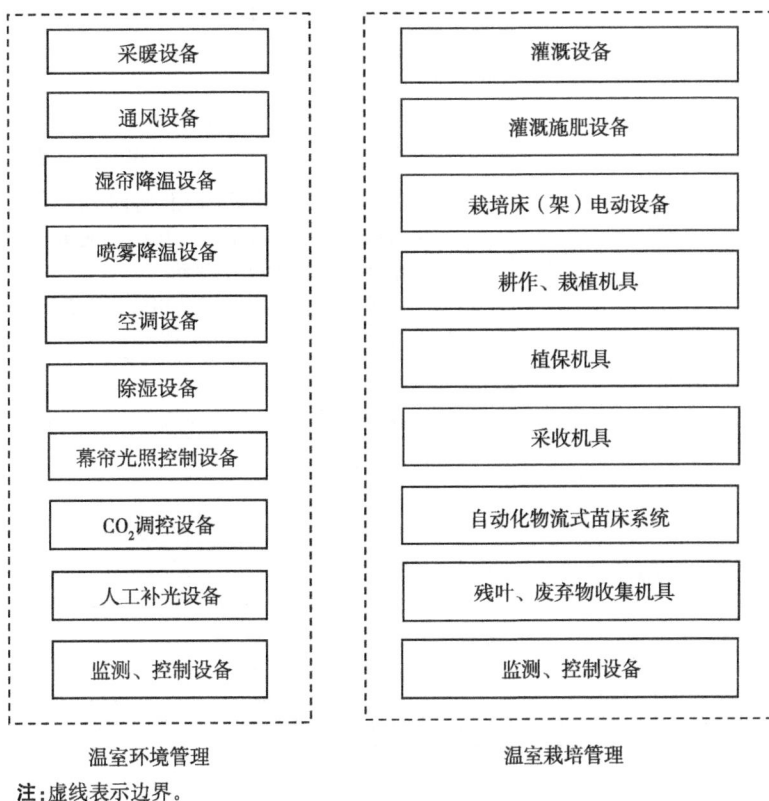

注：虚线表示边界。

图 2　功能划分示例

5.3　过程划分

以拟测试作物生产全过程使用的所有设备为边界，测试作物生产过程能耗。边界内可分为温室环境管理和温室栽培管理两部分，全过程内可分阶段(如育苗阶段和种植阶段等)计量或总体计量，生产场所可为同一场所或不同场所。

5.4　设备划分

以专项技术措施涉及的用能设备作为边界，测试专项技术措施能耗。边界内可包括一台或一套、多台或多套设备。

6　温室能源利用

6.1　温室环境管理

温室环境管理涉及的能源类别及能源利用见表1。

表 1　温室环境管理能源利用

序号	能源利用	涉及能源类别	说明
1	采暖	天然气、燃油、煤、生物质颗粒、工业余热(热水、蒸汽)、深层地热能、电能	1)天然气包含管道天然气和液化天然气,在温室采暖中两种能源都较常见,主要使用设备有燃气锅炉、燃气热风炉、燃气直燃机等; 2)燃油有轻油和重油,主要取决于当地资源情况,主要使用设备有燃油锅炉、燃油热风炉等; 3)煤的使用受限,但额定蒸发量大于 10 t/h 的燃煤锅炉仍在使用,是温室主要燃煤设备; 4)生物质颗粒属清洁可再生能源,根据原材料的不同,生物质颗粒的热值不同,一般秸秆、稻壳等生物质颗粒的热值相对较低,木材制成的生物质颗粒的热值相对较高,主要使用设备是燃生物质锅炉; 5)温室附近建有热电厂或其他可提供工业余热企业时,工业余热通常会以热水或者蒸汽的方式商品化供给; 6)深层地热能属于能源矿产,以热水方式提取,有些温室以地热能采暖; 7)土壤源热泵、空气源热泵等以电驱动压缩机产生热水供给温室采暖,利用太阳能主动蓄放热的媒介循环设备使用电能,加温苗床多采用电加热方式; 其他说明:大型连栋温室蓄热时,会使用到少量氮气对蓄热水罐进行氮封以保证水质,氮气的来源通常也是温室自配氮气发生器,使用电能
2	通风	电能	1)自然通风条件下开窗机,使用电能驱动; 2)风机通风的负压排风和正压送风,均使用电能驱动通风机; 3)室内循环风机,使用电能驱动
3	湿帘降温	电能	1)与湿帘-风机通风系统配套使用的通风机用电能; 2)湿帘装置的循环水泵使用电能
4	喷雾降温	电能	喷雾降温装置,使用电能
5	空调降温	电能	半封闭温室使用冷水机组制备人工冷源为温室降温,使用电能
6	除湿	电能	除湿机,使用电能
7	幕帘光照控制	电能	拉幕机,使用电能
8	CO_2 调控	电能、燃气	大型温室 CO_2 供给主要有两种方式:1)利用天然气燃烧的烟气,这种情况与采暖能源使用有重合,除使用天然气外还需要使用电驱动风机输送 CO_2;2)使用低温液态罐储 CO_2,一般为外购,这种情况的 CO_2 气化后需使用电驱动风机输送
9	人工补光	电能	补光灯及其控制系统,使用电能

注:表中所列能源利用和能源类别为目前常见情况,随着科技进步,不局限于表中所列情况。

6.2　温室栽培管理

温室栽培管理涉及的能源类别及能源利用见表 2。

表 2　温室栽培管理能源利用

序号	能源利用	涉及能源类别	说明
1	灌溉作业	电能	水处理设备、输送水泵使用电能
2	灌溉施肥作业	电能	配肥设备、肥料输送设备以及水肥一体机等使用电能
3	栽培床、栽培架运行	电能	部分活动式栽培床、栽培架使用电能驱动
4	耕作、栽植机具作业	电能、柴油、汽油	包括整地、起垄、移栽等作业环节。小型旋耕机使用汽油,小型室内拖拉机使用柴油,部分小型机具使用电能
5	植保机具作业	电能、柴油、汽油	背负式动力喷雾机、水雾烟雾机等使用电能;喷杆式喷雾机使用柴油或汽油
6	采收运机具作业	电能、柴油、汽油	采摘机器人、场地采收运输车等使用电能或使用充电蓄电池;叶菜收获机(如韭菜收获机、小青菜收获机等)使用柴油、汽油或电能

表 2（续）

序号	能源利用	涉及能源类别	说明
7	自动化物流式苗床系统运行	电能	自动化物流苗床通常使用电和压缩空气驱动,压缩空气一般由温室集中安装的空气压缩机供给,间接使用能源为电能;与物流苗床配套的天车使用电能驱动
8	残叶、废弃物收集作业	电能、柴油、汽油	各种动力的场地运输车等
注:表中所列能源利用和能源类别为目前常见情况,随着科技进步,不局限于表中所列情况。			

7 报告期类别

报告期基本类别见表3,可根据需要设定时间段,作为报告期。

表 3　报告期基本类别

报告期	说明
整年	为开展连栋温室全年运行能耗测试,以自然年作为测量、统计的报告期
采暖供热期	为开展连栋温室采暖供热能耗测试,以一个完整的采暖供热周期作为报告期,采暖设备开启至停用的时间段
作物育苗期	为开展作物生产过程能耗测试,以育苗周期作为报告期,通常针对育苗生产
作物种植期	为开展作物生产过程能耗测试,以作物种植生长周期作为报告期
通风降温期	为开展专项技术措施能耗测试,以专项技术措施涉及的用能设备使用周期作为报告期,即设备开启至停用的时间段
采暖通风期	
作物补光期	

8 计量器具要求

8.1 环境参数计量器具的测量不确定度不应超过表4的规定。

表 4　环境参数计量器具的测量不确定度

计量器具类别	测量参数	测量范围	测量不确定度
温度仪表	空气温度	−50 ℃~50 ℃	0.2 ℃
湿度仪表	空气相对湿度	0% RH~100% RH	相对湿度≤80%时,4.0% RH;相对湿度>80%时,8.0% RH
风速仪表	室外风速	0 m/s~60 m/s	5.0%测量值
光辐射仪表	光辐射、太阳曝辐量、日照时数	0 W/m²~2 000 W/m²	5.0%测量值
CO_2 仪表	空气中 CO_2 含量	0 μL/L~2 000 μL/L	5.0%测量值

8.2 能源计量器具准确度等级应符合 GB 17167 的规定。

8.3 测试用仪器设备应经过计量检定或校准且在有效期内。

9 环境参数观测

9.1 观测的环境参数应包括温室内环境参数和室外环境参数。

9.2 温室内环境参数应包括日平均气温、日最高气温、日最低气温、日最大相对湿度和日最小相对湿度、光辐射和空气中 CO_2 含量。

9.3 室外环境参数应包括月平均气温、月平均最高气温、月平均最低气温、年最高气温、年最低气温、日最低气温低于 0 ℃ 的天数、日最高气温高于 30 ℃ 的天数、月平均最低相对湿度、月平均最大风速、太阳曝辐量、日照时数等气象参数,以及空气中 CO_2 含量。

9.4 单座连栋温室或连栋温室群自配有室外气象站并可自动观测时,室外气象参数宜自行观测获得;无自配室外气象站时,可通过收集当地气象台站观测数据获得。

9.5 室内外空气温度和湿度测量（数据采集）的频率和时间应符合 GB/T 35226 中的观测时间规定，室内测点可采用多点布局，也可取具有代表性的一点。

9.6 室外风速观测应符合 GB/T 35227 中的规定。

9.7 太阳曝辐量和日照时数的观测应符合 GB/T 35231 和 GB/T 35232 中的规定。

9.8 空气中 CO_2 含量的测量应根据需要室内、室外配合进行。

9.9 环境参数说明及其与报告期的关系见表 5。

表 5　环境参数说明及其与报告期的关系

类别	名称	单位	说明	适用的报告期类型
温室内环境参数	日平均气温	℃	每日 24 h 等间隔时段定时采集的空气温度的算术平均值	全部类型，专项开展补光能耗测试时可不测
	日最高气温	℃	每日 24 h 等间隔时段定时采集的空气温度的最大值	
	日最低气温	℃	每日 24 h 等间隔时段定时采集的空气温度的最小值	
	日最大相对湿度	%RH	每日 24 h 等间隔时段定时采集的空气相对湿度的最大值	
	日最小相对湿度	%RH	每日 24 h 等间隔时段定时采集的空气相对湿度的最小值	
	光辐射（光子通量密度或辐射照度）	$\mu mol/(s \cdot m^2)$ 或 W/m^2	可根据补光情况，测量光合有效辐射（400 nm～700 nm）、光形态建成辐射（380 nm～800 nm）或设定波段范围的总辐射，可连续测量、分时段间隔测量、或设定典型时刻测量	全部类型中，长时间进行人工补光时，或专项开展人工补光能耗测试时
	空气中 CO_2 含量	$\mu L/L$	根据 CO_2 调控方式，测量室内空气中的 CO_2 含量，可连续测量、分时段间隔测量或设定典型时刻测量	全部类型中，采用 CO_2 专供设备调控室内 CO_2 含量时，或开展 CO_2 专供设备能耗测试时
温室外环境参数	月平均最低气温	℃	报告期内，根据每日观测的气温最小值，以自然月月份天数统计的算术平均值，不足一个月的以实际天数统计	整年、采暖供热期、作物生长周期、采暖通风期
	年（期内）最低气温	℃	报告期内出现的最低气温	
	日最低气温低于 0 ℃的天数	d	报告期内出现的日最低气温低于 0 ℃的天数的总和	
	月平均最高气温	℃	报告期内，根据每日观测的气温最大值，以自然月月份天数统计的算术平均值，不足一个月的以实际天数统计	整年、作物生长周期、通风降温期
	年（期内）最高气温	℃	报告期内出现的最高气温	
	日最高气温高于 30 ℃的天数	d	报告期内出现的日最高气温高于 30 ℃的天数的总和	
	月平均气温	℃	报告期内，根据每日观测的气温平均值，以自然月月份天数统计的算术平均值，不足一个月的以实际天数统计	全部类型，专项开展补光能耗测试时可不测
	月平均最低相对湿度	%RH	报告期内，根据每日观测的相对湿度最小值，以自然月月份天数统计的算术平均值，不足一个月的以实际天数统计	
	月平均风速	m/s	报告期内，根据每日观测的风速平均值，以自然月月份天数统计的算术平均值，不足一个月的以实际天数统计	

表 5（续）

类别	名称	单位	说明	适用的报告期类型
温室外环境参数	月平均最大风速	m/s	报告期内，根据每日观测的 10 min 平均最大风速，以自然月月份天数统计的算术平均值，不足一个月的以实际天数统计	全部类型，专项开展补光能耗测试时可不测
	太阳曝辐量	MJ/m²	根据每日观测的水平面总辐射，按报告期总时间累计	全部类型
	日照时数	h	指给定时间段内太阳直接辐照度大于或等于 120 W/m² 的各分段时间的总和。各报告期类型的日照时数均可以报告期作为统计时间段。专项开展补光能耗测试时应统计报告期内每天的日照时数	全部类型
	空气中 CO_2 含量	μL/L	配合室内测量进行。选择不同季节、一天中不同时段，观察其变化情况，记录典型数据	全部类型中，采用 CO_2 专供设备调控室内 CO_2 含量时，或开展 CO_2 专供设备能耗测试时

10 能耗测量与计算

10.1 能耗参数

能耗参数见表 6。

表 6 能耗参数

参数名称	单位名称（单位符号）	所属能源类别
电用量	千瓦时(kW·h)、千焦(kJ)	电能
气用量	立方米(m³)	天然气
油用量	千克(kg)	燃油（如汽油、柴油）
燃料用量	千克(kg)	煤、生物质颗粒
热水用量	立方米(m³)	工业余热(热水)、深层地热能
蒸汽用量	立方米(m³)	工业余热(蒸汽)

10.2 能耗参数测量

10.2.1 明确边界、报告期、能源利用的类别及其涉及设备后，对电用量、气用量、汽油用量、柴油用量、煤燃料用量、生物质颗粒燃料用量、热水用量和蒸汽用量分别计量。同种能源为不同类型时，应分开计量，如油田天然气与气田天然气分开。

10.2.2 光伏温室的能源产量应单独计量，属于连栋温室能源利用部分的应计入连栋温室能耗，并应考虑光伏组件、汇流箱、并网逆变器等组成光伏系统的电能损耗。

10.2.3 如果加装能源计量器具边界内的能源供应系统，同时为边界外设备提供能源，为边界外设备所提供能源应从实测能耗中扣除。

10.2.4 以场所划分边界的用电量测量，应在进入边界的供电线路上加装电能表，应将温室电控设备消耗的电能计入在内。

10.2.5 用电设备能耗测试时，如果待测设备使用变频电源，应在变频电源设备的输入端测量。

10.2.6 如果采用自带功率测量功能的温室电控设备计量用电量，应注意电流、电压数据的采集位置以及功率计算方法，应计量有功电能。

10.2.7 采用锅炉为温室采暖供热时，应注意区分供给锅炉能源与锅炉供给温室或温室群能源的差异，宜以供给锅炉能源的实际用量作为温室能耗；如有需要或供给锅炉能源无法实施测量时，可以计量锅炉供给温室能源作为温室能耗，通过加装流量仪表和温度仪表实测获得，需在测试报告中加以说明。

10.2.8 采用商品化热水或蒸汽供热时，能耗宜在进入边界的供热管路上加装流量仪表和温度仪表实测获得,如采用供方提供数据,应注意收集耗能工质的热值数据。

10.3 综合能耗计算与能源折算

10.3.1 综合能耗计算

综合能耗按公式(1)计算。

$$E = \sum_{i=1}^{n} (e_i \times p_i) \quad\cdots\cdots\cdots\cdots\cdots\cdots\cdots\cdots\cdots\cdots\cdots\cdots\cdots\cdots\cdots\cdots\quad (1)$$

式中:

E ——综合能耗;

n ——消耗的能源种类数;

e_i ——消耗的第 i 种能源量;

p_i ——第 i 种能源的折算系数。

10.3.2 能源折算

10.3.2.1 计算综合能耗时,各种能源宜折算为标准煤。

10.3.2.2 实际消耗的燃料能源应以其低位发热量为计算基础折算为标准煤量。低位发热量等于29 307.6 kJ的燃料,称为 1 千克标准煤(1 kgce)。

10.3.2.3 用能单位外购的能源和耗能工质,其能源折算系数可参照国家统计局公布的数据;用能单位自产的能源和耗能工质所消耗的能源,其能源折算系数可根据实际投入产出自行计算。

10.3.2.4 无法获得能源的低位发热量实测值和单位耗能工质的耗能量时,可按照GB/T 2589—2020 中的附录 A 和附录 B 执行。

10.3.2.5 能耗中冷/热量折算为电力或/和化石能源时,可按 GB/T 34913—2017 中第 4 章给出的方法进行。

10.4 单位面积温室环境管理能耗

单位面积温室环境管理能耗按公式(2)计算。

$$\varepsilon = \frac{E_i}{S} \quad\cdots\cdots\cdots\cdots\cdots\cdots\cdots\cdots\cdots\cdots\cdots\cdots\cdots\cdots\cdots\cdots\cdots\cdots\quad (2)$$

式中:

ε ——单位面积环境管理能耗的数值,单位为千克标准煤每平方米(kgce/ m²);

E_i ——以温室环境管理边界计量的综合能耗的数值,单位为千克标准煤(kgce);

S ——温室建筑面积的数值,单位为平方米(m²)。

11 测试报告

11.1 报告结构

测试报告应包括基本描述、环境参数和能耗参数三部分内容,并应注明报告编制单位、编制人、校核人、审查人等。

11.2 基本描述

基本描述应至少包括下列内容:

    a) 地理位置描述:详述连栋温室所处的地理位置,如经度、纬度等;

    b) 温室描述:单座连栋温室或连栋温室群、温室型式(文洛型、拱型等)、温室结构基本参数(面积、长度、跨度、跨数、高度等)、温室外覆盖材料(玻璃、塑料等);

    c) 边界描述:详述能耗测试设定的边界和所包括的设备;

    d) 作物生产描述:作物种类及品种、栽种生产类型(育苗生产、栽培生产等)、生长周期等;

    e) 能源类别描述:详列能耗测试涉及的所有能源类别;

    f) 温室使用期描述:如夏季×月×日至×月×日不使用、冬季×月×日至×月×日不使用,或×月×日至×月×日使用等;

g) 报告期描述:详述能耗测试记录的时间周期;

h) 用能设备描述:简述被计量能耗的所有用能设备种类、型号、规格、技术参数、数量等;

i) 用能设备运行状况描述:报告期内设备日工作时数,以及运行是否正常、是否有异常情况发生、设备停用时间等;

j) 测量仪表描述:名称、规格、型号、准确度等级,或测量不确定度、检定与校准情况等。

11.3 环境参数

环境参数应至少包括下列内容:

a) 温室内环境参数:日平均气温、日最高气温、日最低气温、日最大相对湿度和日最小相对湿度、CO_2 含量、光辐射;

b) 室外环境参数:月平均最高气温、月平均最低气温、年最高气温、年最低气温、日最低气温低于 0 ℃ 的天数、日最高气温高于 30 ℃ 的天数、月平均最低相对湿度、太阳曝辐量、日照时数、CO_2 含量;

c) 环境参数测量时间、测量或获得方法。

11.4 能耗参数

能耗参数应包括分别计量的用电量、用气量等各类能耗及综合能耗,需要时可计算单位面积温室环境管理能耗。计量各参数由人工抄录时,应记录抄录时间。抄录时间应与报告期的起止和结束时间相符。

ICS 65.060
CCS B 92

NY

中华人民共和国农业行业标准

NY/T 3895—2021

规模化养鸡场机械装备配置规范

Specification of machinery and equipment configuration
for scale chicken farm

2021-05-07 发布

2021-11-01 实施

中华人民共和国农业农村部 发布

前　言

本文件按照 GB/T 1.1—2020《标准化工作导则　第 1 部分：标准化文件的结构和起草规则》的规定起草。

请注意本文件的某些内容可能涉及专利。本文件的发布机构不承担识别专利的责任。

本文件由农业农村部农业机械化管理司提出。

本文件由全国农业机械标准化技术委员会农业机械化分技术委员会（SAC/TC 201/SC 2）归口。

本文件起草单位：农业农村部农业机械试验鉴定总站、广州广兴牧业设备集团有限公司、山东省农业机械试验鉴定站、广东省农业机械试验鉴定站、黑龙江省农业机械试验鉴定站、青岛田瑞牧业科技有限公司、青岛兴仪电子设备有限责任公司、广东南牧机械设备有限公司。

本文件主要起草人：金红伟、黄杏彪、王明磊、赖文、曲桂宝、管延华、邱韶峰、陈永志、郭雪峰、于友利、陈斌、吕晓能、刘博。

规模化养鸡场机械装备配置规范

1 范围

本文件规定了规模化养鸡场机械装备配置的术语和定义、鸡群饲养工艺与机械装备配置范围、不同规模养鸡场机械装备配置。

本文件适用于规模化密闭舍养鸡场的机械装备配置选型。

2 规范性引用文件

本文件没有规范性引用文件。

3 术语和定义

下列术语和定义适用于本文件。

3.1

规模化养鸡　scale chicken farm

借助机械装备完成一定批次的蛋鸡、育雏育成鸡、肉鸡、种鸡等主要鸡种鸡场日常饲养工艺的一系列活动。

3.2

机械化成套饲养装备配套　complete set of mechanized feeding equipment

根据饲养鸡只品种和饲养工艺的不同,为完成饲养生产活动所必需的成套化机械装备。

3.3

净道　clean road

供鸡只入舍、饲料供应以及鸡蛋收集出场等环节的专用通道,一般设置在成排鸡舍进风山墙端。

3.4

污道　polluted road

供鸡只淘汰、鸡粪收集出场等环节的专用通道,一般设置在成排鸡舍排风山墙端。

3.5

饲养鸡只笼床面积　chicken cage bed area

每个鸡只成长需要的正常生活环境所占用的笼底网笼床面积。

3.6

笼网笼架　net cage

为鸡只提供生存空间,并为其他机械装备安装及运行提供工作平台。

3.7

最小饲养单元　minimum feeding unit

依据饲养工艺需求来划分给鸡只生存、生长的不可再分的空间,一般由隔网、后网、前网、底网及顶网等部分组成。

3.8

饲养层　feeder layer

由若干个最小饲养单元拼接而成,为喂料系统、清粪系统等机械设备运行操作提供可执行前提。

3.9

饲养笼组　cage group

在相邻两个笼网笼架区间内,由若干饲养层在高度方向拼装而成。

3.10

饲养列　breeding row

由若干饲养笼组在长度方向拼装而成。

3.11

采食宽度　feeding width

饲养笼内每羽鸡只采食时对应的料槽长度。

3.12

饮水系统　drinking water system

为鸡只提供饮用水的管道系统,一般包括饮水器、饮水管道、调压与反冲器、过滤与加药集成等部分组成。

3.13

喂(送)料系统　feed system

将鸡只饲料从舍外临时储存容器输送并投放到鸡只采食位置的机械装备。

3.14

灯光系统　lighting system

在封闭饲养舍内,为鸡只生存提供所需光照的机械装备。

3.15

清粪系统　cleaning system

将鸡只日常所排泄的粪便等废弃物从鸡舍内收集并输送到鸡舍或集中处理区的输送机械装备。

3.16

鸡蛋收集与输送系统　egg collection and transfer system

将鸡蛋从饲养笼位收集并输送到指定位置的机械装备。

3.17

通风换气设施设备　ventilation and ventilation facilities

为鸡只提供生存所需舒适环境而配套的风机、湿帘、侧墙小窗、导风板等机械装备。

3.18

废弃物处理设备　waste treatment

将鸡群饲养场中的鸡毛、鸡粪及饲料粉末等废弃物集中处理,实现资源化利用的机械装备。

3.19

鸡蛋装托机　egg loader

将收集的鸡蛋按鸡蛋尖部朝下方式投放到蛋托上的机械装备。

3.20

鸡蛋分选包装处理机　egg sorting and packing machine

将收集的鸡蛋进行清洗、干燥、检测、称重及分级包装的机械装备。

4　鸡群饲养工艺与机械装备配置范围

4.1　鸡群饲养工艺

鸡群(蛋鸡、肉鸡、种鸡等)饲养工艺见图1。

4.2　不同规模化养鸡场的划分

4.2.1　鸡只笼床面积与采食宽度配置要求

见表1。

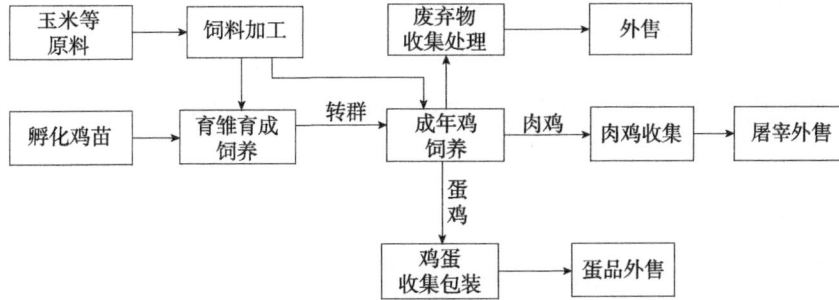

图 1 养鸡场鸡群饲养工艺

表 1 鸡只笼床面积与采食宽度配置要求

类别	成年蛋鸡	蛋鸡育雏育成	人工授精		本交种鸡	肉鸡
			母鸡	公鸡		
笼床面积	420 cm²～450 cm²	330 cm²～350 cm²	520 cm²～600 cm²	1 800 cm²～1 850 cm²	>700 cm²	400 cm²～430 cm²
采食宽度	110 mm～120 mm	80 mm～90 mm	100 mm～130 mm	300 mm～350 mm	>100 mm	—

4.2.2 单栋饲养量配置要求

见表2。

表 2 单栋饲养量配置要求

单位为万羽

类别		成年蛋鸡	蛋鸡育雏育成	人工授精种鸡	本交种鸡	肉鸡
平(散)养		—	<0.8	0.8～<1.2	0.8～1.0	1～<1.5
阶梯式	小规模	1.5～<2	1.5～<2	—	—	1.5～<2
	中规模	2～3.5	2～3.5	—	—	2～<3.5
	大规模	—	—	≥1.2	—	≥3.5
	超大规模	—	—	—	—	—
层叠式	小规模	2～<3	2～<3	—	—	2～<3
	中规模	3～<5	3～<5	—	—	3～<5
	大规模	5～7	5～<7	≥1.75	≥1.75	5～<7
	超大规模	≥7	≥7	≥3.5	—	≥7

4.2.3 单场饲养规模

见表3。

表 3 单场饲养规模

单位为万羽

类别	单场饲养规模			
	小规模	中规模	大规模	超大规模
育雏育成场(出栏)	5～20	20～50	50～80	80～100
商品蛋鸡场(存栏)	5～20	20～50	50～100	100～300
商品肉鸡场(出栏)	30～60	60～120	120～240	240～420

4.3 舍内成套饲养列机械配套

4.3.1 带式清粪阶梯式成套饲养机械配置

见图2。

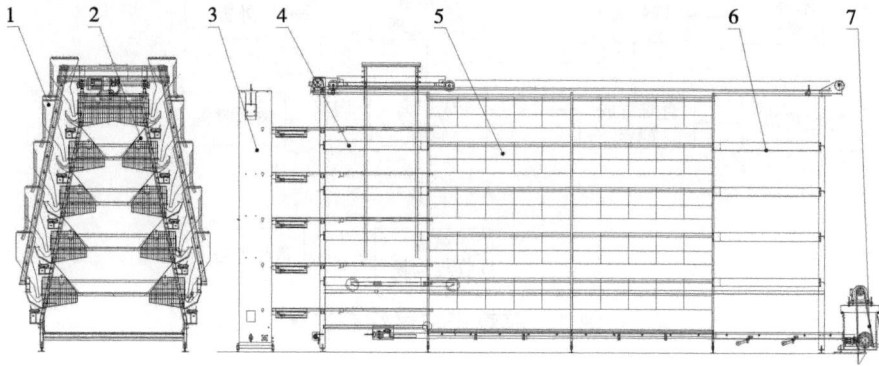

标引序号说明：

1——行车喂料机；

2——饮水系统；

3——鸡蛋收集机，依据饲养鸡种而定；

4——饲养笼组头架装置；

5——饲养笼组，可分为 1 个～6 个饲养层、1 个～50 个饲养组；

6——饲养笼组尾架；

7——带式阶梯式清粪机，可选配刮板清粪机。

图 2　带式清粪阶梯式成套饲养机械配置

4.3.2　带式清粪层叠式成套饲养机械配置

见图 3。

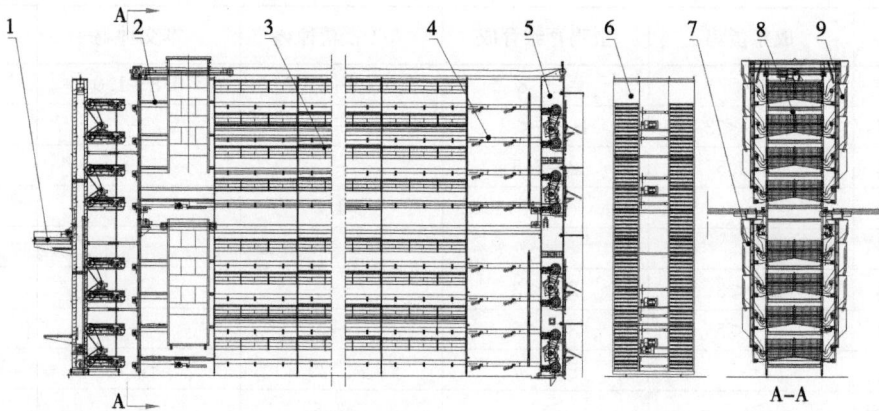

标引序号说明：

1——中央输蛋系统，依据饲养鸡种而定；

2——饲养头架装置；

3——饲养笼组，一般由 1 个～8 个饲养层组成，其他可依据鸡舍长度而定；

4——饲养尾架装置；

5——带式清粪系统，可分为 1 层～8 层；

6——鸡蛋收集系统，依据饲养鸡只而定；

7——下行车喂料机；

8——饮水系统；

9——上行车喂料机。

图 3　带式清粪层叠式成套饲养机械配置

4.4　舍内共用机械配置

见图 4。

4.5　场内共用机械配置

见图 5。

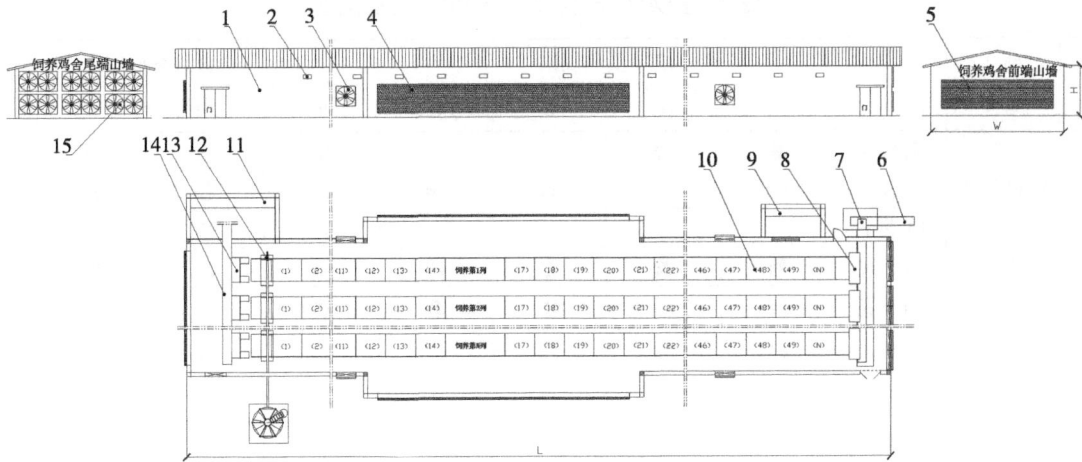

标引序号说明:

1——鸡群饲养舍;

2——侧墙通风小窗,依据饲养量、区域而定;

3——侧墙排风机;

4——侧墙湿帘,依据饲养量、区域而定;

5——前端山墙湿帘,依据饲养量、区域而定;

6——斜向带式/绞龙清粪机;

7——横向带式/绞龙清粪机;

8——纵向带式清粪机;

9——尾端控制系统;

10——舍内饲养列;

11——前端控制系统;

12——饲料输送系统;

13——鸡蛋收集系统,依据鸡只饲养品种而定;

14——中央集蛋系统,依据鸡只饲养品种而定;

15——尾端山墙排风机,依据饲养量、区域而定。

图 4 舍内共用机械配置

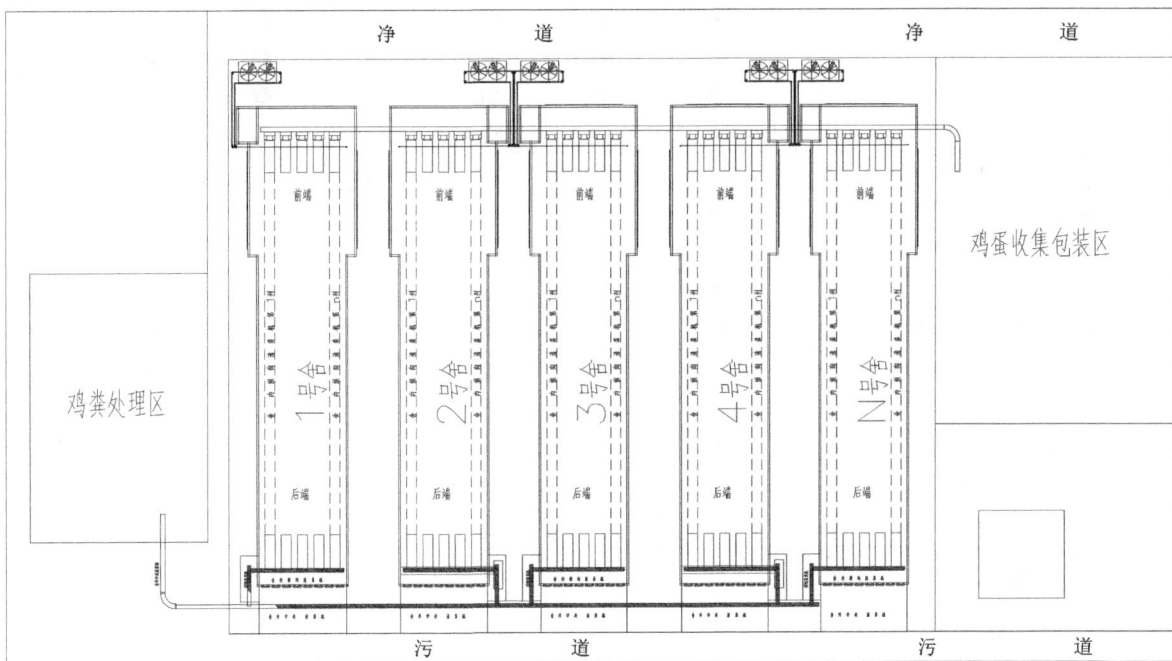

图 5 场内共用机械配置

5 不同规模养鸡场机械装备配置

5.1 蛋鸡与育雏育成场机械装备配套

应符合表 4 的规定。

表4 蛋鸡场与育雏育场机械装备配套

场地	机械装备名称	类别	成年蛋鸡规模				育雏育成规模			
			小	中	大	超大	小	中	大	超大
鸡舍内	笼网笼架	阶梯式	●	●	—	—	●	●	●	●
		层叠式	◎	◎	●	●	◎	◎	●	●
		地/网式	—	—	—	—	◎	◎	—	—
	饮水系统	乳头式	●	●	●	●	●	●	●	●
	喂(送)料系统	行车式	◎	◎	●	●	◎	◎	●	●
		链条式	◎	◎	◎	◎	◎	◎	◎	◎
		播种式	◎	◎	—	—	◎	◎	—	—
		弹簧式	◎	◎	◎	◎	◎	◎	◎	◎
		料盘式	—	—	—	—	◎	—	—	—
		弹簧送料	◎	◎	◎	◎	◎	◎	◎	◎
		索盘送料	—	—	●	●	—	—	●	●
		暂存料仓	◎	●	●	●	◎	●	●	●
	灯光系统	简易式	●	●	◎	◎	●	●	◎	◎
		自动化	◎	●	●	●	◎	●	●	●
	清粪系统	刮板式	●	●	—	—	●	●	—	—
		带式	—	●	●	●	—	●	●	●
	集蛋系统	爪带式	◎	●	●	●	—	—	—	—
		C型式	◎	●	●	●	—	—	—	—
		升降式	◎	●	●	●	—	—	—	—
	通风换气设施设备	风机	◎	●	●	●	◎	●	●	●
		湿帘	◎	●	●	●	◎	●	●	●
		通风小窗	◎	●	●	●	◎	●	●	●
		喷雾系统	◎	◎	◎	◎	◎	◎	◎	◎
		地热加温	◎	◎	◎	◎	◎	◎	◎	◎
		燃气加温	◎	◎	◎	◎	◎	◎	◎	◎
		笼内通风	◎	◎	◎	◎	◎	◎	◎	◎
	控制系统	简易式	●	●	◎	◎	●	●	◎	◎
		单系统	◎	◎	●	●	◎	●	●	●
		集成式	◎	◎	●	●	◎	◎	●	●
舍外场(区)内	中央输粪	带式	◎	◎	◎	◎	◎	◎	◎	◎
		绞龙	◎	◎	◎	◎	◎	◎	◎	◎
		刮板式	◎	◎	◎	◎	◎	◎	◎	◎
	废弃物处理设备	翻抛机	◎	◎	◎	◎	◎	◎	◎	◎
		发酵罐	◎	◎	◎	◎	◎	◎	◎	◎
		风干机	◎	◎	◎	◎	◎	◎	◎	◎
	中央集蛋		◎	◎	●	●	—	—	—	—
	鸡蛋装托机		◎	◎	◎	◎	—	—	—	—
	鸡蛋初级包装处理机		◎	◎	◎	◎	—	—	—	—
	场区集成管控系统		◎	◎	◎	◎	◎	◎	◎	◎
	场区消毒防疫设备		◎	●	●	●	◎	●	●	●
	应急发电设备		◎	●	●	●	◎	●	●	●

注:表中符号所示:— 不存在;◎ 可选择性配置;● 推荐配置。

5.2 种鸡场机械装备配套

应符合表5的规定。

表5 种鸡场机械装备配套

场地	机械装备名称	类别	人工授精种鸡规模				本交授精种鸡规模			
			小	中	大	超大	小	中	大	超大
鸡舍内	笼网笼架	阶梯式	◎	●	—	—	—	—	—	—
		层叠式	◎	●	●	●	●	●	●	—
		地/网式	◎	◎	—	—	●	●	—	—
	饮水系统	乳头式	●	●	●	●	●	●	●	—
	喂(送)料系统	行车式	◎	◎	●	●	◎	◎	●	—
		链条式	◎	◎	◎	◎	◎	◎	◎	—
		播种式	◎	◎	◎	—	◎	◎	◎	—
		弹簧式	—	—	◎	◎	◎	◎	◎	—
		料盘式	◎	—	◎	◎	◎	—	—	—
		弹簧送料	◎	◎	◎	◎	◎	◎	◎	—
		索盘送料	◎	◎	◎	◎	◎	◎	◎	—
		暂存料仓	◎	◎	●	●	◎	●	●	—
	灯光系统	简易式	◎	—	—	—	◎	◎	—	—
		自动化	◎	●	●	●	◎	●	●	—
	清粪系统	刮板式	◎	—	—	—	◎	—	—	—
		带式	◎	●	●	●	◎	●	●	—
	集蛋系统	爪带式	◎	◎	◎	◎	◎	◎	◎	—
		C型式	◎	◎	◎	◎	◎	◎	◎	—
		升降式	◎	◎	◎	◎	◎	◎	◎	—
	通风换气设施设备	风机	◎	●	●	●	◎	●	●	—
		湿帘	◎	●	●	●	◎	●	●	—
		通风小窗	◎	●	●	●	◎	●	●	—
		喷雾系统	◎	◎	◎	◎	◎	◎	◎	—
		地热加温	◎	◎	◎	◎	◎	◎	◎	—
		燃气加温	◎	◎	◎	◎	◎	◎	◎	—
		笼内通风	◎	◎	◎	◎	◎	◎	◎	—
	控制系统	简易式	◎	—	—	—	◎	—	—	—
		单系统	◎	◎	●	●	◎	◎	●	—
		集成式	◎	◎	◎	◎	◎	◎	◎	—
舍外场(区)内	中央输粪	带式	◎	◎	◎	◎	◎	◎	◎	—
		绞龙式	◎	◎	◎	◎	◎	◎	◎	—
		刮板式	◎	◎	◎	◎	◎	◎	◎	—
	废弃物处理设备	翻抛机	◎	◎	◎	◎	◎	◎	◎	—
		发酵罐	◎	◎	◎	◎	◎	◎	◎	—
		风干机	◎	◎	◎	◎	◎	◎	◎	—
	中央集蛋		◎	◎	◎	◎	◎	◎	◎	—
	鸡蛋装托机		◎	◎	◎	◎	◎	◎	◎	—
	鸡蛋初级包装处理机		◎	◎	◎	◎	◎	◎	◎	—
	场区集成管控系统		◎	◎	◎	◎	◎	◎	◎	—
	场区消毒防疫设备		●	●	●	●	●	●	●	—
	应急发电设备		●	●	●	●	●	●	●	—

注:表中符号所示:— 不存在;◎ 可选择性配置;● 必要配置。

5.3 肉鸡场机械装备配套

应符合表 6 的规定。

表 6 肉鸡场机械装备配套

场地	机械装备名	类别	肉鸡规模			
			小	中	大	超大
鸡舍内	笼网笼架	阶梯式	◎	◎	—	—
		层叠式	◎	●	●	●
		地/网式	◎	◎	—	—
	饮水系统	乳头式	●	●	●	●
	喂(送)料系统	行车式	◎	◎	◎	◎
		播种式	◎	◎	◎	◎
		弹簧式	◎	◎	◎	◎
		料盘式	◎	◎	◎	◎
		弹簧送料	◎	◎	◎	◎
		索盘送料	◎	◎	◎	◎
		暂存料仓	◎	◎	●	●
	灯光系统	简易式	◎	◎	—	—
		自动化	◎	●	●	●
	清粪系统	刮板式	◎	◎	—	—
		带式	◎	◎	●	●
	通风换气设施设备	风机	◎	●	●	●
		湿帘	◎	●	●	●
		通风小窗	◎	●	●	●
		喷雾系统	◎	◎	◎	◎
		地热加温	◎	◎	◎	◎
		燃气加温	◎	◎	◎	◎
	控制系统	简易式	◎	—	—	—
		单系统	◎	●	●	●
		集成式	◎	◎	◎	◎
舍外场(区)内	中央输粪	带式	◎	◎	◎	◎
		绞龙	◎	◎	◎	◎
		刮板式	◎	◎	◎	◎
	废弃物处理设备	翻抛机	◎	◎	◎	◎
		发酵罐	◎	◎	◎	◎
		风干机	◎	◎	◎	◎
	场区集成管控系统		◎	◎	◎	◎
	场区消毒防疫设备		●	●	●	●
	应急发电设备		●	●	●	●

注:表中符号所示:— 不存在;◎ 可选择性配置;● 推荐配置。

ICS 65.060.99
CCS B 90

NY

中华人民共和国农业行业标准

NY/T 3986—2021

天然橡胶初加工机械 切胶机
质量评价技术规范

Technical specification of quality evaluation for bale cutter for primary
processing machinery of natural rubber

2021-11-09 发布

2022-05-01 实施

中华人民共和国农业农村部 发布

前　言

本文件按照 GB/T 1.1—2020《标准化工作导则　第 1 部分：标准化文件的结构和起草规则》的规定起草。

请注意本文件的某些内容可能涉及专利。本文件的发布机构不承担识别专利的责任。

本文件由农业农村部农垦局提出。

本文件由农业农村部热带作物及制品标准化技术委员会归口。

本文件起草单位：中国热带农业科学院农产品加工研究所、中国热带农业科学院农业机械研究所。

本文件主要起草人：黄晖、宋刚、张帆、陈民、邓怡国。

天然橡胶初加工机械 切胶机 质量评价技术规范

1 范围

本文件规定了天然橡胶初加工机械切胶机的质量要求、检测方法和检验规则。

本文件适用于天然橡胶初加工机械切胶机的质量评定。

2 规范性引用文件

下列文件中的内容通过文中的规范性引用而构成本文件必不可少的条款。其中,注日期的引用文件,仅该日期对应的版本适用于本文件;不注日期的引用文件,其最新版本(包括所有的修改单)适用于本文件。

GB/T 230.1 金属材料 洛氏硬度试验 第1部分:试验方法

GB/T 1298 碳素工具钢

GB/T 2828.1 计数抽样检验程序 第1部分:按接收质量限(AQL)检索的逐批检验抽样计划

GB/T 3768 声学 声压法测定噪声源声功率级和声能量级 采用反射面上方包络测量面的简易法

GB/T 5226.1 机械电气安全 机械电气设备 第1部分:通用技术条件

GB/T 5667 农业机械 生产试验方法

GB/T 9969 工业产品使用说明书 总则

GB 10396 农林拖拉机和机械、草坪和园艺动力机械 安全标志和危险图形 总则

GB/T 13306 标牌

JB/T 5673 农林拖拉机及机具涂漆 通用技术条件

JB/T 9832.2 农林拖拉机及机具 漆膜 附着性能测定方法 压切法

NY/T 409 天然橡胶初加工机械通用技术条件

NY/T 1036—2006 热带作物机械 术语

3 术语和定义

下列术语和定义适用于本文件。

3.1

切胶机 bale cutter

通过旋转的刀盘或往复运动的闸刀将胶块切开的设备。

[来源:NY/T 1036—2006,2.2.25,有修改]

3.2

刀盘式切胶机 rotary bale cutter

通过旋转的刀盘将胶块切开的设备。

3.3

闸刀式切胶机 reciprocating bale cutter

通过往复运动的闸刀将胶块切开的设备。

3.4

切胶刀 bale cutter knife

切胶机的刀盘和闸刀统称为切胶刀。

4 基本要求

4.1 文件资料

质量评价所需的文件资料应至少包括：

——产品执行标准或产品制造验收技术条件；

——产品使用说明书；

——产品"三包"凭证；

——样机照片（应能充分反映样机特征）。

4.2 主要技术参数核对与测量

对产品进行质量评价时，应依据4.1中的文件资料和企业提供的其他技术文件，对产品按照表1的规定进行核对或测量。

表1 产品确认表

序号	项目	方法
1	规格型号	核对
2	结构型式	核对
3	刀盘式切胶刀直径,mm	测量
4	刀盘式切胶刀转速,r/min	测量
5	闸刀式切胶刀幅宽,mm	测量
6	切胶刀（或胶块承台）往复频率,次/min	测量
7	工作行程,mm	测量
8	整机外形尺寸（长×宽×高）,mm×mm×mm	测量
9	电机总功率,kW	核对
10	整机质量,kg	核对

4.3 试验条件

4.3.1 试验样机应符合产品使用说明书要求，技术状态良好，并调试到正常工作状态。

4.3.2 试验用仪器应检定或校验合格，并在有效期内。

4.3.3 测试应在水平的硬实地面上进行。

4.3.4 样机应由熟练人员操作。

5 质量要求

5.1 主要性能要求

产品主要性能要求应符合表2的规定。

表2 产品主要性能要求

序号	项目	指标
1	可用度,%	≥90
2	密封部位渗漏液情况	不应有渗漏液现象
3	单位时间耗电量,kWh/h	≤企业明示技术要求

5.2 安全要求

5.2.1 在易发生危险的部位，应在明显处设有安全警示标志，安全警示标志应符合 GB 10396 的规定。

5.2.2 应有胶块固定装置和行程限位装置。

5.2.3 设备运行时有可能发生移位、松脱或抛射的零部件，应有紧固或防松装置。

5.2.4 设备应有可靠的接地保护装置和明显的接地标志，接地电阻应不大于 10 Ω。

5.2.5 电控装置应灵敏、安全可靠，应有急停按钮，并便于操作。

5.2.6 电气设备应符合 GB/T 5226.1 的要求。

5.3 空载噪声

空载噪声应不大于 85 dB(A)。

5.4 关键零部件质量

5.4.1 切胶刀不应有裂纹、损伤和其他影响强度的缺陷。

5.4.2 切胶刀应采用力学性能不低于 GB/T 1298 规定的 T10 的材料制造。

5.4.3 刀体表面硬度应为 22 HRC~45 HRC,刀刃工作面表面硬度应为 40 HRC~65 HRC。

5.5 一般要求

5.5.1 设备应运行平稳,不应有明显的振动、冲击和异常声响。

5.5.2 设备应操作方便,调整装置应灵活可靠。

5.5.3 刀盘式切胶机整机运行 2 h 以上,轴承温升空载时应不超过 30 ℃,负载时应不超过 40 ℃,减速箱油温应不超过 65 ℃。

5.5.4 表面涂漆质量应符合 JB/T 5673 中普通耐候涂层的要求。

5.5.5 漆层漆膜附着力应符合 JB/T 9832.2 中Ⅱ级 3 处的要求。

5.5.6 外观质量、装配质量应符合 NY/T 409 的有关要求。

5.6 使用信息要求

5.6.1 产品使用说明书的编制应符合 GB/T 9969 的要求,除包括产品基本信息外,还应包括安全注意事项、禁用信息以及对安全装置、调节控制装置与安全标志的详细说明等内容。

5.6.2 应在设备明显位置固定产品标牌,标牌应符合 GB/T 13306 的规定。

6 检测方法

6.1 性能试验

6.1.1 可用度

按照 GB/T 5667 的规定进行测定。对产品进行连续 3 个班次的查定,每个班次作业时间为 6 h。

6.1.2 密封部位渗漏液情况

密封部位渗漏液情况采用目测检查。

6.1.3 单位时间耗电量

在正常工作情况下,测定单位时间的耗电量,每台样机测定 3 次,取其平均值,每次应不少于 1 h。

6.2 安全要求

6.2.1 安全警示标志、接地保护装置和接地标志采用目测检查。

6.2.2 胶块固定装置和行程限位装置采用目测检查。

6.2.3 设备接地电阻采用接地电阻测试仪进行测定。

6.2.4 设备的紧固或防松装置采用感官检查。

6.2.5 电控装置采用感官检查。

6.2.6 电气设备按 GB/T 5226.1 的规定进行检查。

6.3 空载噪声

按 GB/T 3768 的规定进行测定。

6.4 关键零部件质量

6.4.1 切胶刀缺陷情况采用目测检查。

6.4.2 表面硬度按 GB/T 230.1 的规定进行测定。

6.5 一般要求

6.5.1 设备运转情况、调整装置的灵敏性采用感官检查。

6.5.2 轴承温升,用测温仪分别测量试验开始和结束时轴承座(或外壳)的表面温度,并计算差值。

6.5.3 减速箱油温采用测温仪测定。

6.5.4 表面涂漆质量按 JB/T 5673 的规定进行测定。

6.5.5 漆膜附着力按 JB/T 9832.2 的规定进行测定。

6.5.6 外观质量采用目测检查。

6.5.7 装配质量应按 NY/T 409 的规定进行测定。

6.6 使用信息

6.6.1 使用说明书按 GB/T 9969 的规定进行检查。

6.6.2 产品标牌按 GB/T 13306 的规定进行检查。

7 检验规则

7.1 抽样方法

7.1.1 抽样应符合 GB/T 2828.1 中正常检查一次抽样方案的要求。

7.1.2 采用随机抽样方法。样本应在制造单位近 1 年内生产的合格产品中随机抽取,抽样检查批量应不少于 3 台,样本大小为 2 台。在销售部门抽样时,不受上述限制。

7.1.3 整机应在生产企业成品库或销售部门抽取,零部件应在零部件成品库或装配线上已检验合格的零部件中抽取,也可在样机上拆取。

7.2 检验项目、不合格分类

检验项目、不合格分类见表3。

表 3 检验项目、不合格分类

不合格分类	检验项目	样本数	项目数	检查水平	样本大小字码	AQL	Ac	Re
A	1. 安全要求 2. 可用度		2			6.5	0	1
B	1. 单位时间耗电量 2. 空载噪声 3. 关键零部件质量 4. 密封部位渗漏情况	2	4	S-I	A	25	1	2
C	1. 运转平稳性及声响 2. 表面涂漆质量 3. 外观质量 4. 漆膜附着力 5. 使用说明书 6. 标志、标牌		6			40	2	3
注 1:AQL 为合格质量水平,Ac 为合格判定数,Re 为不合格判定数。								
注 2:监督性检验可以不做可用度检查。								

7.3 判定规则

判定时,采用逐项检验考核,A、B、C 各类的不合格总数小于或等于 Ac 为合格,大于或等于 Re 为不合格。A、B、C 各类均合格时,该批产品为合格品,否则为不合格品。

附录

国家卫生健康委员会
农 业 农 村 部
国家市场监督管理总局
公　　告
2021 年　第 4 号

根据《中华人民共和国食品安全法》规定,经食品安全国家标准审评委员会审查通过,现发布《食品安全国家标准　食品中农药最大残留限量》(GB 2763—2021,代替 GB 2763—2019)等 5 项食品安全国家标准。其编号和名称如下:

GB 2763—2021　食品安全国家标准　食品中农药最大残留限量

GB 23200.118—2021　食品安全国家标准　植物源性食品中单氰胺残留量的测定　液相色谱-质谱联用法

GB 23200.119—2021　食品安全国家标准　植物源性食品中沙蚕毒素类农药残留量的测定　气相色谱法

GB 23200.120—2021　食品安全国家标准　植物源性食品中甜菜安残留量的测定　液相色谱-质谱联用法

GB 23200.121—2021　食品安全国家标准　植物源性食品中 331 种农药及其代谢物残留量的测定　液相色谱-质谱联用法

以上标准自发布之日起 6 个月正式实施。标准文本可在中国农产品质量安全网(http://www. aqsc. org)查阅下载,文本内容由农业农村部负责解释。

特此公告。

中华人民共和国农业农村部公告

第 423 号

《转基因生物及其产品食用安全检测　模拟胃液和模拟肠液中外源蛋白质消化稳定性试验方法》等22项标准业经专家审定通过,现批准发布为中华人民共和国国家标准,自2021年11月1日起实施。

特此公告。

附件:《转基因生物及其产品食用安全检测　模拟胃液和模拟肠液中外源蛋白质消化稳定性试验方法》等22项国家标准目录

农业农村部

2021年5月7日

附件：

《转基因生物及其产品食用安全检测　模拟胃液和模拟肠液中外源蛋白质消化稳定性试验方法》等 22 项国家标准目录

序号	标准号	标准名称	代替标准号
1	农业农村部公告第 423 号—1—2021	转基因生物及其产品食用安全检测　模拟胃液和模拟肠液中外源蛋白质消化稳定性试验方法	农业部公告第 869 号—2—2007
2	农业农村部公告第 423 号—2—2021	转基因植物分子特征　第 1 部分:数据资料	
3	农业农村部公告第 423 号—3—2021	转基因植物及其产品成分检测　抗虫棉花 DAS-21Ø23-5 及其衍生品种定性 PCR 方法	
4	农业农村部公告第 423 号—4—2021	转基因植物及其产品成分检测　抗虫棉花 DAS-24236-5 及其衍生品种定性 PCR 方法	
5	农业农村部公告第 423 号—5—2021	转基因植物及其产品成分检测　抗虫耐除草剂玉米 C0030.1.1 及其衍生品种定性 PCR 方法	
6	农业农村部公告第 423 号—6—2021	转基因植物及其产品成分检测　抗虫耐除草剂玉米 C0030.2.3 及其衍生品种定性 PCR 方法	
7	农业农村部公告第 423 号—7—2021	转基因植物及其产品成分检测　抗虫耐除草剂玉米 ZZM030 及其衍生品种定性 PCR 方法	
8	农业农村部公告第 423 号—8—2021	转基因植物及其产品成分检测　耐除草剂玉米 C0010.2.2 及其衍生品种定性 PCR 方法	
9	农业农村部公告第 423 号—9—2021	转基因植物及其产品成分检测　玉米常见转基因成分筛查	
10	农业农村部公告第 423 号—10—2021	转基因植物及其产品成分检测　转基因成分定量检测结果不确定度评定与表示	
11	农业农村部公告第 423 号—11—2021	转基因植物环境安全检测　花粉活力的测定	
12	农业农村部公告第 423 号—12—2021	转基因植物环境安全检测　抗虫植物对非靶标生物影响　二斑叶螨	
13	农业农村部公告第 423 号—13—2021	转基因植物环境安全检测　外源杀虫蛋白对非靶标生物影响　第 9 部分:家蚕	
14	农业农村部公告第 423 号—14—2021	转基因植物及其产品环境安全检测　耐除草剂棉花　第 1 部分:除草剂耐受性	
15	农业农村部公告第 423 号—15—2021	转基因植物及其产品环境安全检测　耐除草剂棉花　第 2 部分:生存竞争能力	
16	农业农村部公告第 423 号—16—2021	转基因植物及其产品环境安全检测　耐除草剂棉花　第 3 部分:外源基因漂移	
17	农业农村部公告第 423 号—17—2021	转基因植物及其产品环境安全检测　耐除草剂棉花　第 4 部分:生物多样性影响	
18	农业农村部公告第 423 号—18—2021	转基因植物环境安全评价　第 1 部分:抗虫植物对非靶标生物影响的评价技术导则	
19	农业农村部公告第 423 号—19—2021	转基因植物环境安全评价　第 2 部分:耐除草剂植物对非靶标除草剂耐受性的评价技术导则	

附　录

（续）

序号	标准号	标准名称	代替标准号
20	农业农村部公告第 423 号—20—2021	转基因植物及其产品环境安全检测　耐除草剂苜蓿第 2 部分：生存竞争能力	
21	农业农村部公告第 423 号—21—2021	转基因植物及其产品环境安全检测　耐除草剂苜蓿第 3 部分：外源基因漂移	
22	农业农村部公告第 423 号—22—2021	转基因植物及其产品环境安全检测　耐除草剂苜蓿第 4 部分：生物多样性影响	

中华人民共和国农业农村部公告
第 424 号

《有机肥料》等153项标准业经专家审定通过,现批准发布为中华人民共和国农业行业标准。《有机肥料》标准自2021年6月1日起实施,其他标准自2021年11月1日起实施。

特此公告。

附件:《有机肥料》等153项农业行业标准目录

农业农村部

2021年5月7日

附件：

《有机肥料》等 153 项农业行业标准目录

序号	标准号	标准名称	代替标准号
1	NY/T 525—2021	有机肥料	NY 525—2012
2	NY/T 3829—2021	含硅水溶肥料	
3	NY/T 3830—2021	非水溶中量元素肥料	
4	NY/T 3831—2021	有机水溶肥料　通用要求	
5	NY/T 1868—2021	肥料合理使用准则　有机肥料	NY/T 1868—2010
6	NY/T 3832—2021	设施蔬菜施肥量控制技术指南	
7	NY/T 3833—2021	微生物肥料菌种保藏技术规范	
8	NY/T 1973—2021	水溶肥料　水不溶物含量和 pH 的测定	NY/T 1973—2010
9	NY/T 3834—2021	肥料中 16 种稀土元素的测定电感耦合等离子体质谱法	
10	NY/T 3835—2021	土壤中 6 种酰胺类除草剂残留量的测定　气相色谱-质谱法	
11	NY/T 3836—2021	米粉专用稻	
12	NY/T 593—2021	食用稻品种品质	NY/T 593—2013
13	NY/T 3837—2021	稻米食味感官评价方法	
14	NY/T 3838—2021	机插水稻无土基质育秧技术规范	
15	NY/T 3839—2021	水稻钵苗机插栽培技术规程	
16	NY/T 3840—2021	南方稻田绿肥种植与利用技术规范	
17	NY/T 2632—2021	玉米-大豆带状复合种植技术规程	NY/T 2632—2014
18	NY/T 3841—2021	玉米互补增抗生产技术规范	
19	NY/T 3842—2021	东北产区花生生产技术规程	
20	NY/T 3843—2021	旱地豆科绿肥种子生产技术规程	
21	NY/T 3844—2021	高山蔬菜越夏生产技术规程	
22	NY/T 3845—2021	日光温室黄瓜气肥水一体化施用技术规程	
23	NY/T 3846—2021	双孢蘑菇工厂化生产技术规程	
24	NY/T 3847—2021	枇杷生产技术规程	
25	NY/T 3848—2021	设施草莓生产技术规程	
26	NY/T 3849—2021	设施蓝莓生产技术规程	
27	NY/T 3850—2021	设施果菜秸秆原位还田技术规程	
28	NY/T 3851—2021	谷子抗旱性鉴定技术规程	
29	NY/T 3852—2021	稻田莎草科杂草抗药性监测技术规程	
30	NY/T 1248.14—2021	玉米抗病虫性鉴定技术规范　第 14 部分：南方锈病	
31	NY/T 3853—2021	猪殃殃对乙酰乳酸合成酶抑制剂类除草剂靶标抗性检测技术规程	
32	NY/T 3854—2021	看麦娘对乙酰辅酶 A 羧化酶抑制剂类除草剂靶标抗性检测技术规程	
33	NY/T 3855—2021	小麦孢囊线虫检测技术规程	

（续）

序号	标准号	标准名称	代替标准号
34	NY/T 3856—2021	小麦中镰刀菌毒素管控技术规程	
35	NY/T 3857—2021	十字花科蔬菜抗根肿病鉴定技术规程	
36	NY/T 3858—2021	番茄抗匍柄霉叶斑病鉴定技术规程	
37	NY/T 3859—2021	果品中交链孢霉菌鉴定技术规程	
38	NY/T 3860—2021	芹菜抗根结线虫鉴定技术规程	
39	NY/T 3861—2021	猕猴桃主要病虫害防治技术规程	
40	NY/T 3862—2021	茶云纹叶枯病监测技术规程	
41	NY/T 3863—2021	茶云纹叶枯病综合防治技术规程	
42	NY/T 2288—2021	黄瓜绿斑驳花叶病毒检疫检测与鉴定方法	NY/T 2288—2012
43	NY/T 3864—2021	黄瓜棒孢叶斑病、蔓枯病、炭疽病抗病性鉴定技术规程	
44	NY/T 3865—2021	草地贪夜蛾防控技术规范	
45	NY/T 3866—2021	草地贪夜蛾测报技术规范	
46	NY/T 796—2021	稻水象甲防治技术规范	NY/T 796—2004
47	NY/T 3867—2021	粮油作物产品中黄曲霉毒素 B_1、环匹阿尼酸毒素、杂色曲霉毒素的快速检测　胶体金法	
48	NY/T 3868—2021	玉米及玉米淀粉糊化特性测定　快速黏度仪法	
49	NY/T 3869—2021	薰衣草中樟脑、芳樟醇、乙酸芳樟酯和乙酸薰衣草酯的测定　气相色谱法	
50	NY/T 3870—2021	硒蛋白中硒代氨基酸的测定　液相色谱-原子荧光光谱法	
51	NY/T 3871—2021	大蒜中蒜氨酸的测定　高效液相色谱法	
52	NY/T 3872—2021	食用菌中 L-麦角硫因的测定　超高效液相色谱法	
53	NY/T 1658—2021	大通牦牛	NY 1658—2008
54	NY/T 3873—2021	浦东鸡	
55	NY/T 3874—2021	种猪术语	
56	NY/T 14—2021	高产奶牛饲养管理规范	NY/T 14—1985
57	NY/T 636—2021	猪人工授精技术规程	NY/T 636—2002
58	NY/T 3875—2021	驴骡马源性成分鉴定　实时荧光定性 PCR 法	
59	NY/T 3876—2021	猪肉中卡拉胶的检测　液相色谱-串联质谱法	
60	NY/T 3877—2021	畜禽粪便土地承载力测算方法	
61	NY/T 3384—2021	畜禽屠宰企业消毒规范	NY/T 3384—2018（SB/T 10660—2012）
62	NY/T 212—2021	饲料原料　碎米	NY/T 212—1992
63	NY/T 115—2021	饲料原料　高粱	NY/T 115—1989
64	NY/T 117—2021	饲料原料　小麦	NY/T 117—1989
65	NY/T 118—2021	饲料原料　皮大麦	NY/T 118—1989
66	NY/T 119—2021	饲料原料　小麦麸	NY/T 119—1989
67	NY/T 3878—2021	饲料原料　喷浆玉米皮	
68	NY/T 3879—2021	饲料中 25-羟基维生素 D_3 的测定	
69	NY/T 1640—2021	农业机械分类	NY/T 1640—2015

（续）

序号	标准号	标准名称	代替标准号
70	NY/T 1418—2021	深松机械 质量评价技术规范	NY/T 1418—2007
71	NY/T 3880—2021	深松播种机 质量评价技术规范	
72	NY/T 3881—2021	遥控飞行播种机 质量评价技术规范	
73	NY/T 3882—2021	种子超声波处理机 质量评价技术规范	
74	NY/T 1142—2021	种子加工成套设备 质量评价技术规范	NY/T 1142—2006
75	NY/T 3883—2021	秸秆收集机 质量评价技术规范	
76	NY/T 3884—2021	农田捡石机 质量评价技术规范	
77	NY/T 3885—2021	向日葵联合收获机 质量评价技术规范	
78	NY/T 1415—2021	马铃薯种植机 质量评价技术规范	NY/T 1415—2007
79	NY/T 3886—2021	绞盘式喷灌机 质量评价技术规范	
80	NY/T 998—2021	谷物联合收割机 修理质量	NY/T 998—2006
81	NY/T 3887—2021	油菜毯状苗移栽机 作业质量	
82	NY/T 3888—2021	水稻机插秧同步侧深施肥作业技术规范	
83	NY/T 3889—2021	甘蔗全程机械化生产技术规范	
84	NY/T 3890—2021	免耕播种机质量调查技术规范	
85	NY/T 3891—2021	小麦全程机械化生产技术规范	
86	NY/T 3892—2021	农机作业远程监测管理平台数据交换技术规范	
87	NY/T 3893—2021	遥控飞行喷雾机棉花脱叶催熟作业规程	
88	NY/T 3894—2021	连栋温室能耗测试方法	
89	NY/T 3895—2021	规模化养鸡场机械装备配置规范	
90	NY/T 3896—2021	生物天然气工程技术规范	
91	NY/T 3897—2021	农村沼气安全处置技术规程	
92	NY/T 3898—2021	生物质热解燃气质量评价	
93	NY/T 419—2021	绿色食品 稻米	NY/T 419—2014
94	NY/T 285—2021	绿色食品 豆类	NY/T 285—2012
95	NY/T 421—2021	绿色食品 小麦及小麦粉	NY/T 421—2012
96	NY/T 893—2021	绿色食品 粟、黍、稷及其制品	NY/T 893—2014
97	NY/T 435—2021	绿色食品 水果、蔬菜脆片	NY/T 435—2012
98	NY/T 426—2021	绿色食品 柑橘类水果	NY/T 426—2012
99	NY/T 1048—2021	绿色食品 笋及笋制品	NY/T 1048—2012
100	NY/T 1709—2021	绿色食品 藻类及其制品	NY/T 1709—2011
101	NY/T 754—2021	绿色食品 蛋及蛋制品	NY/T 754—2011
102	NY/T 657—2021	绿色食品 乳与乳制品	NY/T 657—2012
103	NY/T 753—2021	绿色食品 禽肉	NY/T 753—2012
104	NY/T 842—2021	绿色食品 鱼	NY/T 842—2012
105	NY/T 841—2021	绿色食品 蟹	NY/T 841—2012
106	NY/T 3899—2021	绿色食品 可食用鱼副产品及其制品	
107	NY/T 422—2021	绿色食品 食用糖	NY/T 422—2016

（续）

序号	标准号	标准名称	代替标准号
108	NY/T 2111—2021	绿色食品　调味油	NY/T 2111—2011
109	NY/T 751—2021	绿色食品　食用植物油	NY/T 751—2017
110	NY/T 901—2021	绿色食品　香辛料及其制品	NY/T 901—2011
111	NY/T 1040—2021	绿色食品　食用盐	NY/T 1040—2012
112	NY/T 1884—2021	绿色食品　果蔬粉	NY/T 1884—2010
113	NY/T 1886—2021	绿色食品　复合调味料	NY/T 1886—2010
114	NY/T 2107—2021	绿色食品　食品馅料	NY/T 2107—2011
115	NY/T 2108—2021	绿色食品　熟粉及熟米制糕点	NY/T 2108—2011
116	NY/T 1890—2021	绿色食品　蒸制类糕点	NY/T 1890—2010
117	NY/T 1512—2021	绿色食品　生面食、米粉制品	NY/T 1512—2014
118	NY/T 1888—2021	绿色食品　软体动物休闲食品	NY/T 1888—2010
119	NY/T 1889—2021	绿色食品　烘炒食品	NY/T 1889—2017
120	NY/T 1330—2021	绿色食品　方便主食品	NY/T 1330—2007
121	NY/T 2106—2021	绿色食品　谷物类罐头	NY/T 2106—2011
122	NY/T 3900—2021	绿色食品　豆类罐头	
123	NY/T 1047—2021	绿色食品　水果、蔬菜罐头	NY/T 1047—2014
124	NY/T 2105—2021	绿色食品　汤类罐头	NY/T 2105—2011
125	NY/T 432—2021	绿色食品　白酒	NY/T 432—2014
126	NY/T 273—2021	绿色食品　啤酒	NY/T 273—2012
127	NY/T 3901—2021	绿色食品　谷物饮料	
128	NY/T 433—2021	绿色食品　植物蛋白饮料	NY/T 433—2014
129	NY/T 1054—2021	绿色食品　产地环境调查、监测与评价规范	NY/T 1054—2013
130	NY/T 391—2021	绿色食品　产地环境质量	NY/T 391—2013
131	NY/T 394—2021	绿色食品　肥料使用准则	NY/T 394—2013
132	NY/T 1056—2021	绿色食品　储藏运输准则	NY/T 1056—2006
133	NY/T 3902—2021	水果、蔬菜及其制品中阿拉伯糖、半乳糖、葡萄糖、果糖、麦芽糖和蔗糖的测定　离子色谱法	
134	NY/T 3903—2021	枸杞中黄酮类化合物的测定	
135	NY/T 3904—2021	肉及肉制品中杂环胺检测　液相色谱-串联质谱法	
136	NY/T 3905—2021	冷冻肉解冻失水率的测定	
137	NY/T 3906—2021	硫酸软骨素用原料	
138	NY/T 3907—2021	非浓缩还原果蔬汁用原料	
139	NY/T 3908—2021	非浓缩还原苹果汁	
140	NY/T 3909—2021	非浓缩还原果蔬汁加工技术规程	
141	NY/T 3910—2021	非浓缩还原果蔬汁冷链物流技术规程	
142	NY/T 3911—2021	火龙果采收储运技术规范	
143	NY/T 3912—2021	无花果采收储运技术规范	
144	NY/T 3913—2021	绿茶低温储藏保鲜技术规范	

附　录

序号	标准号	标准名称	代替标准号
145	NY/T 3914—2021	蒜薹低温物流保鲜技术规程	
146	NY/T 3915—2021	蜂花粉干燥技术规范	
147	NY/T 3916—2021	西蓝花干燥加工技术规范	
148	NY/T 3917—2021	柑橘全果果汁(浆)加工技术规程	
149	NY/T 3918—2021	太阳能果蔬干燥设施设计规范	
150	NY/T 3919—2021	动物检疫隔离场建设标准	
151	NY/T 3920—2021	马铃薯种薯储藏窖建设标准	
152	NY/T 3921—2021	面向农业遥感的土壤墒情和作物长势地面监测技术规程	
153	NY/T 3922—2021	中高分辨率卫星主要农作物长势遥感监测技术规范	

中华人民共和国农业农村部
国家卫生健康委员会
国家市场监督管理总局
公　告
第388号

　　根据《中华人民共和国食品安全法》规定，经食品安全国家标准审评委员会审查通过，现发布《食品安全国家标准　牛可食性组织中氨丙啉残留量的测定　液相色谱-串联质谱法和高效液相色谱法》（GB 31613.1—2021）等36项食品安全国家标准，自2022年2月1日起实施。标准编号和名称见附件，标准文本可在中国农产品质量安全网（http://www.aqsc.org）查阅下载。

　　附件：《食品安全国家标准　牛可食性组织中氨丙啉残留量的测定　液相色谱-串联质谱法和高效液相色谱法》（GB 31613.1—2021）等36项食品安全国家标准目录

农业农村部
国家卫生健康委员会
国家市场监督管理总局
2021年9月16日

附件：

《食品安全国家标准　牛可食性组织中氨丙啉残留量的测定　液相色谱-串联质谱法和高效液相色谱法》(GB 31613. 1—2021)等 36 项食品安全国家标准目录

序号	标准号	标准名称	代替标准号
1	GB 31613.1—2021	食品安全国家标准　牛可食性组织中氨丙啉残留量的测定　液相色谱-串联质谱法和高效液相色谱法	
2	GB 31613.2—2021	食品安全国家标准　猪、鸡可食性组织中泰万菌素和3-乙酰泰乐菌素残留量的测定　液相色谱-串联质谱法	
3	GB 31613.3—2021	食品安全国家标准　鸡可食性组织中二硝托胺残留量的测定	
4	GB 31656.1—2021	食品安全国家标准　水产品中甲苯咪唑及代谢物残留量的测定　高效液相色谱法	
5	GB 31656.2—2021	食品安全国家标准　水产品中泰乐菌素残留量的测定　高效液相色谱法	
6	GB 31656.3—2021	食品安全国家标准　水产品中诺氟沙星、环丙沙星、恩诺沙星、氧氟沙星、噁喹酸、氟甲喹残留量的测定　高效液相色谱法	
7	GB 31656.4—2021	食品安全国家标准　水产品中氯丙嗪残留量的测定　液相色谱-串联质谱法	
8	GB 31656.5—2021	食品安全国家标准　水产品中安眠酮残留量的测定　液相色谱-串联质谱法	
9	GB 31656.6—2021	食品安全国家标准　水产品中丁香酚残留量的测定　气相色谱-质谱法	
10	GB 31656.7—2021	食品安全国家标准　水产品中氯硝柳胺残留量的测定　液相色谱-串联质谱法	
11	GB 31656.8—2021	食品安全国家标准　水产品中有机磷类药物残留量的测定　液相色谱-串联质谱法	
12	GB 31656.9—2021	食品安全国家标准　水产品中二甲戊灵残留量的测定　液相色谱-串联质谱法	
13	GB 31656.10—2021	食品安全国家标准　水产品中四聚乙醛残留量的测定　液相色谱-串联质谱法	
14	GB 31656.11—2021	食品安全国家标准　水产品中土霉素、四环素、金霉素、多西环素残留量的测定	GB/T 22961—2008
15	GB 31656.12—2021	食品安全国家标准　水产品中青霉素类药物多残留的测定　液相色谱-串联质谱法	GB/T 22952—2008
16	GB 31656.13—2021	食品安全国家标准　水产品中硝基呋喃类代谢物多残留的测定　液相色谱-串联质谱法	
17	GB 31657.1—2021	食品安全国家标准　蜂蜜和蜂王浆中氟胺氰菊酯残留量的测定　气相色谱法	
18	GB 31657.2—2021	食品安全国家标准　蜂产品中喹诺酮类药物多残留的测定　液相色谱-串联质谱法	GB/T 20757—2006、GB/T 23411—2009、GB/T 23412—2009
19	GB 31658.1—2021	食品安全国家标准　动物性食品中头孢噻呋残留量的测定　高效液相色谱法	

（续）

序号	标准号	标准名称	代替标准号
20	GB 31658.2—2021	食品安全国家标准　动物性食品中氯霉素残留量的测定　液相色谱-串联质谱法	
21	GB 31658.3—2021	食品安全国家标准　猪尿中巴氯芬残留量的测定　液相色谱-串联质谱法	
22	GB 31658.4—2021	食品安全国家标准　动物性食品中头孢类药物残留量的测定　液相色谱-串联质谱法	
23	GB 31658.5—2021	食品安全国家标准　动物性食品中氟苯尼考及氟苯尼考胺残留量的测定　液相色谱-串联质谱法	
24	GB 31658.6—2021	食品安全国家标准　动物性食品中四环素类药物残留量的测定　高效液相色谱法	
25	GB 31658.7—2021	食品安全国家标准　动物性食品中 17β-雌二醇、雌三醇、炔雌醇和雌酮残留量的测定　气相色谱-质谱法	
26	GB 31658.8—2021	食品安全国家标准　动物性食品中拟除虫菊酯类药物残留量的测定　气相色谱-质谱法	
27	GB 31658.9—2021	食品安全国家标准　动物性食品及尿液中雌激素类药物多残留的测定　液相色谱-串联质谱法	
28	GB 31658.10—2021	食品安全国家标准　动物性食品中氨基甲酸酯类杀虫剂残留量的测定　液相色谱-串联质谱法	
29	GB 31658.11—2021	食品安全国家标准　动物性食品中阿苯达唑及其代谢物残留量的测定　高效液相色谱法	
30	GB 31658.12—2021	食品安全国家标准　动物性食品中环丙氨嗪残留量的测定　高效液相色谱法	
31	GB 31658.13—2021	食品安全国家标准　动物性食品中氯苯胍残留量的测定　液相色谱-串联质谱法	
32	GB 31658.14—2021	食品安全国家标准　动物性食品中 α-群勃龙和 β-群勃龙残留量的测定　液相色谱-串联质谱法	
33	GB 31658.15—2021	食品安全国家标准　动物性食品中赛拉嗪及代谢物 2,6-二甲基苯胺残留量的测定　液相色谱-串联质谱法	
34	GB 31658.16—2021	食品安全国家标准　动物性食品中阿维菌素类药物残留量的测定　高效液相色谱法和液相色谱-串联质谱法	
35	GB 31658.17—2021	食品安全国家标准　动物性食品中四环素类、磺胺类和喹诺酮类药物残留量的测定　液相色谱-串联质谱法	
36	GB 31659.1—2021	食品安全国家标准　牛奶中赛拉嗪残留量的测定　液相色谱-串联质谱法	

中华人民共和国农业农村部公告

第 487 号

《农作物品种试验规范　粮食作物》等110项标准业经专家审定通过,现批准发布为中华人民共和国农业行业标准,自2022年5月1日起实施。

特此公告。

附件:《农作物品种试验规范　粮食作物》等110项农业行业标准目录

农业农村部

2021 年 11 月 9 日

附件：

《农作物品种试验规范　粮食作物》等110项农业行业标准目录

序号	标准号	标准名称	代替标准号
1	NY/T 3923—2021	农作物品种试验规范　粮食作物	
2	NY/T 3924—2021	农作物品种试验规范　油料作物	
3	NY/T 3925—2021	农作物品种试验规范　糖料作物	
4	NY/T 3926—2021	农作物品种试验规范　蔬菜	
5	NY/T 3927—2021	农作物品种试验规范　果树	
6	NY/T 3928—2021	农作物品种试验规范　茶树	
7	NY/T 3929—2021	农作物品种试验规范　热带作物(橡胶树)	
8	NY/T 3930—2021	辣椒杂交种生产技术规程	
9	NY/T 3931—2021	茄果类蔬菜嫁接育苗技术规程	
10	NY/T 3932—2021	苎麻种子繁育技术规程	
11	NY/T 3933—2021	水稻品种籼粳鉴定技术规程　SNP分子标记法	
12	NY/T 3934—2021	生态茶园建设指南	
13	NY/T 3935—2021	土壤调理剂及使用规程　餐厨废物原料	
14	NY/T 3936—2021	土壤调理剂及使用规程　烟气脱硫石膏原料	
15	NY/T 3937—2021	土壤调理剂及使用规程　牡蛎壳原料	
16	NY/T 3938—2021	梨树腐烂病抗性鉴定技术规程	
17	NY/T 3939.1—2021	甘薯主要病害抗性鉴定技术规程　第1部分:黑斑病	
18	NY/T 3939.2—2021	甘薯主要病害抗性鉴定技术规程　第2部分:茎线虫病	
19	NY/T 3939.3—2021	甘薯主要病害抗性鉴定技术规程　第3部分:根腐病	
20	NY/T 3939.4—2021	甘薯主要病害抗性鉴定技术规程　第4部分:蔓割病	
21	NY/T 3939.5—2021	甘薯主要病害抗性鉴定技术规程　第5部分:薯瘟病	
22	NY/T 3939.6—2021	甘薯主要病害抗性鉴定技术规程　第6部分:疮痂病	
23	NY/T 3940—2021	棉籽品质快速测定　近红外法	
24	NY/T 3941—2021	粮食中植酸含量的测定　高效液相色谱法	
25	NY/T 3942—2021	水果及其制品中L-苹果酸和D-苹果酸的测定　高效液相色谱法	
26	NY/T 3943—2021	水果中葡萄糖、果糖、蔗糖和山梨醇的测定　离子色谱法	
27	NY/T 3944—2021	食用农产品营养成分数据表达规范	
28	NY/T 3945—2021	植物源性食品中游离态甾醇、结合态甾醇及总甾醇的测定　气相色谱串联质谱法	
29	NY/T 3946—2021	动物源性食品中肌肽、鹅肌肽的测定　高效液相色谱法	
30	NY/T 3947—2021	畜禽肉中硒代胱氨酸、甲基硒代半胱氨酸和硒代蛋氨酸的测定　高效液相色谱-原子荧光光谱法	
31	NY/T 3948—2021	植物源农产品中叶黄素、玉米黄质、β-隐黄质的测定　高效液相色谱法	
32	NY/T 3949—2021	植物源性食品中酚酸类化合物的测定　高效液相色谱-串联质谱法	

（续）

序号	标准号	标准名称	代替标准号
33	NY/T 3950—2021	植物源性食品中 10 种黄酮类化合物的测定　高效液相色谱-串联质谱法	
34	NY/T 3951—2021	马铃薯中龙葵素含量的测定　液相色谱-串联质谱法	
35	NY/T 3952—2021	日光温室全产业链管理通用技术要求　辣椒	
36	NY/T 3953—2021	日光温室全产业链管理通用技术要求　茄子	
37	NY/T 3954—2021	日光温室全产业链管理通用技术要求　西葫芦	
38	NY/T 3955—2021	水稻土地力分级与培肥改良技术规程	
39	NY/T 3956—2021	果园土壤质量监测技术规程	
40	NY/T 3957—2021	农用地土壤重金属污染风险管控与修复　名词术语	
41	NY/T 3958—2021	畜禽粪便安全还田施用量计算方法	
42	NY/T 3959—2021	农业外来入侵昆虫监测技术导则	
43	NY/T 3960—2021	水生外来入侵植物监测技术规程	
44	NY/T 3961—2021	畜禽屠宰加工人员防护技术规范	
45	NY/T 3962—2021	畜禽肉分割技术规程　鸭肉	
46	NY/T 1564—2021	畜禽肉分割技术规程　羊肉	NY/T 1564—2007
47	NY/T 3963—2021	畜禽肉分割技术规程　牦牛肉	
48	NY/T 3964—2021	畜禽屠宰操作规程　牦牛	
49	NY/T 3965—2021	畜禽屠宰加工设备　家禽自动分割生产线技术条件	
50	NY/T 3966—2021	畜禽屠宰加工设备　禽笼清洗设备	
51	NY/T 3967—2021	畜禽屠宰加工设备　快速冷却输送设备	
52	NY/T 3968—2021	畜禽屠宰加工设备　猪头浸烫设备	
53	NY/T 3969—2021	饲料原料　鸡肉粉	
54	NY/T 3970—2021	饲料原料　啤酒酵母粉	
55	NY/T 3971—2021	饲料添加剂　二丁基羟基甲苯	
56	SC/T 1135.2—2021	稻渔综合种养技术规范　第 2 部分：稻鲤（梯田型）	
57	SC/T 1151—2021	池蝶蚌	
58	SC/T 1152—2021	高体革䰵	
59	SC/T 1153—2021	乌龟　亲龟和苗种	
60	SC/T 1154—2021	乌龟人工繁育技术规范	
61	SC/T 1155—2021	黑斑狗鱼	
62	SC/T 1156—2021	鲂　亲鱼和苗种	
63	SC/T 2102—2021	绿鳍马面鲀	
64	SC/T 2103—2021	黄姑鱼	
65	SC/T 2105—2021	红毛菜	
66	SC/T 2106—2021	牡蛎人工繁育技术规范	
67	SC/T 2107—2021	单体牡蛎苗种培育技术规范	
68	SC/T 2108—2021	鲍人工繁育技术规范	
69	SC/T 2109—2021	日本对虾人工繁育技术规范	

（续）

序号	标准号	标准名称	代替标准号
70	SC/T 2111—2021	浅海多营养层次综合养殖技术规范　海带、牡蛎、海参	
71	SC/T 3204—2021	虾米	SC/T 3204—2012
72	SC/T 3305—2021	调味烤虾	SC/T 3305—2003
73	SC/T 3307—2021	速食干海参	SC/T 3307—2014
74	SC/T 4001—2021	渔具基本术语	SC/T 4001—1995
75	SC/T 4009.1—2021	钓竿通用技术要求　第1部分:术语、分类与标记	
76	SC/T 4048.4—2021	深水网箱通用技术要求　第4部分:网线	
77	SC/T 5025—2021	蟹笼通用技术要求	
78	SC/T 5053—2021	金鱼品种命名规则	
79	SC/T 5712—2021	金鱼分级　望天眼	
80	SC/T 5801—2021	珍珠及其产品术语	
81	SC/T 5802—2021	马氏珠母贝养殖与插核育珠技术规程	
82	SC/T 7011.1—2021	水生动物疾病术语与命名规则　第1部分:水生动物疾病术语	SC/T 7011.1—2007
83	SC/T 7011.2—2021	水生动物疾病术语与命名规则　第2部分:水生动物疾病命名规则	SC/T 7011.2—2007
84	SC/T 7023—2021	草鱼出血病监测技术规范	
85	SC/T 7024—2021	罗非鱼湖病毒病监测技术规范	
86	SC/T 7215—2021	流行性造血器官坏死病诊断规程	
87	NY/T 1520—2021	木薯	NY/T 1520—2007
88	NY/T 491—2021	西番莲	NY/T 491—2002
89	NY/T 3972—2021	西番莲　种苗	
90	NY/T 3973—2021	澳洲坚果　等级规格	
91	NY/T 3974—2021	香蕉品质评价规范	
92	NY/T 3975—2021	植物品种特异性、一致性和稳定性测试指南　可可	
93	NY/T 3976—2021	热带作物种质资源描述规范　辣木	
94	NY/T 3977—2021	热带作物种质资源描述规范　可可	
95	NY/T 3978—2021	辣木叶茶	
96	NY/T 605—2021	焙炒咖啡	NY/T 605—2006
97	NY/T 3979—2021	生咖啡　粒度分析　手工和机械筛分	
98	NY/T 3980—2021	橡胶树种植土地质量等级	
99	NY/T 3981—2021	橡胶树自根幼态无性系种苗组培快繁技术规程	
100	NY/T 3982—2021	天然橡胶鲜胶乳生物快速凝固技术规程	
101	NY/T 924—2021	浓缩天然胶乳　氨保存离心胶乳加工技术规程	NY/T 924—2012
102	NY/T 1475—2021	热带作物主要病虫害防治技术规程　香蕉	NY/T 1475—2007
103	NY/T 3983—2021	椰子主要食叶害虫调查技术规程　椰心叶甲和椰子织蛾	
104	NY/T 3984—2021	橡胶树寒害减灾技术规程	
105	NY/T 3985—2021	天然橡胶加工废水处理技术规程	

附 录

序号	标准号	标准名称	代替标准号
106	NY/T 3986—2021	天然橡胶初加工机械　切胶机　质量评价技术规范	
107	NY/T 3987—2021	农业信息资源分类与编码	
108	NY/T 3988—2021	农业农村行业数据交换技术要求	
109	NY/T 3989—2021	农业农村地理信息数据管理规范	
110	NY/T 3990—2021	数字果园建设规范　苹果	

中华人民共和国农业农村部公告
第 504 号

　　《苯噻酰草胺可湿性粉剂》等 89 项标准业经专家审定通过,现批准发布为中华人民共和国农业行业标准,自 2022 年 6 月 1 日起实施。
　　特此公告。

　　附件:《苯噻酰草胺可湿性粉剂》等 89 项农业行业标准目录

农业农村部

2021 年 12 月 15 日

附件：

《苯噻酰草胺可湿性粉剂》等89项农业行业标准目录

序号	标准号	标准名称	代替标准号
1	NY/T 3991—2021	苯噻酰草胺可湿性粉剂	HG/T 3720—2003
2	NY/T 3992—2021	苯噻酰草胺原药	HG/T 3719—2003
3	NY/T 3993—2021	氟啶脲乳油	
4	NY/T 3994—2021	氟啶脲原药	
5	NY/T 3995—2021	氟硅唑乳油	
6	NY/T 3996—2021	氟硅唑水乳剂	
7	NY/T 3997—2021	氟硅唑微乳剂	
8	NY/T 3998—2021	腐霉利可湿性粉剂	
9	NY/T 3999—2021	腐霉利原药	
10	NY/T 4000—2021	高效氯氟氰菊酯水乳剂	
11	NY/T 4001—2021	高效氯氟氰菊酯微囊悬浮剂	
12	NY/T 4002—2021	己唑醇水分散粒剂	
13	NY/T 4003—2021	己唑醇微乳剂	
14	NY/T 4004—2021	己唑醇悬浮剂	
15	NY/T 4005—2021	己唑醇原药	
16	NY/T 4006—2021	氰霜唑悬浮剂	
17	NY/T 4007—2021	炔丙菊酯原药	
18	NY/T 4008—2021	噻虫胺水分散粒剂	
19	NY/T 4009—2021	噻虫胺悬浮剂	
20	NY/T 4010—2021	噻虫胺原药	
21	NY/T 4011—2021	噻呋酰胺水分散粒剂	
22	NY/T 4012—2021	噻呋酰胺悬浮剂	
23	NY/T 4013—2021	噻呋酰胺原药	
24	NY/T 4014—2021	噻菌灵悬浮剂	
25	NY/T 4015—2021	噻菌灵原药	
26	NY/T 4016—2021	棉花种子活力测定　低温发芽法	
27	NY/T 4017—2021	农作物品种纯度田间小区种植鉴定技术规程　稻	
28	NY/T 4018—2021	农作物品种纯度田间小区种植鉴定技术规程　玉米	
29	NY/T 2745—2021	水稻品种真实性鉴定　SNP标记法	NY/T 2745—2015
30	NY/T 4019—2021	水稻种质资源鉴定技术规范	
31	NY/T 4020—2021	无花果苗木	
32	NY/T 4021—2021	小麦品种真实性鉴定　SNP标记法	
33	NY/T 4022—2021	玉米品种真实性鉴定　SNP标记法	
34	NY/T 4023—2021	豇豆主要病虫害绿色防控技术规程	
35	NY/T 4024—2021	韭菜主要病虫害绿色防控技术规程	

（续）

序号	标准号	标准名称	代替标准号
36	NY/T 4025—2021	芹菜主要病虫害绿色防控技术规程	
37	NY/T 3349—2021	畜禽屠宰加工人员岗位技能要求	NY/T 3349—2018、NY/T 3382—2018、NY/T 3385—2018、NY/T 3387—2018、NY/T 3395—2018、NY/T 3396—2018
38	NY/T 3375—2021	畜禽屠宰加工设备　牛剥皮机	NY/T 3375—2018
39	NY/T 4026—2021	冷却肉加工及流通技术规范	
40	NY/T 3350—2021	生猪屠宰兽医卫生检验人员岗位技能要求	NY/T 3350—2018
41	NY/T 4027—2021	I群禽腺病毒检测方法	
42	NY/T 4028—2021	白羽肉鸡运输屠宰福利准则	
43	NY/T 4029—2021	蛋禽饲养场兽医卫生规范	
44	NY/T 4030—2021	动物土拉杆菌病诊断技术	
45	NY/T 4031—2021	动物源性食品中住肉孢子虫检测方法	
46	NY/T 4032—2021	封闭式生猪运输车辆生物安全技术	
47	NY/T 4033—2021	感染非洲猪瘟养殖场恢复生产技术	
48	NY/T 4034—2021	规模化猪场生物安全风险评估规范	
49	NY/T 4035—2021	鸡滑液囊支原体感染诊断技术	
50	NY/T 557—2021	马鼻疽诊断技术	NY/T 557—2002
51	NY/T 4036—2021	马蹄叶炎诊断技术	
52	NY/T 4037—2021	毛皮经济动物饲养场兽医卫生规范	
53	NY/T 4038—2021	奶牛瘤胃酸中毒诊断、群体风险预警及治疗技术	
54	NY/T 4039—2021	禽偏肺病毒感染诊断技术	
55	NY/T 4040—2021	肉禽饲养场兽医卫生规范	
56	NY/T 4041—2021	水貂阿留申病诊断技术	
57	NY/T 4042—2021	水貂病毒性肠炎诊断技术	
58	NY/T 4043—2021	中华蜜蜂囊状幼虫病诊断技术	
59	NY/T 4044—2021	种畜场口蹄疫免疫无疫控制技术	
60	NY/T 4045—2021	种鸡场新城疫免疫无疫控制技术规范	
61	NY/T 1240—2021	草原鼠荒地治理技术规范	NY/T 1240—2006
62	NY/T 4046—2021	畜禽粪水还田技术规程	
63	NY/T 4047—2021	家禽精液品质检测方法	
64	NY/T 4048—2021	绒山羊营养需要量	
65	NY/T 4049—2021	肉兔营养需要量	
66	NY/T 816—2021	肉羊营养需要量	NY/T 816—2004
67	NY/T 4050—2021	天府肉鹅	
68	NY/T 4051—2021	奶业通用术语	
69	NY/T 4052—2021	生牛乳菌落总数控制技术规范	

附 录

（续）

序号	标准号	标准名称	代替标准号
70	NY/T 4053—2021	生牛乳质量安全生产控制技术规范	
71	NY/T 4054—2021	生牛乳质量分级	
72	NY/T 4055—2021	生牛乳中碘的控制技术规范	
73	NY/T 4056—2021	大田作物物联网数据监测要求	
74	NY/T 4057—2021	农产品市场信息采集产品分级规范　新鲜水果	
75	NY/T 4058—2021	农产品市场信息采集产品分级规范　叶类蔬菜	
76	NY/T 4059—2021	农产品市场信息采集产品分级规范　瓜类蔬菜	
77	NY/T 4060—2021	农产品市场信息长期监测点管理要求	
78	NY/T 4061—2021	农业大数据核心元数据	
79	NY/T 4062—2021	农业物联网硬件接口要求　第1部分:总则	
80	NY/T 4063—2021	农业信息系统接口要求	
81	NY/T 1638—2021	沼气饭锅	NY/T 1638—2008
82	NY/T 4064—2021	沼气工程干法脱硫塔	
83	NY/T 4065—2021	中高分辨率卫星主要农作物产量遥感监测技术规范	
84	NY/T 4066—2021	青花菜生产全程质量控制技术规范	
85	NY/T 4067—2021	藜麦等级规格	
86	NY/T 4068—2021	藜麦粉等级规格	
87	NY/T 4069—2021	ω-3多不饱和脂肪酸强化鸡蛋	
88	NY/T 4070—2021	ω-3多不饱和脂肪酸强化鸡蛋生产技术规范	
89	SC/T 1135.3—2021	稻渔综合种养技术规范　第3部分:稻蟹	

图书在版编目（CIP）数据

中国农业行业标准汇编.2023.农机分册／标准质
量出版分社编.—北京：中国农业出版社，2023.1
（中国农业标准经典收藏系列）
ISBN 978-7-109-30381-2

Ⅰ.①中… Ⅱ.①标… Ⅲ.①农业—行业标准—汇编
—中国②农业机械—行业标准—汇编—中国 Ⅳ.
①S-65

中国国家版本馆 CIP 数据核字（2023）第 018253 号

中国农业出版社出版
地址：北京市朝阳区麦子店街 18 号楼
邮编：100125
责任编辑：刘 伟 文字编辑：胡烨芳
版式设计：杜 然 责任校对：刘丽香
印刷：北京印刷一厂
版次：2023 年 1 月第 1 版
印次：2023 年 1 月北京第 1 次印刷
发行：新华书店北京发行所
开本：880mm×1230mm 1/16
印张：17.75
字数：580 千字
定价：180.00 元